高职高专信息安全技术应用专业系列教材

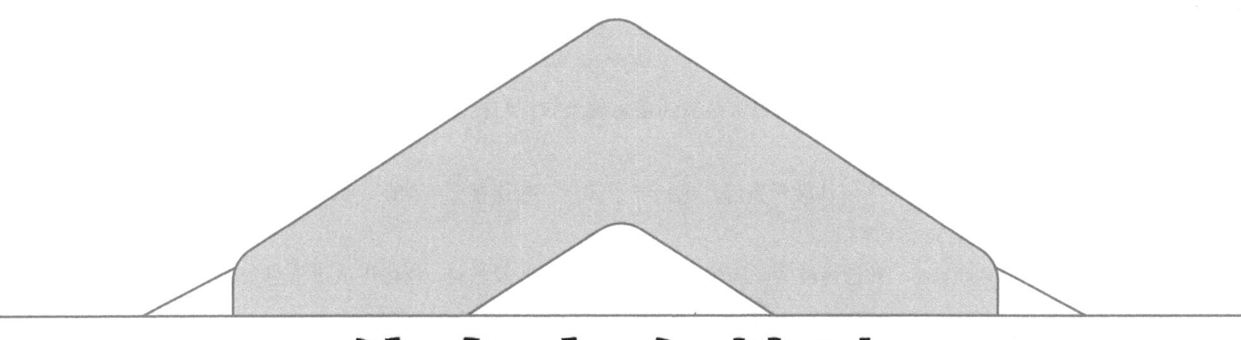

信息安全基础

（微课版）

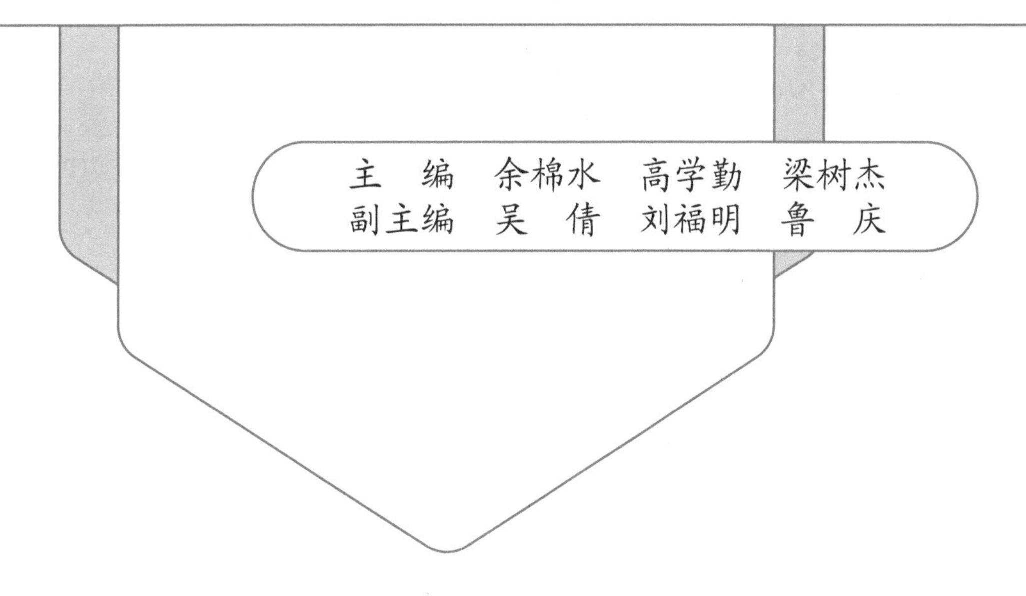

主　编　余棉水　高学勤　梁树杰

副主编　吴　倩　刘福明　鲁　庆

西安电子科技大学出版社

内 容 简 介

本书共分六章，包括信息安全基础知识、网络安全、应用安全、病毒与木马程序、数据安全与隐私保护、信息安全合规性等内容。本书从学以致用的角度，对信息安全所涉及的基本理论和技术做了较为系统的介绍：一方面，针对信息安全的基本概念、法规与政策、发展趋势、主要的应用安全与防护等问题做了较为深入的探讨；另一方面，针对一些日常必需的信息安全知识与技能，精心设计了与之配套的案例与实践操作演示。

本书配套提供了丰富的多媒体教学资源，包括电子课件、授课视频、动画、试题库等，可供读者下载使用。课时设置建议 36 学时以上。

本书可作为高职高专、普通高校大学新生的信息安全知识普及教材，也可供从事信息安全工作的专业技术人员参考。

图书在版编目(CIP)数据

信息安全基础：微课版 / 余棉水，高学勤，梁树杰主编. --西安：西安电子科技大学出版社，2023.9(2024.1 重印)
ISBN 978 - 7 - 5606 - 7045 - 4

Ⅰ. ①信… Ⅱ. ①余… ②高… ③梁… Ⅲ. ①信息安全—基本知识 Ⅳ. ①TP309

中国国家版本馆 CIP 数据核字(2023)第 167620 号

策　　划　明政珠　姚磊
责任编辑　孟秋黎
出版发行　西安电子科技大学出版社（西安市太白南路 2 号）
电　　话　(029)88202421　88201467　　邮　　编　710071
网　　址　www.xduph.com　　电子邮箱　xdupfxb001@163.com
经　　销　新华书店
印刷单位　广东虎彩云印刷有限公司
版　　次　2023 年 9 月第 1 版　　2024 年 1 月第 2 次印刷
开　　本　787 毫米×1092 毫米　1/16　印张 14
字　　数　329 千字
定　　价　44.00 元
ISBN 978 – 7 – 5606 – 7045 – 4 / TP
XDUP 7347001 - 2

前 言

随着互联网等信息技术的快速发展，信息安全问题成为目前全世界关注并亟待解决的热点问题。信息安全的发展跟随着信息技术的迭代步伐，经历了从单机系统安全、网络安全直到如今的网络空间安全等多个阶段。在互联网高速发展的背景下，我们所面临的信息安全问题也日趋严峻。现阶段，信息安全工作所面临的主要问题重点表现为以下三个方面：其一，新技术的应用带来了新的安全问题或挑战，网络攻击的手段与方式也发生了很大的变化；其二，现有的安全技术与管理手段严重滞后于信息安全保障发展的需要；其三，网络使用者，特别是新踏入校园的大学生群体的信息安全意识相对比较薄弱，容易遭受网络攻击和网络诈骗，应当重点予以关注。

当代大学生具有思想活跃、易于接受新鲜事物等鲜明特点，但受到多种因素的影响，在互联网时代成长的大学生群体并未具备足够的信息安全基础知识。对于即将踏入社会的大学生而言，其信息安全基础水平，以及信息安全专业知识与能力，对整个社会的信息安全保障水平都起着重要作用。在一定程度上，大学生的信息安全水平与安全防护能力，会影响到整个社会的信息安全水平与安全防护能力。

在此背景下，大力提升大学生的信息安全基础能力，加强其信息安全防范能力意义重大。本书以普及信息安全基础知识，提高读者信息安全应用水平为目的，在介绍主要信息安全理论知识的同时，精心设计与选取了一些与互联网应用领域息息相关的信息安全案例进行分析讲解，同时对一些关键的信息安全防护方法与技巧予以操作演示。

本书的主要特点是理实结合，将信息安全基础知识、信息安全法律法规与人们日常生产生活中的信息安全实践活动有机地结合在一起，既能让读者掌握信息安全基础理论知识，又着眼培养读者实际的信息安全应用能力。限于编者水平，书中难免有疏漏和不足之处，殷切希望使用本书的读者批评指正。

编 者

2023 年 5 月

目　录

第1章 信息安全基础知识

近年来，随着信息安全事件的不断发生，信息安全问题越来越受到人们的重视。信息安全不仅关系到个人利益，而且逐渐影响到国家和社会的发展。本章主要介绍信息安全的基本概念、信息安全的问题根源和信息安全的现状与发展趋势。

学习目标

1. 知识目标

掌握信息安全的定义、信息安全的属性、信息安全的特征、信息安全的范畴及信息安全的发展历程，了解信息安全事件的危害性及信息安全的地位与作用，了解信息安全问题产生的原因、威胁和风险关系、威胁来源以及安全风险类型，了解信息安全的攻防变化，了解新技术领域的安全。

2. 能力目标

能分析实际发生的信息安全事件，识别风险并指出危害。初步建立良好的职业道德和团队合作精神。

1.1 信息安全概述

当今社会，信息安全问题已与国家、社会以及个人各个层面的活动密不可分，信息安全的重要性毋庸置疑，然而社会个体的信息安全意识水平仍然需要不断地提高。

什么是信息安全

1.1.1 什么是信息安全

本节将主要介绍信息安全的定义、属性、特征、范畴以及发展历程等相关知识。

1. 信息安全的定义

首先通过一个实际案例来初步了解信息安全的概念。

案例

2021年11月，我国国家安全机关公布了一系列非传统安全案例。从2020年开始，多家境外机构在我国境内开设网站，以无偿提供设备，共享航空信息数据为诱饵，利诱我国境内航空和无线电爱好者群体，让这些群体成员在QQ群、贴吧、微博、论坛、视频网站等平台推送广告。另外，这些网站通过多渠道招募志愿者来收集我国各类飞行器的航空数据等信息，并非法向境外传输。

由上面的案例可知，信息安全事件就发生在我们身边，与我们日常的工作、生活有着密切的联系。它关系着我们每一个人、每一个组织以及国家层面的安全。

什么是信息安全？首先我们需要清楚信息的定义。所谓信息，是指经过加工(获取、推理、分析、计算、存储等)的特定形式的数据。

信息安全是一个比较抽象的概念，涉及面也比较广。在不同的领域，在不同的时期，其概念的阐述会有差别。本书采用国际标准化组织(International Organization for Standardization，ISO)对信息安全的定义：为数据处理系统建立和采用的技术、管理上的安全保护，保护计算机硬件、软件和数据不因偶然和恶意的原因而遭到破坏、更改和泄露。这个定义指出信息安全是通过采用技术和管理方面的安全保护措施，来保护信息系统中的目标(如信息的机密性、完整性和可用性等)不被破坏，主要保护硬件、软件、运行服务和数据等方面的安全。

2. 信息安全的属性

1) 基本属性

信息安全的三个基本属性分别是机密性(Confidentiality)、完整性(Integrality)和可用性(Availability)，简称CIA。保障信息的这三个基本属性不被破坏是信息安全的基本目标。下面结合学生档案管理系统来进一步了解CIA。

(1) 机密性。机密性即保证信息为授权者使用而不泄露给未经授权者。例如，学生档案管理系统中的学生账号、学生成绩信息作为学生的个人信息，对学生而言非常重要，不能泄露给他人，这就是信息的机密性。

(2) 完整性。完整性即保证信息从真正的发送方传递到真正的接收方，不允许非法用户在传递过程中添加、删除、替换信息等情况的存在。例如，我们应该保证学生档案管理系统中的数据在传输和存储的过程中没有被非法修改过，这就是信息的完整性。

(3) 可用性。可用性即保证信息和信息系统随时为授权者提供服务，确保合法用户对信息和资源的使用不会被不合理地拒绝。例如，学生在有效期内通过合法的账号能访问到自己的信息而不被拒绝，这就是信息的可用性。

2) 其他属性

满足了以上三个基本属性，我们的学生档案管理系统就万无一失了吗？答案是否定的。例如，学生B伪造学生A的身份，来获取学生A的成绩信息，同样也会破坏信息的安全性。所以，我们除了要关注信息安全的三个基本属性，还需要关注其扩展属性：真实性(Authenticity)、可靠性(Reliability)和不可否认性(Non-Repudiation)。

(1) 真实性。真实性是指对信息的来源进行判断，能对伪造来源的信息予以鉴别。真实性也可包含在完整性中。

(2) 可靠性。可靠性是指在规定的时间内和规定的条件下，信息系统可以完成有关功能的特性。可靠性是学生档案管理系统长期稳定运行的基本要求之一，是学生档案管理系统建设的重要目标。

(3) 不可否认性。不可否认又称不可抵赖，是指为保证依法管理，要求人们对自己的操作或使用行为负责，并能提供公证、仲裁信息等证据。例如，学生和教师在使用学生档案管理系统时不能否认或抵赖本人的真实身份，同时要对自己在系统中的使用行为承担责任。

总的来说，信息安全的基本目标是致力于保障信息的安全属性不被破坏。在构造信息安全系统时，我们面临的一个挑战，就是在这些安全属性中找到最大平衡点。换句话说，因为每个系统的功能或用途有差异，其安全性的侧重点也就不一样。例如，文件存储系统更加注重机密性，文件传输系统更加注重完整性，数据库系统更加注重可用性。因此，针对不同的系统进行安全建设，并不是保障系统等比例满足安全属性要求，而是根据系统的功能或用途进行动态比例调整，寻找属性中的最大平衡。

3. 信息安全的特征

信息安全并不是孤立、静止的概念。随着信息技术、计算机技术和网络技术的发展，它的内涵是不断发展的，而且其概念的外延也在不断扩大。信息安全主要表现为系统性、动态性、无边界、非传统等特性。

1) 系统性

信息安全问题在“人—机”“人—网”紧密结合的系统中是比较复杂的，如果破坏了某一分支或重要环节，就可能会造成系统性的全局危机。因此，只有综合考虑多方面因素，并采取针对性的措施，信息安全才能得到保障，即不能只从单一维度或单一安全因素来看待信息安全，更不能把它看成是单纯的技术问题或管理问题，而应该系统地从各个层面，如技术管理、工程、标准法规等层面入手。

2) 动态性

信息安全是动态变化的。对于安全问题不能用固化的眼光去看，因为在信息系统整个生命周期的不同阶段，其面临的问题和安全的需求是不一样的。对信息安全造成冲击的因素也要考虑新兴技术的出现、新漏洞的发现、新攻击手段的出现等，这些会使信息安全风险处于动态变化之中。所以，一劳永逸的思想在信息安全领域是行不通的，在整个信息系统的生命周期内，需要根据风险的动态变化，及时采取相应的安全措施应对各种安全威胁。

3) 无边界

信息安全是无边界、开放、互通的。开放性和互通性是信息化的重要特点。信息往往通过金融、税务、电子政务系统等多种方式与互联网相连，其覆盖范围广、规模大，信息系统构成复杂。互联网的特点是传播速度快、覆盖范围广、隐蔽性强以及无国界，这就对信息安全工作提出了更高的要求。与此同时，因为各系统之间的互联互通日益增强，所以信息安全威胁已经超越了现实地域的局限。

4) 非传统

信息安全并非传统意义上的安全概念。20 世纪最重要的技术变革是信息技术的变革，其安全问题与军事安全、政治安全等传统安全相比，有着很大的差别。一个国家未受到军事进攻，则这个国家的领土和主权是完整的，人民是安全的，但不能保证信息是安全的。传统的军事手段和安全手段无法在信息技术这样的新生领域应对安全问题。维护信息安全必须采用新的安全保障手段。

4. 信息安全的范畴

信息安全的研究领域十分广泛。我们将其涉及的领域划分为两大部分：安全技术领域和安全管理领域。

1) 安全技术领域

安全技术领域主要包括五个方面的内容。

(1) 网络安全：主要研究网络攻击方法、网络安全技术与网络安全防护。

(2) 应用安全：主要研究个人计算机安全、上网应用安全、文件安全、社交软件与网络舆情、移动介质安全、移动终端应用安全等。

(3) 计算机病毒(以下简称病毒)与木马程序：主要研究病毒与木马程序的原理和传播方式以及病毒与木马程序的防范。

(4) 数据安全和隐私保护：主要研究数据库安全、个人信息保护、大数据时代下的个人信息安全与个人隐私保护。

(5) 新技术安全：主要进行人工智能赋能技术、工业控制系统的安全等方面的安全研究，如大数据安全、云安全等。

2) 安全管理领域

安全管理领域主要涉及以下四个方面的内容。

(1) 信息安全法规与政策：主要研究信息安全相关的法规和政策。

(2) 信息安全标准：主要研究信息安全相关的标准和信息安全评估标准。

(3) 道德规范：主要研究信息安全从业人员的道德规范和网络使用者应遵守的通用道德规范。

(4) 安全管理体系：主要研究信息安全管理的基本概念、安全管理体系建设等。

5. 信息安全的发展历程

信息安全的发展跟信息技术的发展和用户的需求是密不可分的。不同的时期，信息安全的任务、表现与特征有着较大的差别。根据目前的主流观点，我们可将信息安全领域的发展大致分为通信安全、计算机安全、信息安全、信息安全保障和网络空间安全五个发展阶段。

1) 通信安全阶段

通信安全阶段主要集中在20世纪60年代以前，这个阶段的标志是香农于1949年发表的《保密通信的信息理论》。从此，人们开始了密码学的研究。这一阶段，信息安全主要研究的是通信传输中的机密性，即通过编解码和密码学等技术，对消息进行变换，以确保信息不被恶意读取，从而确保数据保密完整。

2) 计算机安全阶段

20世纪70年代进入微机时代，也即进入计算机安全阶段。这一阶段以1970年美国国防科学委员会提出的《可信计算机系统评估准则》(Trusted Computer System Evaluation

Criteria，TCSEC)为标志。在此阶段，信息安全以计算机和计算机系统安全为主要研究方向，包括计算机被非法授权者使用、存储信息被非法读写、计算机被病毒威胁等。这个阶段，信息安全的目标包括机密性、可控性和可用性。

3) 信息安全阶段

20 世纪 80 年代中期到 20 世纪 90 年代中期进入信息安全阶段。在此阶段，网络技术飞速发展，网络安全(包括防范网络入侵、病毒破坏、信息对抗)已经成为信息安全的主要研究对象，它强调信息的机密性、可用性、完整性、可靠性和不可否认性。这一阶段，信息安全要求对信息和信息系统都进行保护和防御，其主要防御技术有防火墙、反病毒、漏洞扫描、入侵检测、虚拟专用网络(Virtual Private Network，VPN)等。

4) 信息安全保障阶段

20 世纪 90 年代后期进入信息安全保障阶段。在此阶段，各国都重视信息安全，其主要标志为美国国家安全局于 1998 年发布的《信息保障技术框架》(Information Assurance Technical Framework，IATF)。IATF 从整体、过程的角度看待信息安全问题，其代表理论为"深度防护战略(Defense-in-Depth)"。IATF 强调人、技术、操作这三个核心原则，关注四个信息安全保障领域，即保护网络和基础设施、保护边界、保护计算环境以及支撑基础设施。

5) 网络空间安全阶段

2009 年，在美国的带动下，信息安全政策、技术和实践发生重大变革。信息安全已融入国家安全的方方面面。2015 年以后，信息安全逐渐从被动信息安全保障发展到防御、威慑和利用三位一体的网络空间安全保障，也即进入网络空间安全阶段。

1.1.2 信息安全无小事

信息安全无小事

信息安全问题已经渗透到社会的各个层面，其影响之深、危害之大，已经发展到了任何人都无法忽视的地步。

1. 信息安全事件的危害性

信息安全事件不仅对社会和国家造成危害，同时也会威胁到个人的信息安全。以下我们通过一个案例来初步了解信息安全事件的危害性。

案例

2021 年 1 月 8 日，国外某论坛有人发帖出售某银行的 1679 万笔数据，并对部分数据样本进行了公开，包括姓名、性别、卡号、卡片种类、发卡行、身份证号、手机号码、所在城市、工作单位、工作电话、联系地址、邮编、居住电话等个人隐私。

在以上案例中，有人通过非法途径获得银行数据并在论坛售卖，涉嫌侵犯个人隐私，牟取非法利益，对当事人造成不同程度的损害。类似以上案例的信息安全事件并非个例，信息安全危害无处不在。现代社会的数据价值越来越大，并且随着互联网的飞速发展以及各种新技术的普及应用，数据呈现出爆炸式的增长，国家机密数据、企业数据以及个人数据随时都有可能被泄露与被破坏，对个人、企业和国家造成巨大的危害，具体表现如下：

1) 对国家的危害性

安全事件发生会对国家政治安全、经济发展和军事安全造成巨大的危害，严重时会导致政府公信力下降、金融秩序混乱以及国家军事领域安全受到威胁。

2) 对社会的危害性

教育、医疗、企业、电力、能源、交通、政府等组织及机构通过网络技术构建组织及机构内部的信息平台，将内部的业务数据信息化以提升自身的综合实力。安全事件的发生可能会造成网络的瘫痪，信息系统受到破坏，给组织及机构造成极大的经济损失。

3) 对个人的危害性

信息安全事件对个人的危害性表现为：个人隐私被侵犯，遭受不明骚扰；个人信息被非法利用，成为商家分析研究的商业信息，甚至个人信息被冒用办理信用卡，并进行恶意消费。

2. 信息安全的地位与作用

目前，我国的信息安全已发展成为在政府主导和社会参与下，对技术、法律、管理和教育手段的综合运用，在信息网络空间积极应对敌对势力攻击、网络犯罪和意外事故等多种威胁，通过保障信息基础设施、信息系统、信息应用服务和信息内容的安全，为国家政治安全、国家经济安全、国防安全和文化安全提供有效的安全保障。

信息安全在国家政治安全、国家经济安全、国防安全和文化安全中的作用和地位日显重要，主要表现为以下几个方面：

(1) 信息安全已成为影响国家政治安全的重要因素。信息网络时代的政治安全，就是指在信息网络迅猛发展的新环境下，面对来自外部的政治干预、压力和颠覆以及内部敌对势力的破坏活动，一个主权国家的有效防范。只有国家的信息安全得到保障，才能确保国家政治制度的安全、稳定，才能维护国家主权和领土完整，才能增强国家的国际地位。

(2) 信息安全是国家经济安全的重要依赖。信息安全关乎国家经济安全的全局，一旦国家的机密经济建设信息被泄露或破坏，那么国家的经济安全也将遭到威胁，国家安全也就随之受到威胁。所以，只有信息产业安全，信息才能安全，我国的国民经济才能安全运行，国家安全才有保障。

(3) 信息安全是国防安全的重要保障。先进的互联网系统已经把军队和整个社会连接在一起，军队和社会各个部分的组合运转，都要依靠互联网。军用设备和民用设施联系紧密，相互兼容。信息安全能够更好地保障军事运转，消除信息威慑对军事安全的影响，从而保障国家的国防安全。

(4) 信息安全能够为文化安全保驾护航。从国际上看，一些国家大力推行“网络文化殖民”，利用的就是信息网络，这使发展中国家的文化信息安全受到空前威胁。一个国家如果没有能力维护本国的信息安全，那么这个国家的文化安全往往也就无从保障，整个国家安全也可能处于长期的威胁之中。而信息安全能够有效过滤外来霸权、殖民文化，为文化交流起到保驾护航的作用。

3. 提高信息安全保障水平

无论是老百姓的衣食住行，还是国家重要的基础设施，处处都离不开信息安全。一个国家乃至全球的和平与发展都需要一个安全、稳定、繁荣的网络空间。因此我们必须充分地认识并践行信息安全。首先，要认识到信息安全无小事，全面提升全民信息安全的意识和技能。这是国家信息安全保卫工作的重要组成部分。其次要提高信息安全保障水平，筑牢信息安全防线，确保大数据安全。通过强化信息安全预警监测，加强关键信息基础设施防护，加强核心技术研发，做到全天候全方位的监测和防护。

信息安全管理

1.1.3 信息安全管理

信息安全管理是信息安全保障的一个重要环节。安全管理与安全技术二者相辅相成，共同构筑信息系统安全防护体系。

1. 信息安全管理的概念

信息安全不能单纯依靠技术手段来进行防护，要通过建立适当的管理制度和程序作为支撑，让安全技术发挥应有的作用。

信息安全管理的前提是有效管理组织的信息资产，通过对信息资产的有效识别和授权使用，促进对当前组织目标的持续改进和调整，并保证信息资产的机密性、完整性和可用性得到有效的保障。

根据 ISO 给出的定义，信息安全管理是指采取针对性的安全措施，保障网络资产的可用性、完整性、可控性和不可否认性，使其不因网络设备、网络通信协议、网络服务和网络管理受到人为或自然因素的危害，从而导致网络中断或信息被破坏。

信息安全管理作为组织完整管理体系中的一个重要环节，是对组织之间所有相互协调的有关信息安全风险的活动进行指导和控制的部分，也是具有能动性的部分。

2. 信息安全管理的意义

信息安全管理从某种程度上说，可以有效预防、阻止或减少信息安全事件的发生。现实世界中大部分安全事件的发生，安全隐患的存在，都是由管理不善导致的。因此，加强信息安全管理的意义体现在以下几个方面：

(1) 信息安全管理是组织整体管理的重要组成部分，一个组织，如果信息安全的管理既不完备，也不全面，要保持正常的可靠运转就无从谈起。因此信息安全管理是组织实现其经营目标的重要保障。

(2) 信息安全技术的黏合剂是信息安全管理，它保证了所有的技术措施都可以发挥其作用。安全技术要发挥它应有的功能，需要有一个合适的管理程序。在现实案例中，一些技术含量不高但管理良好的系统，其安全性远远超过那些技术含量高但管理混乱的系统。

(3) 信息安全管理，可以预防、阻止信息安全事件的发生或降低其发生的概率。要想有效避免绝大多数安全事件的发生，必须要做到让安全管理意识深入人心，确保安全管理执行到位。

3. 信息安全管理体系的建设

信息安全管理工作如何有效开展？一般而言，安全管理人员通常会依据本组织的实际情况，在借鉴国际通用的信息安全管理体系思想和方法的基础上，制定信息安全管理的方针策略，采用风险管理的方法进行信息安全管理，进而解决信息安全的主要问题。

何谓信息安全管理体系？信息安全管理体系(Information Security Management System，ISMS)是指一个组织在整体或特定范围内建立起来的信息安全方针和目标，以及为了完成这些目标所运用的方法和体系。它是以方针、原则、目标、方法、计划、活动、程序、流程以及资源的集合形式表现出来的，是信息安全管理活动的结果。

在国际通用标准《信息技术 安全技术 信息安全管理体系要求》(ISO/IEC 27001)中，给出了可参考的信息安全管理体系的具体要求。一个完整的信息安全管理体系建设过程见表1-1。

表1-1 信息安全管理体系建设过程

序 号	建设过程	建 设 说 明
1	规划与建立	确立总体战略和业务目标、规模和地域分布范围。对信息资产及其价值进行确定
2	实施与运行	实施风险评估，确定所识别信息资产的信息安全风险以及处理信息安全风险的决策，形成信息安全要求
3	监视和评审	根据组织政策和目标，通过监控和评估绩效来维护和改进ISMS，并将结果报告给管理层进行审核
4	维护与改进	组织应该分析和评估现有情况，找出需要改进的地方。在建立纠正措施之后，需要对改进的地方进行评审

1.2 信息安全问题的根源

本节将从信息安全问题的产生、信息安全威胁和信息安全风险三个方面分别展开探讨。

1.2.1 信息安全问题的产生

信息安全问题的根源①

信息安全问题的根源②

信息安全问题的产生，往往受信息系统内外部因素的共同影响。当信息系统的脆弱性可能被攻击者所利用时，就产生了安全风险。

1. 信息安全问题产生的原因

信息安全问题是如何产生的？首先我们从生活中发生的例子来理解安全问题。在图1-1中，没有锁门的房子被小偷光顾，同时发生了火灾，那么没有锁门是安全风险，同样房子易燃性也是安全风险。小偷(威胁)对没锁门(安全风险)的房子实施了盗窃，火(威胁)把易燃(安全风险)的房子点燃造成财物损失，于是产生了安全问题。

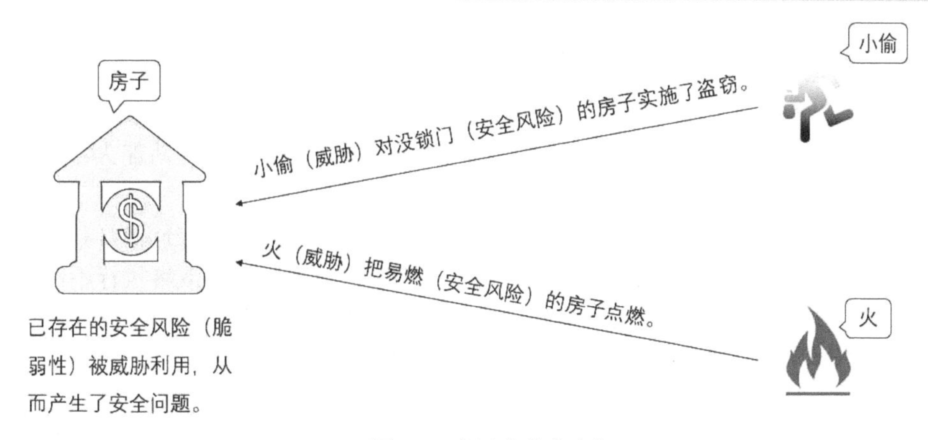

图 1-1　生活中的安全问题

同理，信息中的安全问题指的是某种威胁因素利用了信息系统存在的安全风险(脆弱性)，从而产生的相关安全问题。以下我们以黑客入侵和断电为例来讨论信息安全问题。在图 1-2 中，黑客(威胁)对没有杀毒软件防护(安全风险)的计算机进行入侵导致信息泄露，断电(威胁)使计算机上未保存(安全风险)的文件丢失或运行的信息系统无法继续提供服务，于是产生了信息安全问题。

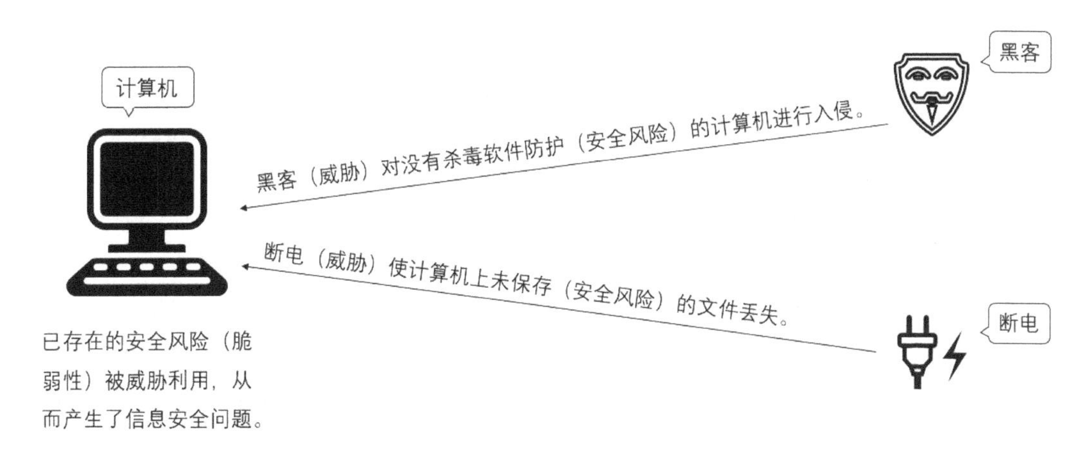

图 1-2　黑客入侵和断电造成的信息安全问题

2. 资产、漏洞与威胁的关系

资产是信息系统需要保护的目标客体，主要特点是有价值。漏洞是资产保护所存在的缺陷和脆弱性。威胁是损害和破坏资产的人、技术和工具等。风险是威胁能够利用漏洞对资产实施损害和破坏的可能性。

威胁总是要利用资产的脆弱性才可能造成危害，同时脆弱性(漏洞)如果没有被相应的威胁所利用，其不会造成损害。两者同时存在才会引起信息安全问题，缺一不可。在后面的章节中，我们将继续深入探讨威胁和风险的问题。

3. 常见的信息安全问题

信息化时代给人们的日常工作和生活带来了诸多便利和改变，但也带来了许多信息安全隐患和问题。人们的社会活动与生产实践中常见的信息安全问题有：

(1) 病毒肆虐，影响正常生产和网络性能。伴随着计算机的诞生，病毒已经发展了几十年，也形成了一个庞大的“黑产”体系。现代的病毒，正朝着智能化、分工精细化、传播迅速、隐藏与保护更为强大的方向发展，因而对病毒防治的难度在不断加大。病毒肆虐，给组织与个人造成的损失巨大。

(2) 内部违规操作难以管理和控制。信息安全的问题。有相当一部分源自组织内部。其中，违规或者越权使用资源问题较为普遍，这主要由管理制度不完善或者执行不严所致。

(3) 来自外部环境的黑客攻击和入侵。随着互联网的普及与网络应用的日渐丰富，网络攻击事件层出不穷。例如网络诈骗，攻击者利用木马程序盗取对方的网络通信工具密码，截取对方聊天视频资料，冒充账号主人对其亲友以“患重病”“出车祸”等紧急事情为由实施诈骗。

信息安全威胁

1.2.2 信息安全威胁

威胁是一种行为。信息安全威胁指的是攻击者利用信息系统的脆弱性实施安全攻击的行为。能够威胁到信息安全的因素可分为内因与外因两大类，其中，外因又可以分为人为因素与环境因素两种。

1. 信息安全威胁的来源

信息安全威胁因素是指信息资源的机密性、完整性、可用性或合法使用，由于某种人、物、事件或概念而产生的危险。能够威胁到信息安全的因素很多，如系统漏洞、软件漏洞、计算机病毒、黑客攻击以及应用程序失灵等，都能引发信息系统的安全问题。从根源来说，这些因素可以归结为内因和外因两大类。

1) 内因

内因即内部因素，例如信息系统复杂性导致安全漏洞的存在不可避免，这就是一种内因。

2) 外因

外因即外部因素，主要包括人为因素和环境因素两种。其中，人为因素主要包括：

(1) 破坏信息系统的恶意人员或有预谋的内部人员，为获取利益，采取自主或内外勾结的方式窃取或篡改机密资料。

(2) 为获取利益或炫耀能力的外部人员，利用信息系统的脆弱性破坏网络或系统的机密性、完整性和可用性。

(3) 内部人员因责任心不足，或因不关心、不重视，或不按规章制度及操作流程办事，导致故障或安全事件的发生。

(4) 内部人员因培训不足，专业技能欠缺，不具备岗位技能要求，造成信息系统失效或遭受攻击。

来自环境的威胁因素主要包括断电、静电、灰尘、温度、潮湿、鼠蚁虫害、电磁干扰、自然灾害、物理故障等。

信息安全隐患

2. 常见的信息安全威胁

常见的信息安全威胁如表 1-2 所示。

表 1-2　常见的信息安全威胁

序　号	威　胁	说　　明
1	软硬件故障	包括对业务实施或系统运行产生影响的设备硬件故障、通信链路中断、系统本身或软件缺陷等问题
2	物理环境影响	对信息系统正常运行造成影响的物理环境问题和自然灾害
3	无作为或操作失误	应该执行而没有执行相应的操作，或无意地执行了错误的操作
4	管理不到位	安全管理无法落实或不到位，从而破坏信息系统正常有序运行
5	恶意代码	故意在计算机系统上执行恶意任务的程序代码
6	越权或滥用	攻击者通过采用一些措施，超越自己的权限访问了本来无权访问的资源，或者滥用自己的职权，做出破坏信息系统的行为
7	网络攻击	利用工具和技术通过网络对信息系统进行攻击和入侵
8	物理攻击	通过物理的直接接触造成对软件、硬件、数据的破坏
9	泄　密	信息泄露给了不应知晓的他人
10	篡　改	非法修改信息，破坏信息的完整性，使系统的安全性降低或信息不可用
11	抵　赖	不承认收到的信息和所作的操作和交易

1.2.3　信息安全风险

信息安全风险是指信息安全事件发生的可能性，其风险模型包含资产、脆弱性、威胁、威胁源和损失五个方面的要素。其中，资产即受保护对象，脆弱性即资产漏洞等，威胁即攻击行为，威胁源指的是攻击者，损失即资产遭受攻击产生的影响。

1. 信息安全风险类型

信息安全风险是指各类应用系统及其赖以运行的基础网络，在信息化建设中因可能存在的软硬件缺陷、系统集成缺陷等，以及信息安全管理中潜在的薄弱环节而被攻击者利用，从而引发的不同程度的安全风险。信息安全面临的风险通常可以分为技术风险和管理风险，技术风险是由于技术本身存在的风险，而管理风险是技术使用和组织管理过程中存在的风险。常见信息安全风险分类如表 1-3 所示。

表 1-3　信息安全风险分类

类　型	详 细 说 明
技术风险	物理环境风险：可从机房场地、机房防火、机房供配电、机房防静电、机房接地与防雷、电磁防护、通信线路的保护、机房区域防护、机房设备管理等方面进行风险识别
	网络结构风险：可从网络结构设计、边界保护、外部访问控制策略、内部访问控制策略、网络设备安全配置等方面进行风险识别
	系统软件风险：可从补丁安装、物理保护、用户账号、口令策略、资源共享、事件审计、访问控制、新系统配置、注册表加固、网络安全、系统管理等方面进行风险识别

续表

类　型	详 细 说 明
技术风险	应用中间件风险：可从协议安全、交易完整性、数据完整性等方面进行风险识别
	应用系统风险：可从审计机制、审计存储、访问控制策略、数据完整性、通信、鉴别机制、密码保护等方面进行风险识别
管理风险	技术管理风险：包括物理和环境安全、通信与操作管理、访问控制、系统开发与维护、业务连续性等方面的风险
	组织管理风险：包括安全策略、组织安全、资产分类与控制、人员安全、符合性等方面的风险

2. 信息安全风险分析

在实际工作中，由于技术和管理的缺陷，以及威胁的存在，不可避免地会存在各种各样的风险，但出于成本的考虑，我们往往只要求对优先级较高的风险进行处置。如何判断风险优先级的高低是我们首先要面临的问题。我们需要一个风险值来作为判断依据，通过对风险值的分析，决策者能够确定随后的风险处理方式和批准相关的监督活动，并选择合理的成本效益来保障资产的安全。风险值一般需要经过考量多重因素，进行多次风险分析才能得到。影响风险值的两大因素为资产价值和威胁发生的可能性。

以下以相乘法为例来简要说明风险分析的过程。在计算风险值之前，首先需要对这两大因素赋值。其中，资产价值的确定方式如表 1-4 所示，威胁发生的可能性如表 1-5 所示。值得注意的是，对于资产价值与威胁发生的可能性的赋值(表 1-4 和表 1-5 中的等级值)，以及风险优先级等级值区间的划分，如果有行业或者主管部门发布要求的，以行业或主管部门的要求为准，否则直接参考我国风险管理相关国家标准即可。

表 1-4　资 产 价 值

等　级	描　述	详 细 情 形
1	可以忽略	无伤害，低资产损失
2	较小	立即受控制，中等资产损失
3	中等	受控，高资产损失
4	较大	大伤害，失去生产能力，有较大资产损失
5	灾难性	持续能力中断，巨大资产损失

表 1-5　威胁发生的可能性

等　级	描　述	详 细 情 形
5	几乎肯定	预期在大多数情况下发生
4	很可能	在大多数情况下很可能会发生
3	可能	在某个时间可能会发生
2	不太可能	在特定的某个时间能够发生
1	罕见	仅在例外的情况下可能发生

当影响风险值的两大因素赋值确定后，可以通过将两因素的等级值相乘来计算得到风险值。通常某个威胁因素的安全风险值=受影响的资产价值×威胁发生的可能性。威胁发生的可能性与受影响的资产价值相关联得到的风险值结果如图 1-3 所示。

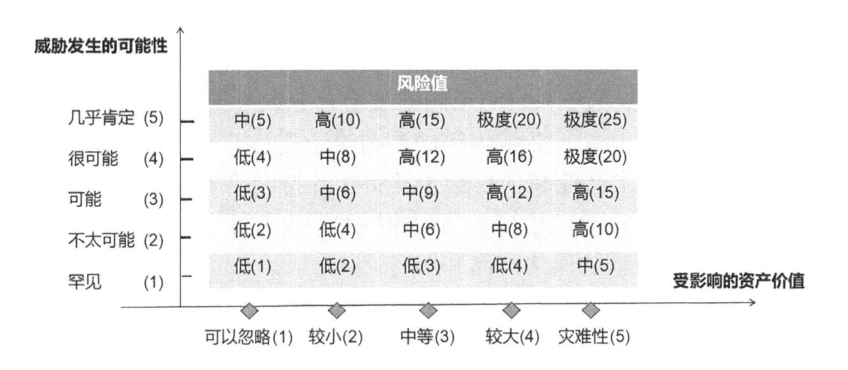

图 1-3　威胁发生的可能性与受影响的资产价值相关联得到的结果

得到风险值后，查表进一步判断风险的优先级等级值。风险等级的判定如表 1-6 所示。

表 1-6　风险等级的判定

风险值	1～4	5～9	10～16	20～25
风险等级	1	2	3	4
严重程度	低风险	中等风险	高风险	极度风险

由此可见，风险值由两大因素共同决定：威胁发生的可能性与资产价值。资产价值越高，威胁发生的概率越大，风险值也就越高。同理，资产价值越低，威胁发生的概率越小，那么风险值也就越低。

1.3　信息安全的现状与发展趋势

本节将从信息安全的现状、信息安全攻防发展状况和新技术应用领域安全三个方面进行探讨。

信息安全的现状

1.3.1　信息安全的现状

以下我们分别就国家、企业、个人三个层面的信息安全现状进行阐述。

1. 国家层面的信息安全现状

信息安全已成为国家安全的重要组成部分，成为继传统的领土、领海、领空和太空之后的第五国防。随着我们对网络空间的监管能力不断增强，信息安全即将进入综合研究时期，为了重点防范网络攻击，国际合作联系会更加紧密。

但中国信息安全现状不容忽视，具体表现为：境外有数万个木马程序对我国进行网络窃密和情报渗透，网络间谍对我国实施网络攻击妄图窃取我国国家机密，境外间谍机关在网上物色可利用的情报人员，甚至明码标价购买我国国家秘密等。

基于现状，我国明确要求从以下几个方面加强信息安全保障方面的相关工作：

(1) 建立健全网络安全规范体系。对于网络安全行业以及国家标准的制定，要对企业、研究机构、高等院校、网络相关行业组织等的参与给予支持。

(2) 对重点网络安全技术产业和项目给予扶持，支持网络安全技术的研究、开发和应用；支持企业、研究机构、高等院校等参与国家网络安全技术创新项目与工程；保护网络技术知识产权，推广安全可信的网络产品和服务。

(3) 建设网络安全社会化服务体系，鼓励有资质、有条件的企业和机构开展如网络安全认证、检测、风险评估等安全服务工作。

(4) 鼓励开发网络数据安全保护与利用技术，推动开放公共数据资源，促进技术创新，促进社会经济发展。

(5) 支持创新网络安全管理方式，运用网络新技术，提高网络安全保护水平。

(6) 重视网络安全宣传教育。支持企业和高等学校、职业学校等教育机构采取多种方式开展网络信息安全相关的教育培训，推动信息安全人才培养、信息安全人才交流等工作。

2. 企业层面的信息安全现状

企业核心数据泄密主要由以下几个方面引起：

(1) 黑客通过互联网窃取单位内部资料。

(2) 病毒或操作系统通过“后门”窃取单位内部资料。

(3) 竞争对手的刺探或通过收买单位内部员工窃取重要资料。

(4) 员工安全意识低下，导致数据泄露。

(5) 核心数据面临损坏威胁：员工故意删除、天灾人祸造成企业核心数据丢失。

(6) 办公系统的数据、员工操作文档没有记录等问题。

为此，企业需要从如下七个方面予以改进：

(1) 企业需要重视信息安全问题。数字化转型的企业越来越多。企业数字化转型，在极大地提升工作效率与优化业务模式的同时，也带来了新的信息安全风险。确保业务的安全是信息安全的最终目标，如果信息安全问题始终无法解决，业务安全也无从谈起。

(2) 信息安全相关法律法规不断完善，企业需要履行相关责任和义务。近年来，我国信息安全相关法律法规密集出台，对社会、企业、个人都做出了相关要求，履行信息安全相关责任与义务，也是贯彻落实我国信息安全相关法律法规政策的基本要求。

(3) 对涉及敏感信息的企业数据加强防护。进入大数据时代，数据对于企业来说具有非常高的价值，也是企业竞争力的体现。数据和隐私如何加强保护成为各类组织必须面对的一个重要问题。

(4) 提升企业员工的安全意识。员工是企业管理的主体与对象，员工的安全意识水平、安全防护技能往往会对整个企业的安全保障起到至关重要的作用。

(5) 完善与落实信息安全管理制度。信息安全管理与信息安全技术一同构筑起整个企业的信息安全保障体系，两者缺一不可。企业应该建立与完善与本组织相适应的安全管理制度，并严格贯彻执行。

(6) 把握信息安全行业逐步形成的机遇，把握新的业务增长点。现阶段，我国信息安全产业正处于高速发展期，深层次的信息安全需求、安全事件以及政策法规催生的需求成为信息安全产业增长的主要推动因素。

(7) 在产品研发中纳入信息安全。现在越来越多的公司将信息安全作为产品的一部分进行研发。对信息安全的投入，虽然在前期看不到明显的收益，但在后期产品真正上线运行使用后就成了一个非常具有竞争力的要素。

3. 个人层面的信息安全现状

随着网络应用的普及，人们对网络的依赖程度逐渐提高，个人信息也受到了更大的安全威胁，恶意程序、各种钓鱼和诈骗活动持续高速增长，个人隐私信息泄露，黑客攻击时有发生。所以，个人层面可以考虑从如下几个方面增强防范意识与技能，应对当前的现状：

(1) 重视个人敏感信息的保护。个人信息中，我们的姓名、住址、电话、身份证号码、各类账号与密码，都是需要我们重点保护的内容。

(2) 增强对网络攻击的辨别能力。需要加强对网络安全知识的学习，能基本辨识常见的网络攻击，并具备基础的安全防护技能。

(3) 了解飞速发展的信息技术产品。近年来，新兴技术不断兴起并得到应用，也在不断改变我们的生活与工作方式，只有对其有充分的了解，方能做好针对性的防护。

(4) 获取信息的途径增加，要学习辨识真伪。互联网时代，网络上各类消息铺天盖地。官网、经过安全验证的网站、正规的交流渠道等，这些才是我们获取信息的主要方向。

(5) 增强法律法规意识。要积极学习并贯彻落实相关法律法规，学会用法律武器来保障自身的安全，力争做懂法守法的好公民。

信息安全
攻防发展状况

1.3.2　信息安全攻防发展状况

随着网络世界越来越发达，网络攻击也纷至沓来。现如今，网络攻击方法和手段已经越来越复杂，攻击方法更加先进，攻击手段更加隐蔽。信息安全问题的影响力也越来越大，唤醒了更多公众的信息安全意识。

1. 网络攻击越来越复杂

网络攻击的复杂性，主要体现在如下几个方面：

(1) 工具的复杂。网络攻击工具逐渐复杂化，由之前个人制作的简单流式脚本逐渐发展到国家开发的专业攻击工具，因而能够有效地避免各类安全设备的检测，达到入侵服务器的目的。

(2) 组织的复杂。以前的网络攻击者大部分是为了炫耀个人技术，所以攻击者一般为个人。如今，网络攻击的目的是为了利益，为了炫耀能力的攻击者逐渐减少，而为了非法取得政治、经济利益的攻击者越来越多。所以，攻击者主体也逐渐从个人演变成组织、团队，甚至国家。

(3) 攻击类型的复杂。目前，网络攻击类型愈发复杂多样化，攻击者针对某一系统的攻击往往不再采用单一的攻击，而是采用多种攻击操作相结合的方式。例如，攻击者融合拒绝访问、漏洞利用、社会工程学、网络扫描、监听、“后门”等多种攻击手段来实施攻击操作。

2. 网络攻击越来越危险

近年来，网络攻击的威胁性不断在增大，主要体现在以下几个方面：

(1) 越来越快地发现安全漏洞。每年新类型的安全漏洞都会被发现，管理人员也不断地通过最新补丁对新发现的安全漏洞进行修补。入侵者往往能在厂商把这些漏洞修补好之前找到攻击目标。

(2) 攻击速度和自动化程度均有所提高。随着分布式攻击工具的出现，攻击者可以管理和协调大量已分布在许多互联网系统上的攻击工具。分布式攻击工具可以更有效地发起拒绝服务攻击，对潜在受害者进行扫描，对有安全隐患的系统产生危害。

(3) 对基础设施威胁增大。近年来，工控系统、能源、金融、电信、交通和供水设施等关键基础设施被攻击者视为攻击的主要目标，通过对基础设施的攻击，达到政治、经济方面的目的。

(4) 攻击蔓延至现实世界。新型攻击已经出现在现实世界当中。详见以下案例。

案例

2013 年，计算机安全专家巴纳比·杰克研究出一种方法。通过这种方法，他可以在距离目标 50 英尺的范围内侵入心脏起搏器，并让起搏器释放出足以致人死亡的 830 V 电压。巴纳比原本计划在 8 月份举行的黑帽子大会上演示如何入侵心脏除颤器和心脏起搏器，但是他在 7 月 25 日死于旧金山的自家公寓里。

类似事件，也曾出现在车联网中：黑客通过入侵车联网，控制汽车的机械部件，导致乘客的生命安全遭受严重威胁。

3. 网络防御的建设

网络防御能力是我国应对复杂的网络空间挑战的基本需要，也是大国履行国际责任的基本能力。在进行网络防御建设的过程中，我们需要考虑多重因素，包括技术、管理、意识、法律及标准等。各类网络防御的因素具体如表 1-7 所示。

表 1-7 各类网络防御的因素

因素	说明
技术	产品成熟、覆盖面广、信息技术应用创新(信创)、服务专业
管理	国际接轨、逐渐重视、形成体系、结合实践
意识	日常培训、重视宣传、融入生活、全民意识
法律及标准	网络安全法、数据安全法、个人信息保护法、等级保护制度

在网络防御建设中，信息技术应用创新(简称“信创”)这一概念经常被提及。“信创”是我国 IT 产业发展与升级的长久之计，是我国当前的一项国家战略，也是在当今形势下经济发展的新动力。

信创的发展就是要解决本质安全保障的问题。所谓本质安全，通俗点说，就是把核心的东西变成我们自己可以掌控的、可以研究的、可以开发的、可以生产的东西。目前，发展信创产业，已经成为中国经济数字化转型的关键，成为产业链升级的关键。通过从引进技术体系、强化产业基础、强化保障能力等方面入手，推动信创产业在当地落地生根，带动传统 IT 信息产业转型，打造区域级产业聚集集群。

新技术应用领域安全

1.3.3　新技术应用领域安全

截至目前，以云计算、大数据、移动互联网、5G 网络、物联网、工业控制网络、区块链、人工智能等为代表的新技术应用日益广泛，但随之而来的安全事件数量也在不断增长。

1. "云、工、移、大"简介

随着"云、工、移、大"等新技术的发展，我国信息安全等级保护 2.0 标准将信息安全等级保护对象从狭义的信息系统扩展到网络基础设施、云计算平台、大数据平台、物联网、采用移动互联技术的系统以及工业控制系统等新技术领域。有关云计算(简称"云")、工业控制(简称"工")、移动应用(简称"移")、大数据(简称"大")的介绍如图 1-4 所示。

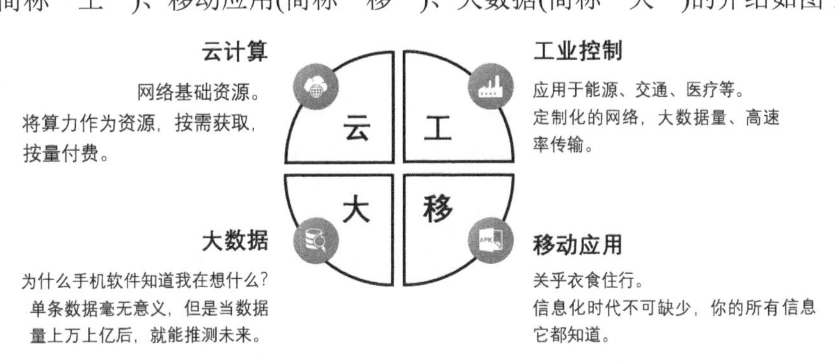

图 1-4　"云、工、移、大"新技术的介绍

2. 云计算安全现状

设施、硬件、资源抽象控制层、虚拟化计算资源、软件平台和应用软件等共同构成了云计算平台/系统。云客户通过安全的通信网络访问云服务提供商提供的安全计算环境，如网络直接访问、API 接口访问和 Web 服务访问等。云客户对设施、硬件、资源抽象控制层、虚拟化计算资源、软件平台和应用软件等的安全需求都是不同的。云计算安全扩展要求主要增加了以下安全管控：虚拟网络之间的安全隔离、虚拟化安全监测、虚拟机之间的资源安全隔离、云计算环境安全管理、数据安全、剩余信息保护、镜像快照保护，以及对物理资源和虚拟资源按照策略做统一的管理、调度和分配等。

云计算的安全问题主要体现在云端安全威胁、云计算平台安全威胁、云"管"安全威胁三个方面。

(1) 云端安全威胁是指在云计算环境中可能对组织造成的安全威胁，包括数据泄露和数据盗窃、服务中断、恶意软件、非法访问以及安全漏洞等。

(2) 云计算平台安全威胁，主要包括：数据丢失、被篡改或泄露；网络攻击；云服务中断；越权、滥用与误操作；滥用云服务；过度依赖；数据残留等。

(3) 云"管"安全威胁是指在云计算环境中进行管理活动时可能遇到的安全威胁。云计算环境中的管理活动包括系统管理、网络管理、数据管理等。云"管"安全威胁包括用户权限控制、网络安全、数据安全、软件安全与硬件安全等方面。

3. 工业控制安全现状

工业控制系统是国家关键信息基础设施的重要组成部分。我国超过 80%的关键信息基础设施依靠工业控制系统实现自动化作业。能源、电力、金融、通信、交通等领域的关键信息基础设施是经济社会运行的神经中枢，事关国家安全、国计民生和公共利益，是网络安全的重中之重。

但工业控制并不是百分之百安全，对其造成威胁的因素包括自然灾害及环境、内容安全威胁、设备功能故障、恶意代码、网络攻击等。

工业控制系统安全如何保障？我们可以模拟黑客入侵和攻击，挖掘工业控制系统安全漏洞，通过风险研判和应急处置，聚焦电力工业控制信息系统、城市公用事业系统等关键信息基础设施的安全风险漏洞的挖掘与防护技术的交流与研究；准确把握工业控制安全风险的发生规律、趋势和动向，做到心中有数；积极探索工业控制安全防护技术，促进安全产品和服务模式创新。

4. 移动应用安全现状

由移动终端、移动应用程序和无线网络等形成各类移动应用的接入技术，其中移动终端通过无线网络连接无线接入网关，无线接入网关通过访问控制策略限制移动终端的访问行为，而后台的移动终端管理系统负责管理移动终端，包括发送移动设备管理策略、手机内容管理策略等内容到移动应用程序客户端等。

移动互联安全扩展要求包括以下的控制点：无线接入点的物理环境，无线与有线的边界防范，无线接入安全控制，终端接入控制，移动终端数据安全控制，移动终端应用安全控制，移动应用软件的采购、开发、配置等方面的安全管理。

移动应用安全的主要问题包括：平台安全威胁、无线网络攻击、恶意代码、代码逆向工程、程序非法篡改等。

5. 大数据安全现状

大数据应用是指基于大数据平台对数据的处理过程，通常包括数据采集、数据存储、数据应用、数据交换和数据销毁等环节。这些环节均需要对数据进行保护，通常需考虑的安全控制措施包括：数据采集授权、数据分类标识存储、数据备份和恢复、数据输出脱敏处理、敏感数据输出控制以及数据的分级分类销毁机制等。

大数据存在的主要安全问题包括：安全边界日渐模糊、敏感数据泄露风险增大、数据失真与污染、大数据处理平台业务中断、个人隐私保护困难、数据交易安全风险、大数据滥用等。

课 后 习 题

一、选择题

1. 信息安全的三大基本属性不包括(　)。

A. 保密性　　B. 完整性　　C. 可用性　　D. 可靠性

2. 下列说法错误的是(　)。

A. 信息安全三元组的英文简称为 CLA
B. 保密性亦称机密性，是指对信息资源开放范围的控制，确保信息不被非授权的个人组织和计算机程序访问
C. 完整性是保证信息系统中的数据处于完整的状态，确保信息没有遭受篡改和破坏
D. 可用性是保障数据和系统随时可用

3. 关于信息安全的特征描述中，错误的是(　)。

A. 信息安全问题是复杂的问题，具有系统性
B. 信息安全是动态的安全，具有动态性
C. 信息安全是无边界的安全，具有开放性和互通性
D. 信息安全与传统的安全相比差别不大

4. 信息安全范畴包括安全技术和安全管理两大领域。下列不属于安全技术的是(　)。

A. 网络安全　　B. 信息安全管理　　C. 应用安全　　D. 数据安全

5. 在信息安全宣传周中，小明制作了一份信息安全事件危害性的海报参加比赛，其中表述不合理的是(　)。

A. 安全事件的发生会对国家政治安全、经济发展、军事安全造成巨大影响
B. 安全事件的发生会引起社会的恐慌
C. 安全事件对互联网公司的影响最大
D. 侵犯个人隐私，遭受不明骚扰

6. 下列不属于新技术安全领域的是(　)。

A. 人工智能　　B. 工控安全　　C. 软件安全　　D. 云安全

7. 关于信息安全问题产生的原因，说法错误的是(　)。

A. 都是因为技术问题　　B. 系统本身的脆弱性
C. 安全管理不当　　D. 安全防范欠缺

8. 关于信息安全威胁来源因素，说法最正确的是(　)。

A. 环境因素　　B. 人为因素　　C. 人为因素和环境因素　　D. 技术因素

二、简答题

1. 简述信息安全的发展历程。
2. 为什么说信息安全已成为影响国家政治安全的重要因素？
3. 常见的信息安全问题有哪些？
4. 管理风险包括哪两方面？
5. 简述大数据常见的安全问题。
6. 网络攻击类型有哪些？

第2章 网 络 安 全

随着网络安全问题的日渐突出，世界各国相继制定和颁布了一系列网络安全相关的法规和政策，以期通过建立健全网络安全保障机制，尽最大努力来保障国家、社会以及个人等各个层面、各个领域的网络安全。围绕网络安全这一议题，本章将从网络安全概念、常见网络攻击、家庭与校园网络安全，以及网络安全防护实践四个方面来介绍。

学习目标

1. 知识目标

掌握网络安全基本概念、主要安全问题；了解网络安全面临的挑战和机遇等；掌握网络攻击的定义、类型、攻击流程以及常见的网络攻击原理；了解常见的家庭与校园网络安全问题。

2. 能力目标

能基本辨识实际发生的网络攻击，能用基础的网络安全防护手段来防范网络攻击，能进行家用路由器的安全配置，能进行校园网络的基本防护。

2.1 网络安全概述

网络安全的发展，带给我们的既是挑战，也是机遇。如何准确地把握网络安全的发展趋势，科学地构筑网络安全防护体系，首先需要我们充分地认识与理解网络安全，直面网络安全的相关问题。

网络安全基础

2.1.1 网络安全基础

信息安全、网络安全以及网络空间安全，三者存在一定的区别与联系。以下就网络安全相关的基本概念，以及主要网络安全问题予以介绍。

1. 网络安全基本概念

网络安全基本概念

网络安全，通常是指计算机网络的安全。从广义上讲，网络安全还包括计算机硬件、存储于计算机上的数据以及计算机本身的安全。从不同的角度，对网络安全概念的理解不同，其中较典型的解释有如下几种：

(1) 网络安全是指保护网络信息系统的硬件、软件及其系统中的数据，使其不因偶然或恶意的破坏、变更、泄露而造成服务中断，能够持续、可靠、正常地运行。

(2) 来自维基百科“Network Security”词条的阐述为：“网络安全包括为防止、检测和监控对计算机网络和网络可访问资源的未授权访问、滥用、修改或拒绝而采用的策略、流程和实践”。

我们可以把网络安全定义为：网络安全是指采用各种现代化信息手段，保护网络信息系统中的软硬件资源及其系统中的数据不受偶然的或者人为恶意破坏、更改和泄漏，以保障系统可以连续、可靠、正常地运行，服务不被中断。此外，随着移动设备的普及，物联网与工业控制网络的发展，网络安全已经不单单是指计算机网络的安全了。它还包括移动互联网安全、物联网网络安全、工控网络安全等。

2. 信息安全、网络安全和网络空间安全

信息安全、网络安全和网络空间安全，三个概念极易混淆，并且在大多数应用场合大家也没有严格予以区分。事实上，早期的信息安全是建立在现实社会信息安全基础上的概念，而网络安全从严格意义上来说应该是通信网络安全。但随着网络社会与网络空间的出现，信息安全也被人们称之为网络安全或者网络空间安全。

网络空间与陆、海、空、天并列，是国家的第五大主权空间。随着信息技术的发展，网络空间安全已经成为全球性的国家安全挑战问题。网络空间是以互联互通的信息技术基础设施为网络平台，融合了物理域、信息域、认知域和社会域，通过有线及无线信道来传递信号信息，控制实体行为的信息活动空间。

根据《信息安全　技术网络安全等级保护基本要求》(GB/T 22239—2019)关于网络空间安全的定义：“通过采取必要措施，防范对网络的攻击、侵入、干扰、破坏和非法使用以及意外事故，使网络处于稳定可靠运行的状态，以及保障网络数据的完整性、保密性、可用性的能力。”

网络空间安全所要保护的是网络空间内的构成部分，以及网络空间整体的安全。从严格意义上来讲，信息安全、网络安全、网络空间安全，三者存在着包含关系，网络空间安全包括并依赖于网络空间安全的基础构建模块——信息安全、应用安全、网络安全和互联网安全。

3. 主要网络安全问题

开放和资源共享是互联网的最大特点，但也正是基于这种开放性的特点，进一步加剧了互联网领域的安全风险。除了传统的计算机网络外，工业控制系统面临的网络安全风险、智能技术应用、云计算和移动支付等领域的风险也日益增大。黑客攻击的影响和破坏作用明显增强，网络安全形势变得严峻起来。

1) 网络参考模型

为了推动互联网络的研究和发展，国际标准化组织(ISO)制定了网络互联的七层框架参

考模型，即开放系统互联(Open System Interconnect) 参考模型，简称 OSI 参考模型。OSI 参考模型由低到高依次为物理层、数据链路层、网络层、传输层、会话层、表示层以及应用层。OSI 参考模型的分层情况如表 2-1 所示。

表 2-1 OSI 参考模型层次说明

分 层	说 明
应用层	针对特定应用的协议
表示层	设备固有数据格式和网络标准数据格式的转换
会话层	通信管理。负责建立和断开通信连接，管理传输层以下的分层
传输层	管理两个节点之间的数据传输，负责可靠传输，保证数据被可靠传输到目的地址
网络层	地址管理和路由选择
数据链路层	互联设备之间传送和识别数据帧
物理层	以“0”“1”代表电压的高低水平，灯光亮暗，界定连接器和网络的规格

由于 OSI 参考模型实现较为烦琐，因此在实际应用中，将其合并简化为 4 层：网络接口层、网络互联层、传输层、应用层，这就是我们所说的 TCP/IP(Transmission Control Protocol/Internet Protocol)模型。它在一定程度上借鉴了 OSI 参考模型。

TCP/IP 模型和 OSI 参考模型的层次对应关系为：TCP/IP 模型中的网络接口层，对应 OSI 参考模型中的物理层和数据链路层；TCP/IP 模型中的网络互联层，对应 OSI 参考模型中的网络层；TCP/IP 模型中的传输层对应 OSI 参考模型中的传输层；TCP/IP 模型中的应用层对应 OSI 参考模型中的会话层、表示层和应用层。TCP/IP 模型和 OSI 参考模型的层次对比如图 2-1 所示。

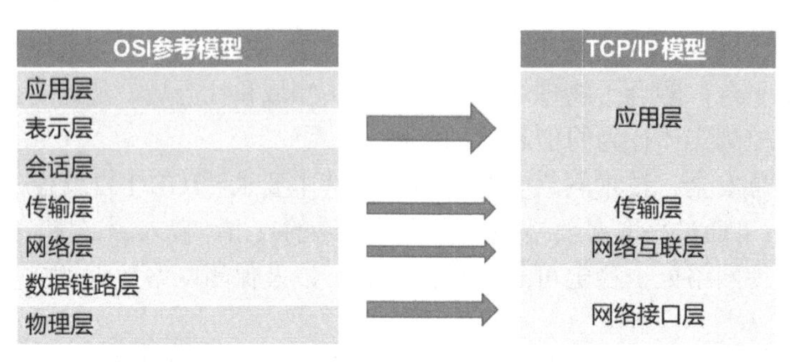

图 2-1 TCP/IP 模型与 OSI 参考模型的层次对比

网络参考模型中，处于相同层次的信息单元之间如果要实现连接、互相通信与交换信息，双方都需要遵守一定的规则，网络通信协议是这些连接和通信的规则的统称，它统一规定了数据的传输格式、传输速率、传输步骤，以及必须同时遵守的通信规则。例如，TCP/IP 模型的核心协议是 TCP/IP 协议，即传输控制协议/网际协议，该协议是因特网的基本协议。值得注意的是，TCP/IP 协议并非专指某一协议，而是指一个协议簇，也包括一些常见的协议，如 FTP、TELNET、SMTP、ARP 等。

2) 网络参考模型各层的安全问题

以 TCP/IP 模型为例，下面我们分层次来讨论网络安全问题。

(1) 网络接口层。该层的主要安全问题包括两类：其一，物理设备、传输线路以及周边环境的问题，包括各种自然灾害，来自动物的啃噬破坏，因年代久远而造成的设备老化，以及人为的误操作等损坏；因受到大功率电器、电源线路或者电磁辐射的干扰；传输线路造成的电磁泄漏等。其二，嗅探与欺骗攻击的问题，比如 Mac 地址欺骗、Mac 洪水攻击、传输数据被嗅探，以及 ARP 地址欺骗等。

(2) 网络互联层。提供网络中不同主机之间的通信联络，是网络层的主要功能。该层负责传输的数据单元是分组或称包，主要的协议包括 IP 协议(Internet Protocool，网际协议)、ICMP 协议(Internet Control Message Protocol，互联网控制报文协议)和 IGMP 协议(Internet Group Manage Protocol，因特网组管理协议)。基于网络层的作用以及常见协议，该层的安全问题主要有泪滴攻击(Teardrop)，死亡之 Ping 攻击，IP 源端地址欺骗、数据嗅探和 IP 数据包伪造等。

(3) 传输层。传输层的主要功能是提供供两台主机上的应用程序使用的端到端的通信连接。该层主要的协议包括 TCP 协议(Transmission Control Protocol，传输控制协议)和 UDP 协议(User Datagram Protocol，用户数据报文协议)，而负责传输的数据单元是段。该层的主要安全问题集中在 TCP 会话劫持，拒绝服务攻击，端口扫描以及 IP 数据包伪造等。

(4) 应用层。应用层的主要功能是服务于应用。应用层采用的主要协议包括 HTTP 协议(超文本传输协议)、FTP 协议(文件传输协议)、SMTP 协议(简单邮件传输协议)、DNS 协议(域名系统协议)和 TELNET 协议(远程登录协议)等。基于该层的作用，主要的安全问题有直接针对应用程序或者用户的各种病毒、钓鱼软件或者间谍软件等，针对口令认证时的暴力破解，针对服务器等网络基础设施的 Dos/DDos 攻击，针对远程登录协议信息以明文形式传输用户名和口令的数据窃听，以及应用认证口令的暴力破解等。

2.1.2　网络安全面临的挑战和机遇

网络安全面临的
机遇和挑战

机遇往往伴随着挑战而来。虽然网络安全的形势日渐严峻，但是也给众多网络安全公司、网络安全从业人员，乃至整个网络安全产业带来了广阔的前景。

1. 网络安全面临的挑战

随着计算机技术的不断发展，网络安全形势日渐严峻，新一轮的科技革命和产业变革在迅速发展。网络攻击的方式、攻击的主体、攻击的目标、攻击的强度、攻击的速度等，都发生了很大变化，新挑战的不断出现是网络安全未来的发展趋势，主要体现如下：

(1) 攻击方式发生改变。随着大数据技术、人工智能等科技的进一步发展，网络攻击的手段发生很大变化，网络攻击朝着智能化和自动化的方向转化。网络攻击甚至可以做到完全不依赖于人工操作。

(2) 攻击的主体范围扩大。随着计算机的普适性发展，对计算机操作的要求逐渐降低，攻击者也不仅仅局限于黑客之类的人士。攻击者只需要略懂一些渗透技术，即可完成一次简单攻击。

(3) 网络攻击呈现目标多样化和隐蔽性的特点。在攻击目标上，在因特网发展与普及之前，对计算机的攻击一般通过破坏硬件设备，或者盗取相关信息资料的方法就可以实现。但是，互联网的发展，让网络攻击目标开始变得多样化和具有隐蔽性，主要体现在网络威胁的攻击面在不断加大，恶意程序通过加强对自身的隐藏与保护，导致检测与查杀的难度不断提升。

(4) 网络攻击获取资源更便捷。在互联网中，网络漏洞信息、漏洞利用程序、恶意程序等攻击资源的获取与利用极其容易。通过网络，计算资源等数据信息也更容易被攻击者所窃取或篡改。

(5) 持续强化网络攻击活动。比如高级持续威胁(APT)攻击是常态化的，有些 APT 攻击能持续十几年，直到找到为止。

(6) 网络攻击速度加快。从 0day 的发现，到安全漏洞被大量攻击利用，所需的时间极为短暂。计算机软硬件技术的提升，带来了更高的网络带宽与设备处理速度，极大地方便人们进行数据处理、传输和通信，网络攻击的速度在这种条件下也在加快，让人无法及时应对。

(7) 网络攻击影响扩大。攻击的影响由原来对机构与个人产生经济和业务损失、信息泄露等的局部影响，蔓延到整个社会层面，乃至危及国家安全。

(8) 网络攻击主体组织化。网络攻击更多以团体、组织，甚至国家的形式存在。

2. 网络安全面临的机遇

随着各种新型网络安全风险的不断涌现，安全问题日益凸显，但与此同时也为社会的发展带来了诸多的机遇，主要体现如下：

(1) 促进行业规范化发展。作为国家大力支持促进发展的产业，网络安全促进了国家对相关产业的规范化。例如，《网络安全法》《网络安全等级保护定级指南》《网络安全等级保护实施指南》《网络安全等级保护设计技术要求》等法律法规的出台，大力加强了安全保障体系、管理机制，以及相应的措施等的完善。

(2) 网络安全成为新的需求点。最近几年，各种类型的网络安全事件频频发生，很多国家都开始大力发展各种安全业务，增加安全层面的开发工作，对硬件的安全运维也大力推进，数据的隐私保护和安全内嵌也成为新的发展点。由安全发展的新需求可知，传统的开发、运维、业务管理都已经不能满足现在行业的要求，需要引入“安全”这一技术，才能与市场发展趋势保持一致。

(3) 网络安全产业逐渐成熟。随着大数据、AI 智能等技术的日益成熟，网络安全产业也逐渐成为刚需，必须通过产业升级提高原本的安全产品、产业模式点的适应性。传统的用户需求往往是零散的、被动的模式，而现在的用户需求已经发展到以实战化、防护效果为目标，进一步促进了各网络安全产业走向成熟。

2.2 常见网络攻击

网络攻击的手段与形式多种多样，同时也处于不断的演化之中。常见的网络攻击包括主动攻击和被动攻击两大类，具体有 DDoS 攻击、ARP 欺骗攻击，以及邮件钓鱼攻击等。

2.2.1 网络攻击概述

网络攻击概述

网络攻击是指任何个人、组织或国家对计算机信息系统在未经许可的条件下发起的活动，包括破坏、泄漏、修改等众多行为。

1. 网络攻击的定义

《信息安全技术　网络攻击定义及描述规范》(GB/T 37027—2018)中定义网络攻击为：网络攻击是通过计算机、路由器等计算资源和网络资源，利用其中存在的漏洞和安全缺陷来实施的攻击行为。在狭义上，网络安全是指针对网络层发起的攻击行为。网络攻击的主要目的是破坏网络中信息的机密性、完整性、可用性、真实性和不可否认性，从而削弱甚至破坏网络中的服务功能。

2. 网络攻击的类型

依据网络攻击方式的差异，可将网络攻击分为主动攻击和被动攻击两种主要类型。

1) 主动攻击

主动攻击是指攻击者为了破坏信息的真实性、完整性、保密性、可用性等，运用攻击技术对计算机网络进行攻击，导致数据流的篡改或数据流的伪造。这类攻击可以分为信息篡改、伪造攻击，以及拒绝服务攻击(DoS，Denial of Service)等。其中，篡改主要针对的是资料的完整性问题。在未经授权的情况下，将消息双方传递的信息中某些部分修改、删除、伪造、增加以及乱序等。伪造主要针对的是信息的真伪问题。针对个人、组织或系统伪造合法用户的身份，发出带有恶意的数据信息，骗取合法用户的使用权限。拒绝服务攻击主要针对的是系统的可用性问题。攻击者发出大量的数据包给同一个服务器，造成服务器带宽增加，无法将服务提供给正常用户。

2) 被动攻击

被动攻击是指攻击者在未经授权用户同意和许可的情况下，不对数据信息作任何修改，而是实施截取或窃听用户信息或相关数据的行为。主要目的是破坏信息的保密性。这类攻击可分为流量分析、窃听和破解数据流量弱加密等几大类。其中，流量分析是指通信双方在一段时间内的通信数据流会被捕捉，攻击者通过对通信流量分析，获取得到通信双方的位置、通信模式等相关信息。窃听是指通过抓包等手段截获在信道中传输的数据。主动攻击与被动攻击的主要区别如表2-2所示。

表2-2　主动攻击与被动攻击的区别

对比项	主动攻击	被动攻击
攻击含义	包含攻击者访问所需信息的故意行为	窃听信息，用户通常无法察觉
攻击手段	拒绝服务攻击、信息篡改、资源利用、欺骗攻击	窃听、信息收集
攻击目的	破坏系统的可用性、完整性、可靠性	破坏系统的保密性
攻击例子	破解目标 FTP 服务器账号密码，并远程登录获取文件信息	利用流量分析工具，获取传输数据的内容

2.2.2　常见网络攻击介绍

常见网络攻击介绍

在本节中，我们将介绍网络攻击的一般流程与攻击思路，并针对几种常见类型的网络攻击，给出其工作原理与具体实施步骤的描述。

1. 网络攻击的一般流程与攻击思路

网络攻击一般流程及思路

网络攻击的一般流程包括主机定位和信息收集、资源探测和分析、漏洞发现和利用、权限提升和维持四个阶段。

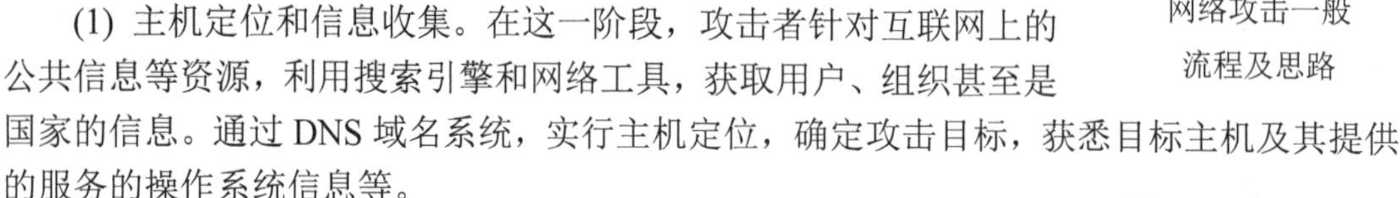

(1) 主机定位和信息收集。在这一阶段，攻击者针对互联网上的公共信息等资源，利用搜索引擎和网络工具，获取用户、组织甚至是国家的信息。通过 DNS 域名系统，实行主机定位，确定攻击目标，获悉目标主机及其提供的服务的操作系统信息等。

(2) 资源探测和分析。在这一阶段，黑客可以利用网络扫描软件对目标系统进行 IP 地址端口扫描，检查开放的端口号，获得服务软件以及相应版本。

(3) 漏洞发现与利用。攻击者通过扫描获取大量目标系统信息后，从中挖掘出可用于实施攻击的弱点信息，也就是发现漏洞，包括系统或应用服务软件漏洞、主机信任关系漏洞、通信协议漏洞、用户漏洞以及目标网络中的网络业务系统漏洞等。通过侵入漏洞，进一步获得控制目标系统的权利。例如，盗取账号文件将其破解，获取合法用户的账号和密码。

(4) 权限提升和维持。在获取合法用户权限后，攻击者会进一步提升其权限，目的是访问那些更高级别的服务，进而执行攻击行为。进入系统后，攻击者会清除痕迹并放置后门，例如在系统中植入木马程序，改变某些系统设置，或植入其他一些远程控制程序，甚至创建隐藏的账号，以便在未来的时间里重新进入到系统中去。

一般而言，攻击者实施网络攻击的方法或过程如图 2-2 所示。

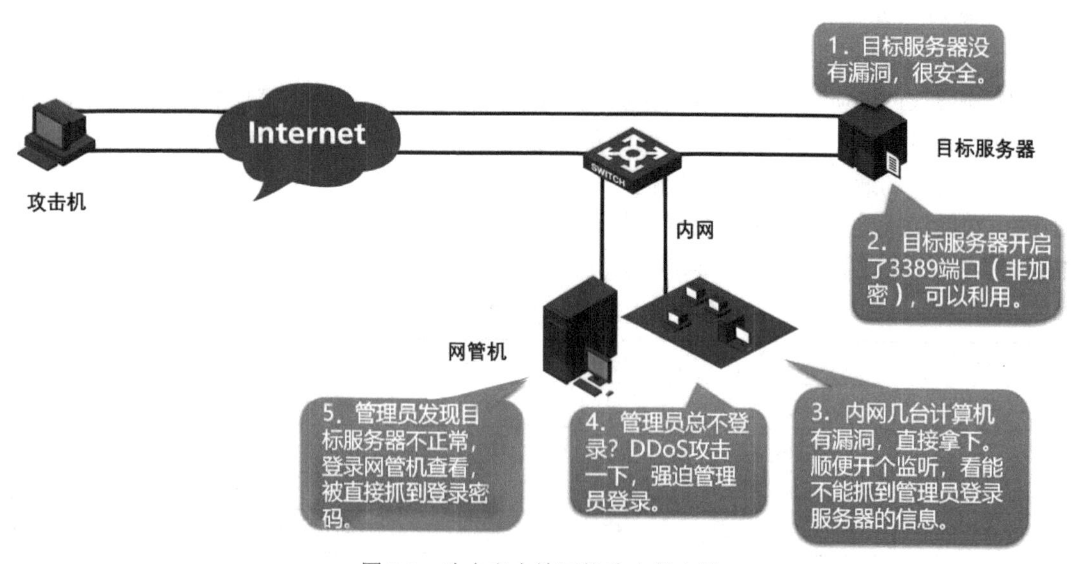

图 2-2　攻击者实施网络攻击的方法

图 2-2 中的目标服务器并没有漏洞，但是它开启了 3389 端口，这可以被攻击者用于远程连接。通过进一步利用内部网络中某些计算机漏洞，攻击者可直接取得这些机器的控制

权，并开启网络监听模式，伺机抓取带有管理员账户信息的数据包。攻击者向目标服务器发起 DDoS(Distributed Denial of Service，分布式拒绝服务)攻击是常采用的获取管理员账户方法。采用这种方法，将造成目标服务器瘫痪。当管理员发现服务器异常，登录该服务器时，就被黑客控制的处在监听模式下的计算机抓获带有账户和口令的数据包。攻击者通过这样的手段成功窃取了管理员的账号与密码，最终得到系统的最高控制权。

案例

2015 年 12 月 20 日，乌克兰遭受了历史上首次停电网络攻击，其原因是电网系统遭遇黑客袭击，导致数百户家庭被迫中断供电。电力公司的员工被黑客欺骗，下载了一款名为“BlackEnergy”(黑暗力量)的恶意软件。BlackEnergy 可追溯至 2007 年，它是由俄罗斯地下黑客组织在 Botnet 开发并大量使用的一款软件，主要用于建立僵尸网络，可针对定向目标进行 DDoS 攻击。

当天，约 60 个变电站遭到了黑客攻击。黑客先通过操作恶意软件，切断电力公司的主控计算机与变电所的连接，接着通过在系统中植入病毒使全部计算机瘫痪。同时，黑客还针对电力公司的电话通信进行干扰，导致停电受影响的居民联系不上电力公司。

问题：

1. 结合上述材料并查阅相关资料，谈谈此事件的发生运用了哪些技术手段。
2. 通过乌克兰电网系统遭受黑客攻击的情况，谈谈国家关键信息基础设施安全的重要性。

2. DoS/DDoS 攻击

DoS 攻击，也称为拒绝服务攻击，它的攻击目的是使计算机或网络不能提供正常服务。这类攻击中，黑客利用“肉鸡”或僵尸机，对某个服务器的 IP 发送大量数据请求，通过这种手段耗尽服务器的网络资源，导致服务器无法处理正常的用户请求，给客户端回复拒绝请求的信息。

在攻击过程中，攻击者一般会发出很多访问要求，而服务器难以根据请求辨别是正常请求还是攻击行为，因此很难防御 DoS 攻击。多台计算机同时发起的 DoS 攻击被称为分布式拒绝服务攻击(DDoS 攻击)。DDoS 攻击通常利用感染病毒的计算机作为攻击跳板，它主要针对较大的网站，造成服务不可用，所造成的危害远比 DoS 攻击大。

DDoS 攻击流程中一般存在四个角色，分别为：攻击者、控制傀儡机、攻击傀儡机、受害者。其中，控制傀儡机负责发出控制命令，而不参与实际的攻击。攻击傀儡机接收从控制傀儡机发来的命令，根据命令执行攻击行为。对于控制傀儡机和攻击傀儡机来说，攻击者对它具有支配权，可以将 DDoS 程序传输给这些机器并隐藏起来。当接收到攻击命令，这些机器成为傀儡机并发起攻击。控制傀儡机和攻击傀儡机起到隐藏攻击者的作用。DDoS 攻击的一般过程如图 2-3 所示。

DDoS 攻击的一般流程分为四个步骤：第一步，确定攻击目标，这是根据扫描收集到的信息来确定的。第二步，扫描网络上是否安装有安全漏洞的机器，尝试入侵，得到机器的控制权，并向其中安装 DDoS 程序，隐藏自身。第三步，对傀儡机下达攻击指令。最后一步是傀儡机根据接收到的攻击指令，向受害者发起攻击。

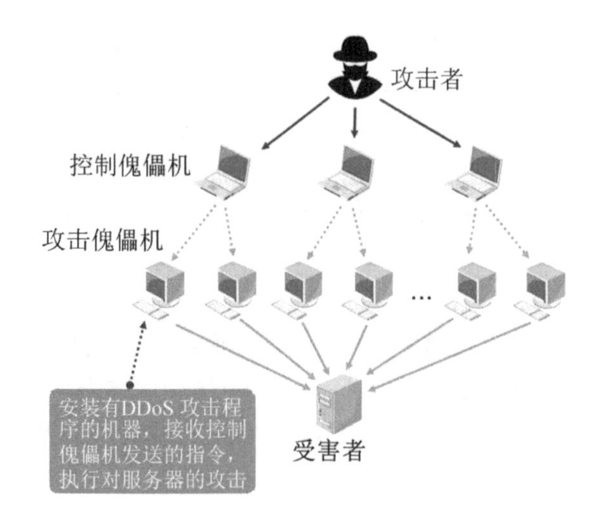

图 2-3 DDoS 攻击的一般流程

3. ARP 欺骗攻击

1) ARP 欺骗的概念

ARP 欺骗(ARP spoofing)，也叫 ARP 毒化或 ARP 攻击，是针对以太网地址解析协议(ARP)的攻击手段。基于 MAC 地址通信，在以太网中需要利用 ARP 协议网络层的 IP 地址转化为数据链路层的 MAC 地址。ARP 伪造了 IP 地址和 MAC 地址的映射关系，误将被攻击者修改过的 MAC 地址当作正常目标的 MAC 地址，使网络无法通信，俗称“断网攻击”。此外，ARP 欺骗还可以通过伪造手段和正常用户通信，获取用户提交的账号和口令。

在图 2-4 中，主机 A 的 IP 地址在局域网络中为 192.168.1.10，MAC 地址为 aa:aa:aa:aa:aa；主机 B 的 IP 地址为 192.168.1.20，MAC 地址为 bb:bb:bb:bb:bb；攻击者的 IP 地址为 192.168.1.30，MAC 地址为 cc:cc:cc:cc:cc。在该局域网内，攻击者通过收到的广播信息，可以得知主机 A 和主机 B 的 MAC 地址。

ARP 欺骗的过程，基本原理就是攻击者冒充主机 A，向主机 B 发送一个数据包，告诉主机 B：“你好，我是主机 A，本人 IP 地址 192.168.1.10，本人 MAC 地址 cc：cc:cc:cc:cc”。此后，主机 B 和主机 A 的通信都会发送到攻击者机器，然后实现流量的检测、密码等涉密信息的获取等。

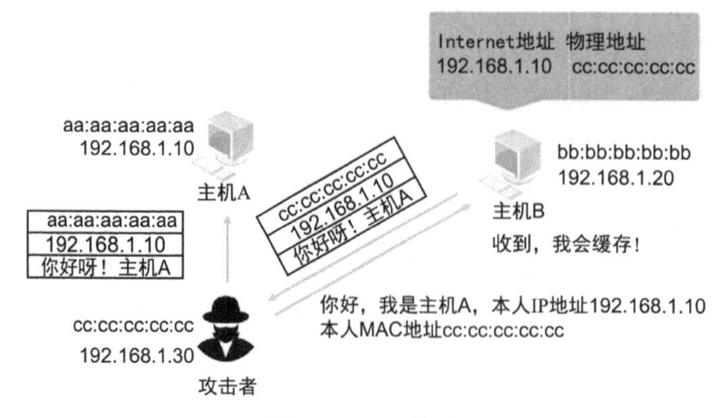

图 2-4 ARP 欺骗

2) ARP 攻击与防护操作示例

根据攻击方式的不同，ARP 攻击可以分为双向 ARP 欺骗攻击和单向 ARP 欺骗攻击。双向 ARP 欺骗是指同时欺骗靶机与网关，其目的是截获靶机的网络数据包，但靶机依然能正常上网。单向 ARP 欺骗又称断网攻击，攻击机伪造数据包后，错误地将本应传给靶机的数据传给攻击机，使靶机在服务器上得不到响应数据，甚至在局域网上根本发不出数据包。

本示例为单向 ARP 欺骗攻击，其实验拓扑如图 2-5 所示，攻击机与靶机都位于内网，且处于同一网段，两者之间能正常通信且能够访问互联网。攻击机发起 ARP 欺骗攻击，使靶机不能正常访问网络，然后再分别观察关闭/启动 ARP 防护后的攻击效果。

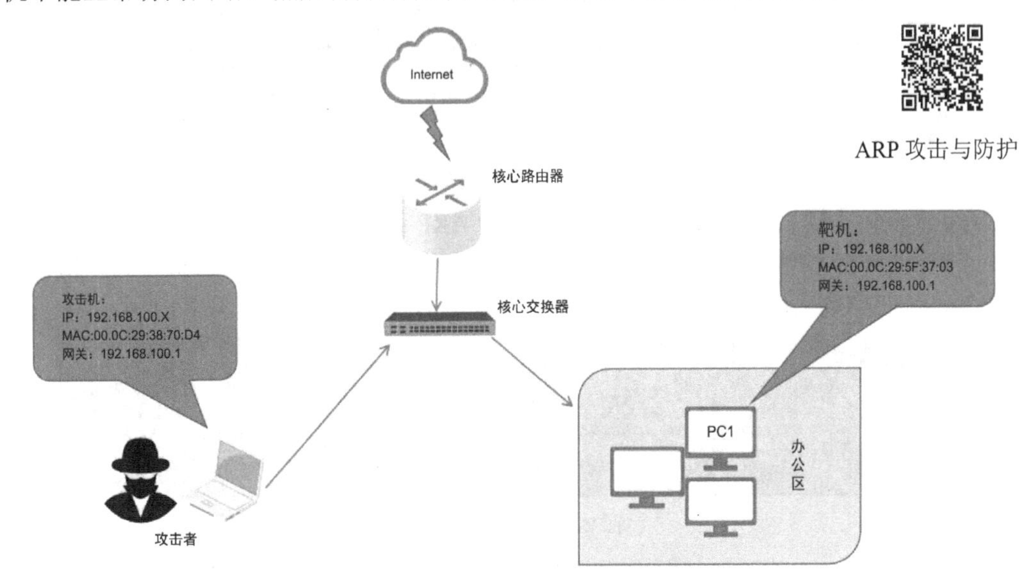

图 2-5　单向 ARP 欺骗攻击实验拓扑

单向 ARP 欺骗攻击具体实验步骤如下：

(1) 将攻击机和靶机都设置在同一个网段内，二者的网络地址如图 2-6 所示。

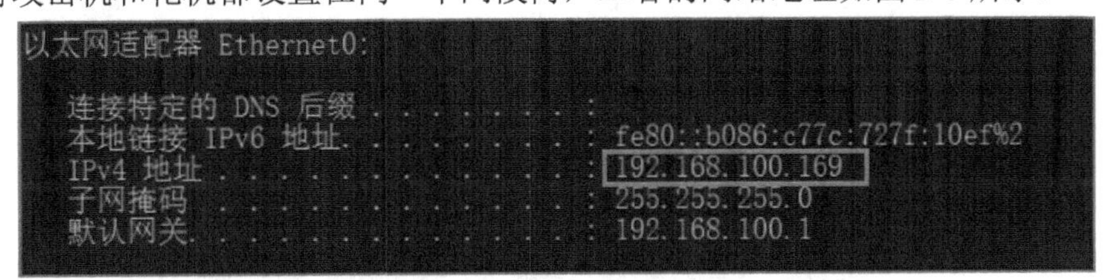

图 2-6　攻击机和靶机设置同一网段

(2) 配置攻击机与靶机能够上网。查看攻击机或靶机连通外网的情况如图 2-7 所示。

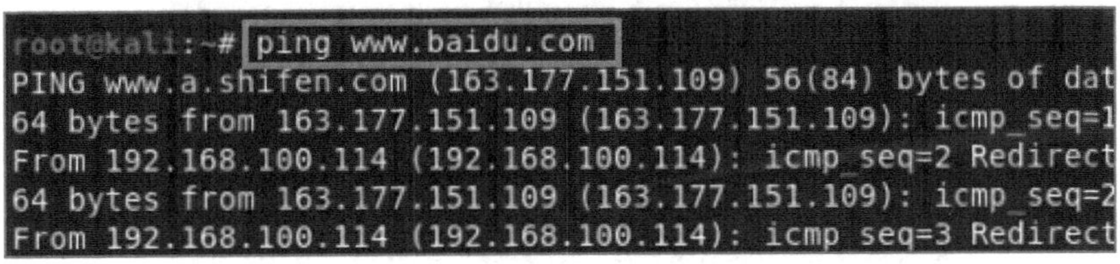

```
root@kali:~# ping www.baidu.com
PING www.a.shifen.com (163.177.151.109) 56(84) bytes of dat
64 bytes from 163.177.151.109 (163.177.151.109): icmp_seq=1
From 192.168.100.114 (192.168.100.114): icmp_seq=2 Redirect
64 bytes from 163.177.151.109 (163.177.151.109): icmp_seq=2
From 192.168.100.114 (192.168.100.114): icmp_seq=3 Redirect
```

图 2-7　配置攻击机与靶机上网

(3) 关闭攻击机的数据包转发功能。关闭攻击机数据包转发功能的命令如图 2-8 所示。

```
10 packets transmitted, 10 received, 0% packet loss, time 9020ms
rtt min/avg/max/mdev = 7.476/9.872/15.811/2.801 ms
root@kali:~# echo 0 >/proc/sys/net/ipv4/ip_forward
root@kali:~# cat /proc/sys/net/ipv4/ip_forward
0
```

图 2-8 关闭攻击机的数据包转发功能

(4) 利用 Arpspoof 工具实现 ARP 攻击。利用 Arpspoof 实施攻击命令与效果如图 2-9 所示。

```
root@kali:~# arpspoof -i eth0 -t 192.168.100.169 192.168.100.1
0:c:29:8f:51:6 0:c:29:38:70:d4 0806 42: arp reply 192.168.100.1 is-at 0:c:29:
0:c:29:8f:51:6 0:c:29:38:70:d4 0806 42: arp reply 192.168.100.1 is-at 0:c:29:
0:c:29:8f:51:6 0:c:29:38:70:d4 0806 42: arp reply 192.168.100.1 is-at 0:c:29:
0:c:29:8f:51:6 0:c:29:38:70:d4 0806 42: arp reply 192.168.100.1 is-at 0:c:29:
0:c:29:8f:51:6 0:c:29:38:70:d4 0806 42: arp reply 192.168.100.1 is-at 0:c:29:
```

图 2-9 利用 Arpspoof 工具实现 ARP 攻击

(5) 验证攻击结果。实施攻击之后，靶机的 ARP 缓存表被毒化，这时靶机误将攻击机当成了网关，使得靶机原本要发给网关的数据包却发给了攻击机。攻击机收到数据包并不会转发，从而导致靶机访问外网网站失败。实施 ARP 攻击的结果如图 2-10 所示。

图 2-10 验证攻击结果

(6) 实施 ARP 主动防御。配置靶机 ARP 防御的操作界面如图 2-11 所示。

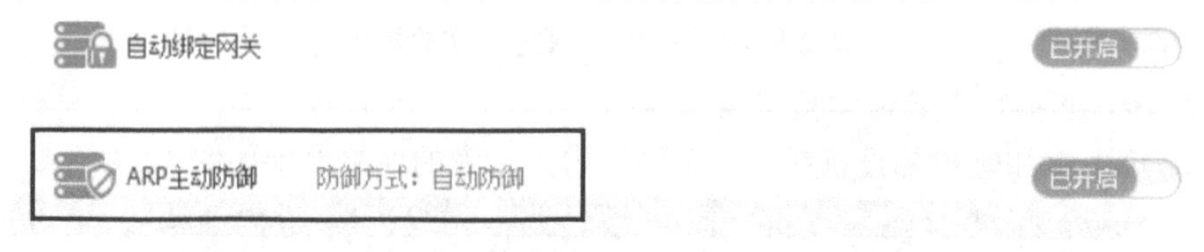

图 2-11 ARP 主动防御

(7) 防御成功后，Ping www.baidu.com 就是该网站的真实地址了，而不是前面的欺骗地址。对靶机实施 ARP 防御后的效果如图 2-12 所示。

```
Microsoft Windows [版本 10.0.14393]
(c) 2016 Microsoft Corporation。保留所有权利。

C:\Users\Administrator>ping www.baidu.com

正在 Ping www.baidu.com [183.232.231.174] 具有 32 字节的数据:
来自 183.232.231.174 的回复: 字节=32 时间=9ms TTL=128
来自 183.232.231.174 的回复: 字节=32 时间=6ms TTL=128
来自 183.232.231.174 的回复: 字节=32 时间=9ms TTL=128
来自 183.232.231.174 的回复: 字节=32 时间=9ms TTL=128

183.232.231.174 的 Ping 统计信息:
    数据包: 已发送 = 4，已接收 = 4，丢失 = 0 (0% 丢失)，
往返行程的估计时间(以毫秒为单位):
    最短 = 6ms，最长 = 9ms，平均 = 8ms

C:\Users\Administrator>
```

图 2-12 防御成功

4. 邮件钓鱼攻击

社会工程学攻击中的邮件钓鱼攻击是常见的一种手段，它通过对用户在受到欺骗或者诱惑的情况下进行某些操作，从而达到控制目标主机的目的，或者是窃取机密信息。邮件钓鱼攻击的一般流程如图 2-13 所示，其主要过程如下：

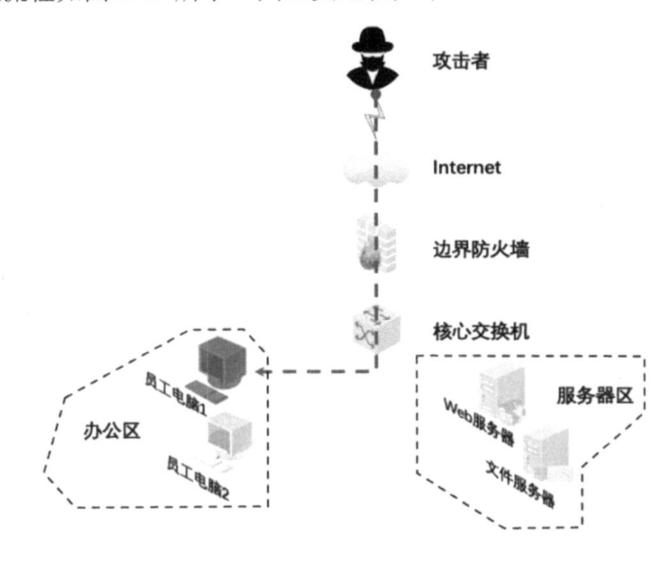

图 2-13　邮件钓鱼攻击流程

(1) 攻击者通过互联网，入侵一台服务器或目标网络的内网办公区域的员工主机，从中窃取有用信息。

(2) 利用窃取到的信息，登录到内网邮箱，伪造部门领导、邮箱系统管理员或其他正常用户管理员的邮箱，向公司员工发送主题为诸如“端午节福利领取”的钓鱼邮件。钓鱼邮件的例子如图 2-14 所示。

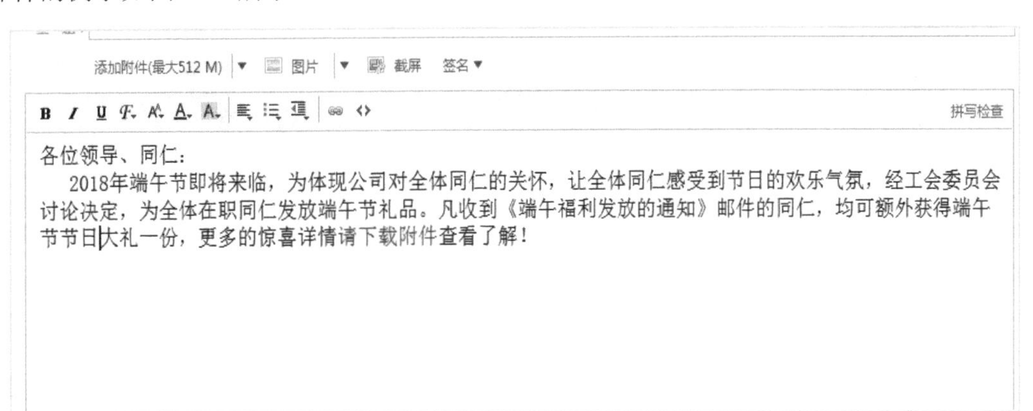

图 2-14　钓鱼邮件

(3) 攻击者发送伪造好的钓鱼邮件给所有用户，邮件附件中包含有攻击者构造的钓鱼网站地址。

(4) 用户收到邮件并下载附件，通过浏览器打开攻击者的钓鱼网站，填写“福利”收货信息。最终攻击者就获得了多数员工的账号及口令等敏感信息。

2.3 家庭与校园网络安全

随着互联网的普及，网络走进了千家万户；随着校园信息化建设的不断深入，智慧校园如雨后春笋般出现。然而，在家庭与校园网络高速发展的同时，其安全问题也日益凸显。

2.3.1 家庭网络安全问题

目前，家庭网络安全已经不仅仅局限于家用 PC 机。随着移动终端的普及、智能家居的使用，家庭网络安全涉及的对象也越来越多，其安全问题也越来越引起人们的重视。

1. 家庭网络的部署方式

常规家庭网络拓扑结构如图 2-15 所示，其中的网络设备主要为机顶盒、无线路由器等，网络终端主要是房间 1 或房间 2 中的网络端口。家庭网络的核心设备是无线路由器。

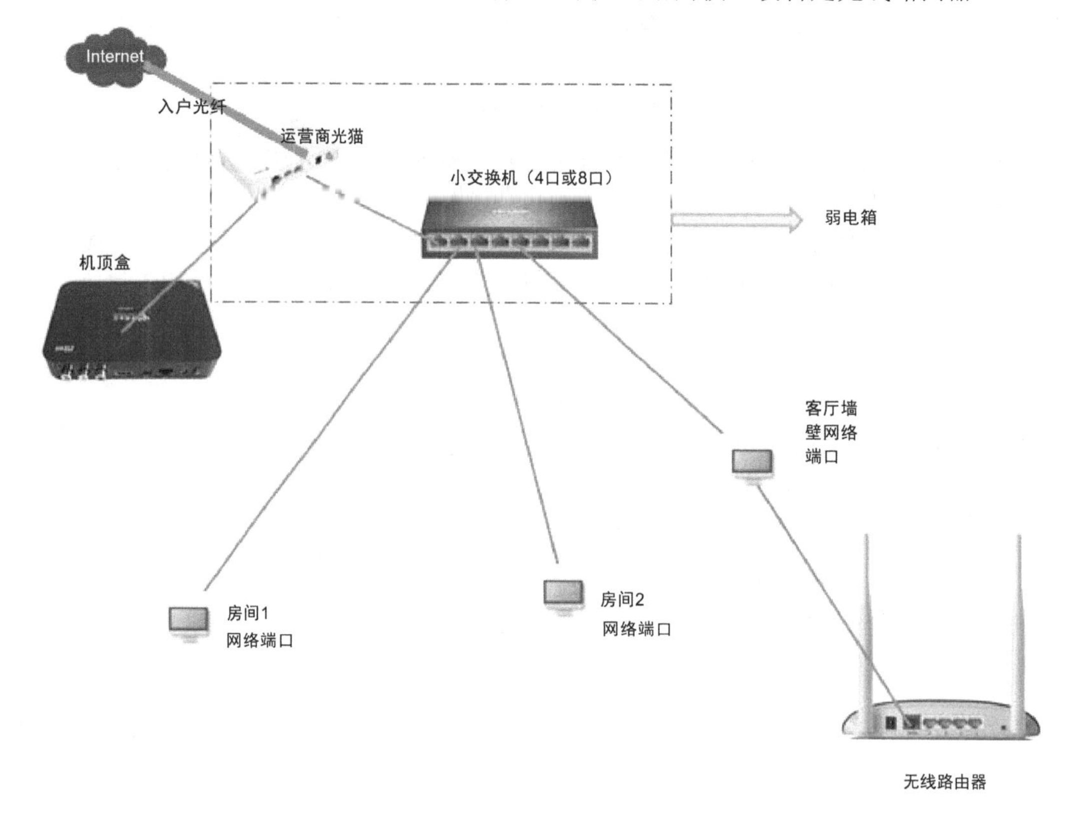

图 2-15 常规家庭网络拓扑结构

一般情况下，家庭网络中的手机、计算机、家电等终端设备通过无线路由器或者交换机汇聚，无线路由器或者交换机通过 WAN 口与 Modem 相连接，最终 Modem 负责将家庭网络接入运营商网络。值得注意的是，如果家庭网络中没有使用路由器，仅通过交换机来汇聚终端接入于外接 Modem 的，一般要求有安装路由功能的交换机。

另一方面，智能家居近年来发展迅速，很多家电(如空调、冰箱等)和智能设备都已具备与网络互联的功能，用户可以采用手机等移动终端实现对智能设备的控制。

2. 认识家用路由器

网络走入大众家庭，在其中充当重要角色的是路由器。家用路由器是一种工作在网络层的网关设备，它最重要的功能就是把所有家庭网络终端都连接起来，组成一个局域网，同时允许这些终端设备通过路由器来访问互联网。普通家用路由器如图 2-16 所示。

图 2-16　家用路由器

按照接线方式可将路由器划分为有线和无线，有线路由器仅支持通过接入网线才可上网的设备，多用于工业系统中；无线路由器因其可以发射无线信号(即 WiFi)，可以与手机、笔记本、平板计算机，以及具有 WiFi 功能的家电等进行连接。

按照路由器网口的宽带兆数，可将路由器划分为百兆、千兆和万兆，其中百兆路由器最大支持 100 Mb/s 带宽，千兆路由器最大支持 1000 Mb/s 带宽，万兆路由器最大支持 10 000 Mb/s 带宽。

3. 家用路由器常见故障及解决办法

在家用路由器的使用过程中，可能会因为路由器的使用时间过长，而发生因设备老旧造成的故障，或因接口接触不良、零部件损坏和系统不能正常加电等原因造成的硬件故障。此外，还会因系统软件损坏、遭受网络攻击、其他设备干扰，以及配置问题造成软件故障。以下简要介绍路由器使用中常见故障及解决方法。

1) 无法登录到 WiFi 路由器的配置界面

在家用路由器无法登录到 WiFi 路由器的配置界面时，可以先检查路由器是否通过 LAN 口与计算机正常连接，再检查计算机 IP 地址与路由器 IP 地址是否在同一网段，最后检查路由器 IP 是否输入正确。

2) 手机、计算机等设备能连上路由器却不能上网

如果出现手机、计算机等设备可以连接路由器却无法上网的情况，可以先检查路由器 WAN 口是否与外网连接，路由器 WAN 口应连接 Modem 的 LAN 口。其次，检查路由器账号、密码填写是否无误。

3) 上网频繁掉线，重启路由器后又可正常连通

若上网时频繁掉线，关闭路由器之后再开启又可以正常连通的故障出现，可以先检查路由器和 ADSL 设备散热是否正常。若上网时正常，但网速下降，或频繁掉线，则有可能是服务商设备或者线路问题，尝试重启路由器即可。

如果用手摸设备，发现温度较高，而替换设备后网络就正常，说明散热环境不好，建议更换利于散热的环境。

4. 家庭网络常见安全问题

小型家庭网络中因为用户安全意识不到位，或者安全配置不足，总会造成安全问题。家庭网络中常见安全问题如下：

1) 被蹭网，网速变慢

因家用路由器可承载的最大上网设备数量以及网络带宽有限，若家庭网络中，设备连接数量太多，或者宽带资源被陌生连接蹭用挤占，则会导致上网速度变得又慢又卡。

2) 路由器存在“后门”

一些路由器存在“后门”，可能是黑客植入，也可能是厂商设置。厂家在研发、测试，或者在生产过程中，为了能远程对产品进行管理，可能在产品里留下“后门”。如果厂商员工利用该“后门”对路由器发起攻击，后果不堪设想。

3) 暴力破解密码，更改配置

家用路由器设置过于简单的登录密码，或者一直沿用出厂口令未曾更改，那么攻击者通过简单猜测，或者暴力破解就可以轻易获得登录密码，继而进入家用路由器管理后台去更改配置。例如，更改 WiFi 密码，限制网速，把合法用户拉入黑名单等。

4) 钓鱼攻击

非法者构造虚假 WiFi(与家庭正常 WiFi 名称相似)，误导用户输入口令，从而盗取用户信息。

2.3.2 家用网络安全设置

一般而言，家用网络的出口位置是路由器，那么合理地对路由器进行安全设置，可以在一定程度上保障家用网络的安全，避免攻击者的入侵。针对家庭普遍存在的网络安全问题，可对路由器做如下的安全设置。

(1) 修改路由器的默认密码，防止攻击者利用默认密码进行非法访问，修改网络配置，发起攻击。修改路由器默认密码的操作界面如图 2-17 所示。注意在设置密码时，尽量采用好记的口令，同时保证密码复杂度。例如，“Brysj-2022”这种口令，“Brysj”取自于古诗“白日依山尽”的拼音首字母，第一个字母大写，后面的“-2022”为特殊字符+数字的形式，这就是一种很好的口令形式。

开关 ◉ 开启 ○ 关闭

Xiaomi_13FE 名称

☐ 隐藏网络不被发现

混合加密(WPA/WPA2个人版) 加密方式

•••••••••••• 密码

自动 (9) 无线信道

修改路由器默认密码

图 2-17 修改路由器默认密码

(2) 开启黑名单/白名单。进入黑名单的设备不具备连接路由器的权限。在白名单模式下，连接路由器的设备，必须在白名单中。设置 WiFi 黑/白名单是进一步强化 WiFi 安全性的方法。即使 WiFi 的名称和密码有非法用户知道，路由器也能限制其进行访问。从而达到禁止来自未知 IP 的数据包流入网络，保护网络安全的目的。

(3) 绑定终端设备的 MAC 地址，防止未知的用户蹭网。计算机网卡的 MAC 地址是唯一的，为了防止 IP 地址被盗用，并控制 IP-MAC 不匹配的主机与外界进行通信，在路由器中建立 IP 地址与 MAC 地址的对应表，只有合法注册才能得到正确的 ARP 应答。

(4) 关闭或修改 SSID 名称，对默认 SSID 进行修改，或关闭 SSID 广播，隐藏网络。终端设备想要上网，只能手动输入 SSID，这样可有效地禁止非授权用户通过 SSID 名搜索到网络。

(5) 关闭动态主机配置协议(Dynamic Host Configuration Protocol，DHCP)服务。动态主机配置协议是一种用于计算机获取配置信息的协议。简而言之，给 PC 或终端设备分配一个 IP 是 DHCP 的作用。在路由器禁用此服务后，自动获取 IP 的客户端是无法获取 IP 地址并连入网络的。

(6) 无线网络加密。通过增加接入无线网络口令的方法，防止未知用户蹭网。常用的无线网络加密方式有三种类型：WEP 加密、WPA 加密与 WPA2 加密，其中 WEP 加密方式很容易被破解，相比之下，WPA 加密，WPA2 加密的身份验证机制更安全，所以在路由器支持的前提下，优选 WPA2 加密方式。保证路由器固件为最新版本，增强安全性。

(7) 定期升级固件。一般情况下，固件升级都是系统改进性质的升级，厂商新版本的固件除了修复旧版本存在的 BUG，提高路由器的性能外，还会增加一些新的功能。

案例

2015 年 1 月，央视曝出一条重磅消息，黑客劫持了网民“正常”上网的路由器！受害者刘先生说：“广告弹窗的速度超过了我关闭网页的速度”，以为中了毒，结果发现是自己的路由器被劫持了。在用户的路由器被劫持后，即使手机用 WiFi 上网也是在不停地播放广告。

据业内人士介绍，黑客劫持路由器主要是利益驱使，是有组织有预谋的非法行为。分析发现，黑客攻击用户路由器主要是为了推送广告，获取推广佣金，劫持正常网站到钓鱼挂马网站。

为什么黑客攻击路由器呢？原因主要包括以下三点：① 很多型号的路由器都有系统漏洞。② 路由器未做安全设置，大部分都保留出厂设置。③ 网民安全意识不够，觉得自己的路由器不可能被黑客攻击。

问题：

1. 大家是否遇到过家用路由器被攻击的情况？应当如何对路由器进行安全设置？
2. 如何避免以上事件的发生？

2.3.3　智能家居安全现状

智能家居是万物互联在互联网下的主要体现，用户可以通过互联网将家中的各种设备连接起来，进而控制家用设备的温度、灯光以及家庭影院的安全接入等功能。

1. 认识智能家居

智能家居是指利用综合布线、网络通信、安全防范、自动控制、音视频等技术，对家居生活相关设施进行整合，构建起住宅设施与家庭日常事务的管理系统。普通智能家居网络的样例如图 2-18 所示。

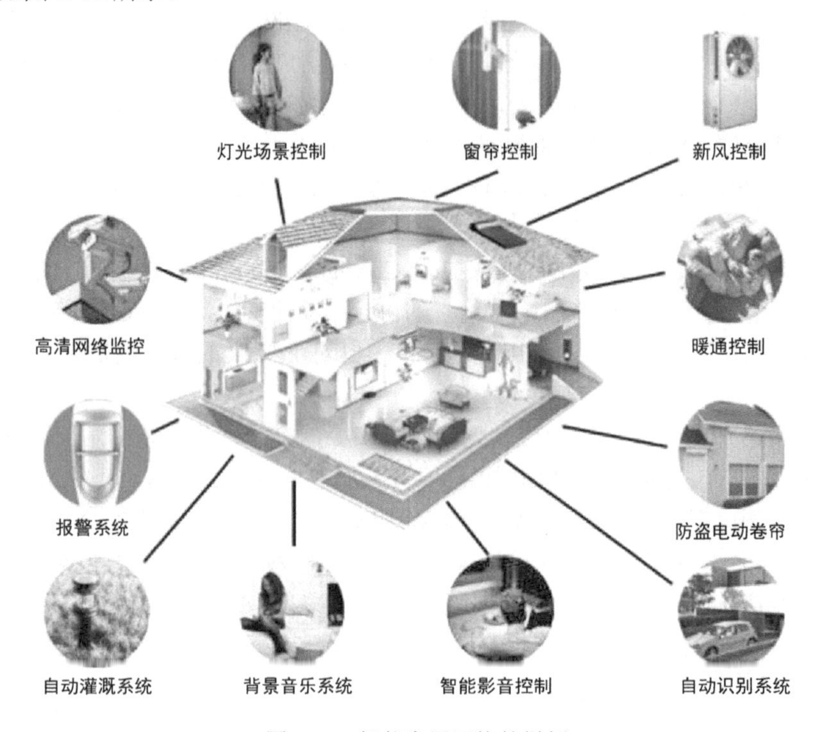

图 2-18　智能家居网络的样例

在智能家居系统中，用户控制智能家居的桥梁是家庭网关，通过它可以实现采集、输入、输出系统信息，集中控制系统信息，远程控制系统信息，联动控制系统信息。智能家庭网关样例如图 2-19 所示。

图 2-19　智能家庭网关样例

智能家庭网关必须具备两大功能：① 智能家居控制枢纽，主要负责安全报警、家电控制和用电信息采集，同时与智能交互终端等产品通过无线方式进行数据交互。② 具有无线路由功能，具有无线性能优异、网络安全防范能力强、覆盖面积广等优点。

2. 智能家居安全问题

智能家居的快速发展，使得诸如摄像头、洗衣机、烤箱、门锁以及灯具等家电设备都朝着智能化的方向进化。然而，一方面智能家居为用户的生活带来便捷，另一方面伴生的危险也随之而来。近年来，智能家居领域的安全事件一直处于不断增长之中，以下介绍几个较为典型的智能家居安全案例。

(1) 安防设备“不安全”。慧聪安防网讯，随着物联网的不断推进，智能摄像机作为家庭安防设备走进千家万户。然而，一些不法分子却利用部分智能摄像头存在的安全漏洞，窥视他人家庭隐私生活，并将其录下后公然在网上进行贩卖。甚至破解智能相机的教程和软件也在网上公开售卖。

(2) 智能家电被入侵。在 2022 年的“3 • 15”晚会上，曾进行了一场模拟智能洗衣机、智能烤箱等多款设备被“入侵”的活动。攻击者利用相关漏洞就能实现对智能家居设备的控制和破坏，如洗衣机高速运转、烤箱长期运作过载爆炸等。网络安全团队思科 Talos 于 2018 年 7 月 26 日发布的漏洞分析报告指出，在三星 Smart Things Hub 智能家居设备中，他们发现了 20 个新漏洞，为网络攻击者提供了多种攻击受害者家庭物联网的机会。攻击者可以通过利用这些漏洞获得权限，对用户的敏感信息进行访问，也可以利用漏洞对家中的其他设备进行控制，并可以执行未经授权的指令。

(3) 智能门锁“不智能”。目前，市面上的智能门锁大多没有活体防假性能的光学指纹头，也没有识别 3D 人脸的识别摄像头，很容易被克隆指纹 ID、伪造密码指令、电磁冲击等盗开门锁。

通过进一步分析不同类型的智能家居安全事件，我们可以归纳出目前智能家居所面临的安全威胁主要有哪些。智能家居的主要安全威胁及应对策略如表 2-3 所示。

表 2-3　智能家居主要安全威胁与应对策略

序号	安全威胁	威胁说明	应对策略
1	平台安全威胁	主要体现在智能家居平台系统版本老旧，存在漏洞；家居仍处于适应阶段，平台部署的技术不成熟	选择大型厂商智能家居平台，开启自动升级系统功能
2	通信安全威胁	主要表现为通信协议被破解，容易遭受重放攻击，以及网络流量被截获等问题	采用高强度的安全加密算法和通信协议，采用添加随机数、时间戳等方式抵御重放攻击
3	设备安全威胁	设备安全威胁主要为智能设备的固件简单、侧信道被利用、芯片本身安全问题，以及设备配置不当之类的问题	固件升级，采用安全手段抵御侧信道攻击，使用安全芯片，优化配置(如关闭不必要的服务和端口)
4	手机 APP 安全威胁	主要表现为 APP 源代码存在缺陷、不支持更新，以及未对验证码进行有效验证和越权漏洞被利用的问题	手机安装杀毒软件，源代码进行加固与混淆，关注升级公告并做好升级工作，加强验证机制，采用“最小权限原则”与“默认拒绝”策略

2.3.4 校园网络安全问题

首先，我们通过一个网络安全事件来初步了解校园网络的安全问题。

案例

2022年6月，一所大学因为遭遇网络攻击，导致其计算机系统被关闭。该校校长发表声明称，不认为这是一起有针对性的攻击事件，怀疑是由于学生“恶搞”所致。因为计算机科学专业的学生人数众多，虽然目前还没有证据能够百分百地证明是由学生实施的这起攻击事件，但是这说明校园已经成为此类攻击事件发生的高风险区域。对局域网发起ARP攻击或者其他恶意攻击行为并不需要巨大成本，个别学生通常会通过类似的攻击行为来测试自己的技术水平，或者尝试新了解到的恶意软件，更有甚者，可能会对学校进行网络攻击，目的是修改成绩或进行其他可能扰乱教学秩序的操作。无论出于什么原因，这样的攻击行为属于犯罪行为！必须加紧制定法案，以遏制类似行为的发生。

问题：

1. 大家在机房或者宿舍有没有遇到突然断网，网速变慢的情况？如果遇到，应当如何处理？

2. 谈谈对ARP攻击的了解。

1. 校园网络现状

现在很多机构都建有万兆主干的校园网，网络出口带宽甚至达到了千兆以上，而且是多个运营商接入，同时校园内也大多建有校园无线网络，能够覆盖整个学校。校园网提供的服务也越来越多，包括建立校园信息化平台，提供网上办公、教学布置、公文处理、通知公告等多种功能，实现无纸化办公等。“智慧校园”“数字化校园”等教育新基建工作稳步推进。

但我们不能忽视校园网络的安全问题。近年来，各大高校遭受境内外的攻击越来越频繁，攻击的持续性和力度也越来越大，甚至国防科工等一些关系到国家安全的重点实验室也曾被爆出网络入侵事件，所以加强校园网络安全建设、提升网络安全保障能力的需求也越来越迫切。

2. 安全隐患与产生的原因

校园网络是学生学习生活的一个重要平台，也是学校育人环境必不可少的组成部分。然而，校园网络在为广大师生提供便利的同时，也面临着信息泄露、恶意攻击、病毒肆虐、网络诈骗等诸多安全隐患。校园网络安全事件频繁发生，究其原因主要为以下几个方面：

(1) 学生身处学校网络安全环境之中，他们既是最大的受益者，同时也可能是受害者甚至危害者。学生由于心智不成熟，自我约束力不强，很容易在网上受到各种信息诱惑，享受到网络带来的诸多好处的同时，主动实施网络攻击与破坏，以满足自己的好奇或者炫耀心理。

(2) 校园网络安全防护能力不足，校园网用户安全意识淡漠，攻击者实施入侵的难度相对较小，例如臭名昭著的勒索病毒，有相当数量的被攻击用户是高校校园网用户。此外，由于校园网络的安全保护级别，一般远低于政府、金融等重要部门或者机构，攻击者可能承担的犯罪惩戒成本也相对较小。

(3) 安全管理制度缺乏或者不完善，制度执行不严格。多年以来形成的“重技术，轻管理”的观念难以彻底改变，这一现象在校园网也不例外。但事实上，安全管理是不可或缺的，在很多场合，技术替代不了管理。

3. 主要安全威胁与应对策略

怎样才能趋利避害，给广大师生创造一个安全、干净的校园网络环境，保证教育教学活动的正常开展。校园网络安全建设是必须应对的一个重要议题，是确保校园网络运行安全、有序、平稳的重要手段。

学校的安全制度、安全技术、人员素质都有待于进一步优化和提高。必须充分地认识到当前校园网络所面临的各种安全威胁，有效地实施安全管理与保障措施，合理地构建校园网络安全保护制度。

校园网所面临的主要安全威胁及对应的防护策略如表2-4所示。

表2-4　校园网主要安全威胁及防护策略

序号	安全威胁	安全威胁说明	防护策略
1	机房计算机系统漏洞	校园网络机房因被多人使用，配置可能被随意更改，软件被随意安装，造成计算机系统漏洞增加	及时更新系统，打补丁，修复漏洞
2	非法用户入侵和恶意攻击	校内外未授权访问，导致信息被窃取，数据被篡改。恶意攻击导致病毒与木马程序肆意传播，DDoS攻击导致网络瘫痪	部署入侵检测/防护系统，设置访问控制机制
3	计算机病毒的破坏	学生使用计算机不当，在非正规网站下载软件或点击网页广告，以及使用曾遭受感染的移动终端等均可能造成机房计算机被病毒破坏	增强防病毒意识、安装杀毒软件
4	校园网内部攻击	因校园网中数据的敏感性，其网络内部容易遭到攻击	加强局域网安全管理，关闭非必要端口
5	校园网用户对网络资源的滥用	利用校园网资源进行商业的或免费的视频、软件资源下载服务，占用了大量珍贵的网络带宽	设置流量监管机制，登录校园网需实名制
6	非正常途径访问或内部破坏	主要体现为改变校园网中各类系统程序设置，引起系统混乱，或者为了个人利益或发泄，实施破坏行为	实施网络行为安全标准和违反制度处分规定
7	网络硬件设备受损	网络硬件设备被人为损坏或自然老化	部署环境要得当(如防水，防火等)
8	校园网安全管理有缺陷	校园网的安全管理制度不完善，制度执行不严格	制定切实可行的网络安全管理制度并定期评估

2.4 网络安全防护实践

实施科学有效的网络安全防护，要求我们从安全需求的角度出发。一般而言，我们需要从两个方面考虑：其一，来自企事业单位的实际安全需求，我们称之为合理性需求。其二，来自国家法律、法规、政策、标准等的安全要求，我们称之为合规性需求。面对网络安全问题，我们应该有针对性地按照相关要求采取技术与管理的手段去解决它，才可以最大限度地保护个人、企业等的信息、财产等安全。

2.4.1 网络安全防护要求

网络安全防护要求

实施网络安全防护，我们需要遵循国家、企业以及个人多个层面的要求。网络安全防护体系的建设需要个体与社会机构多方的协同与参与。

1. 国家层面对网络安全防护要求

近年来，中国通过加快网络安全保障体系的完善，大大提高了网络安全防护水平。但是，层出不穷的网络安全问题还是难以回避。网络安全事件频频发生，国家基础网络和关键基础设施依然面临着较大安全风险，例如安全漏洞、移动互联网恶意程序、拒绝服务攻击、木马程序和僵尸网络、网页篡改等网络安全事件处于持续增长之中。

总体而言，我国目前的网络安全形势十分严峻，主要体现如下：

(1) 随着计算机技术的发展，大数据技术的发展，原有的防护技术已经不适用于现有的基于新信息、新科技的攻击模式。

(2) 西方国家在科技开发方面一直处于领先地位。核心芯片技术、操作系统、移动终端等都掌握在发达国家手中，以美国为首的信息强国不停地遏制和打压我国。

(3) 健全的网络安全体系和机制还未完全建立。

党的十八大以来，我国要建设集政治保障、国土保障、军事保障、经济保障、科技保障、信息保障、生态保障、资源保障、核保障等于一体的国家安全体系。在这样的背景下，中国陆续出台了一系列法规和制度，逐步建立和完善了网络安全体系和机制，对于信息安全保障工作具有十分重要的指导与规范意义。

2017 年 6 月，《中华人民共和国网络安全法》出台。其中，提出了要求维护网络空间主权安全，保护公民、法人和其他组织的合法权益，支持与促进网络安全体系建设，保障网络运行安全与信息安全，建立健全网络安全监测预警和信息通报制度，完善监督管理体制以及要求明确相关利益者法律责任等。

2021 年 9 月 1 日，我国的《关键信息基础设施安全保护条例》明确提出关键信息基础设施安全运行的要求。条例指出：在网络安全等级保护制度的基础上，实施重点保护的对象包括：公共通信和信息服务、能源、交通、水利、金融、公共服务、电子政务等重要行业和领域的关键信息基础设施。因为这些行业和领域的关键信息基础设施如果受到破坏、丧失功能或者数据泄露，会产生危害国家安全、国计民生和公共利益的严重后果。

尽管如此，随着国际竞争的日益加剧，以及西方敌对势力对我国的渗透与攻击，我国距离建立体系完整，机制健全的信息安全保障体系还有很长的路要走，更要在实践中不断探索和完善。

2. 网络安全防护对企业的要求

现代计算机技术的发展，信息化办公手段在企业中广泛应用，极大地提升了管理效率。但是，企业在追逐信息化发展的同时，可能忽略了整个公司的系统安全，主要存在对涉密的设备保管不当，机密性的技术资料泄漏，公司内部网络漏洞严重，办公计算机管控不严，服务器的管理不规范以及系统密码保管不力导致泄密等问题。网络安全防护对于企业而言十分重要，企业网络安全关系着企业的对外口碑并影响着业务的开展，企业应当予以高度重视。以下两个方面是需要企业关注的入手点。

1) 全面落实网络安全义务

企业加强网络安全建设是法律规定企业应尽的义务。企业掌握着大量的用户资料信息，有责任履行网络安全法律法规，落实网络安全义务，保障用户的信息安全。对于服务于用户的企业，需要充分保障用户注册信息的安全，加强对个人隐私的保护。对于服务于国家的企业，需要保障国家涉密数据的安全。对于网络运营者，需要保障运营数据的安全。

2) 积极开展网络安全等级保护工作

金融、电力、广播、医疗、教育等行业，各主管单位因其所处行业性质特殊，应按照等级保护工作的明确要求，管理各从业机构的信息系统。通过开展等级保护工作，信息系统运行和使用单位发现系统内部存在的安全隐患和不足，再通过安全整改增强系统的安全防护能力，从而减少被攻击的风险。

案例

2021 年 5 月 10 日，“护网 2021”网络攻防演练(以下简称“护网行动”)由公安部组织，在政府机关、大型央企、交通、能源、金融等信息基础设施要害部门之间展开。各大企业积极参与其中。

护网期间，某企业对银行机房、网络、业务系统、终端、自助机具等进行了详细的安全风险排查，严格落实网络安全保障责任和工作措施，累计完成 500 余次网络访问控制策略优化，200 余次信息系统安全漏洞修复，500 余台网络设备及应用系统服务器安全加固，针对企业网络的纵深防御体系和应急响应预案进行了完善。通过实际工作，企业持续加强互联网出入口、外露系统的安全管理，切实提升互联网边界防护水平。

问题：

1. 护网行动期间，你觉得企业需要做哪些准备？
2. 谈谈护网行动对企业网络安全建设的意义。

网络安全防护实践

2.4.2　网络安全防范方法

在具体实施网络安全防范时，需要我们正确认识与理解网络安全，充分地掌握应对各类安全问题的方法，能采取科学、有效的措施来进行事前防范、事中掌控与事后补救等实践活动。

1. 网络安全防范策略与防范措施

网络安全防范的主要工作，包括制定安全防范策略以及采取合适的安全防范措施两个方面。其中，网络安全防范策略可分为下述六个种类，分别是物理安全策略、防火墙控制策略、访问控制策略、网络安全管理策略、最小权限策略、信息加密策略。

物理安全策略主要是保护网络中的计算机系统、互联设备等硬件设施的安全，通过物理隔离的手段实现网络安全。防火墙控制策略是指将访问控制策略设置在防火墙上，保证合法数据包通过，未经许可的数据包则不准予通过。网络安全管理策略是利用相关的网络安全技术来保护数据、程序和设备，防止他人入侵和非法访问。最小权限策略是指每一个程序或用户只有必要的权限来完成当前的任务，以此防止因超权限引发的问题。信息加密策略是将数据或信息进行加密，保证信息在计算机中或传输信道中不被非法窃听。访问控制策略是指限制程序或用户对资源访问的控制策略，主要包括身份认证、授权和审计等方面的策略管理。

网络安全防范措施，包括安全技术措施与安全管理措施两大类。常见的网络安全技术措施有十种，如表 2-5 所示。

表 2-5 网络安全技术措施

序号	网络安全技术措施	举 例
1	物理安全技术	环境安全、设备安全、媒体安全
2	系统安全技术	操作系统及数据库系统的安全性
3	网络安全技术	网络隔离、访问控制、VPN、入侵检测、扫描评估
4	应用安全技术	Email 安全、Web 访问安全、内容过滤、应用系统安全
5	数据加密技术	硬件和软件加密，实现身份认证和数据信息的 CIA 特性
6	认证授权技术	口令认证、证书认证等
7	访问控制技术	防火墙、访问控制列表等
8	审计跟踪技术	入侵检测、日志审计
9	防病毒技术	单机防病毒技术逐渐发展成整体防病毒体系
10	灾难备份和恢复技术	业务连续性技术，前提就是对数据的备份

网络安全管理措施，包括安全管理制度的制定与发布，安全管理机构的岗位设置与工作要求，对安全管理人员在录用、在职、离岗不同阶段的管理规定，安全建设管理和安全运维管理的过程与活动要求五大类。

值得注意的是，安全管理与安全技术的地位与作用是同等的，两者相辅相成。我们在进行网络安全建设过程中，需要坚持“技管并重”的原则，二者不可偏废。

2. 网络安全防范设备

网络安全防范设备种类繁多，功能各异。其中，较为常见的网络安全防范设备有如下几种：

(1) 物理硬件产品，如 IP 协议密码机、线路密码机、电话密码机等，主要在保护数据方面提供安全保护。

(2) 安全路由器、WAF 应用防火墙等，主要在网络进出口数据包和流量方面提供安全保护。

(3) IDS 入侵检测系统、IPS 入侵防护系统，可检测网络出口位置以及网络中是否发生异常事件，便于及时响应。IPS 与 IDS 的主要区别是：IPS 在 IDS 入侵检测的基础上，提供阻断的功能。

(4) 公开密钥基础设施(PKI)系统、安全加密套件，主要通过加密机制来保障网络资料传输的万无一失。

案例

猝不及防！2021 年 6 月，全球多地邮件系统严重瘫痪，原因是韩国集装箱航运公司 HMM 被黑。HMM 证实网络不法分子攻击了他们的邮件系统。遭遇黑客攻击后，全球范围内该集装箱航运公司无法向其分布在各地的多个服务器发送或接收电子邮件。

航运成为黑客攻击目标的部分原因是：它是一项交易性很强的业务，涉及不小的支付金额。船运公司如今正成为网络不法分子极具作案价值的目标，已经成为网络犯罪的头号作案对象。其实，越是具有高价值，高影响力的企业越容易成为黑客的攻击目标。因为一旦这些企业、银行被黑客入侵，将会导致大量的数据丢失和巨大的经济损失。现代社会中，企业不得不关注网络安全的问题。

问题：

1. HMM 遭到黑客攻击事件带给你怎样的启发。
2. 当发现被黑客攻击后，应该采取怎样的措施补救。

3. 网络安全常见应急措施

首先，制定应对网络安全的合理应急处理策略。当有需要时，采用合理的应急措施，对于网络安全防护能力的提升大有裨益。

网络安全常见的应急措施有以下几个方面：

(1) 检查系统日志。主要查看有无发生入侵事件，是哪种类型的入侵，查看攻击者入侵服务器的哪些位置，检查内容有无修改痕迹、有无资料被盗用等，发现问题及时清理。

(2) 关闭不必要的端口。及时关闭不必要的服务和端口，只保留必须开放的端口即可。采用安全扫描工具，全面扫描服务器。检查服务器是否存在安全问题，如果发现有问题，应及时修复。

(3) 对账户密码进行重新设置，增加密码设置的复杂性，提高账户设置的权限。

(4) 及时升级服务器上的安全软件，或对防护参数进行重新设置，使服务器符合安全运行的环境。

(5) 查看网站有没有被挂马、篡改、挂黑链等，对网站安全性进行检测，如果发现网站有问题，要及时清理木马程序和计算机病毒。甚至在问题解决前，先关闭网站。如发现大流量攻击，可以寻找安全厂商进行 DDoS 流量清洗。

(6) 数据文件定期备份。发现数据被篡改的，要及时恢复重要数据。

2.4.3 用户上网行为管理

网络安全问题的发生，很大一部分原因是用户的不良用网习惯。所以学会如何正确上网，如何有效地管理用户的上网行为，在一定程度上我们就可以规避一些网络安全问题。

1. 用户上网行为管理概述

用户上网行为管理是指通过一定的技术手段和管理策略，帮助用户对互联网的使用进行控制和管理。管理的范畴包括但不限于过滤网页访问，保护上网隐私，控制网络应用，管理带宽流量，审核信息收发，分析用户行为等。必须通过互联网行为管理来防止违法违规信息的恶意传播，进而避免国家机密、商业情报和科研成果的泄露。

互联网是一个公共平台，是用户获取信息、交流沟通以及工作的媒介。网络环境的维护，需要用户共同的努力。遵守用户上网行为管理准则，不用计算机伤害他人，不干扰他人的计算机工作，不窥视他人文件，不利用计算机实施偷盗行为，不访问有害网站，不非法访问他人计算机资源等。

2. 用户上网行为管理方式

用户上网行为管理方式一般可包括人员管理、流量管理、行为分析、浏览管理四个方面。

1) 人员管理

由于用户上网行为管理的主体是用户，所以我们首先从人员管理方面考虑。

(1) 管理上网身份。对上网人员进行精准识别，确保其身份合法性。可采用 IP/MAC 识别方式、用户名/密码认证方式，与已有认证系统联合的单点登录方式。

(2) 管理上网终端。确保对终端 PC 接入网络(如企业网)的正当性和安全性，主机注册表/进程/硬盘文件的正当性进行检查。

(3) 管理移动终端。检查手机终端识别码，识别智能手机终端类型/型号，确保接入企业网络等的手机终端的正当性。

(4) 管理上网场所。对上网终端实体接入点进行检查，对上网地点进行识别，确保其合法性。

2) 流量管理

对流量管理方面实施管控，主要包括如下几个方面：

(1) 控制上网带宽。对每个或多个应用程序设置虚拟通道上限限制，并将超出虚拟通道上限的流量弃之不用。

(2) 保证上网带宽。虚拟通道下限值设定在每个或多个应用程序中，确保为关键应用程序保留必要的网络带宽。

(3) 借用上网带宽。当有多个虚拟信道时，其他空闲的虚拟信道的带宽允许满负荷的虚拟信道借用。

(4) 平均上网带宽。将物理带宽平均分配给每个用户，避免单个用户流量过大抢占其他用户带宽。

3) 行为分析

通过对用户行为进行分析，我们可以掌握用户最新的行为动态，为用户行为安全提供更好的安全保障。一方面，实时监控上网行为，统一显示当前网络的速率，带宽分配，应用分配，人员带宽，人员应用等情况；另一方面，定时查询上网行为日志，对网络中的上网人员/终端/地点、上网浏览、上网外发、上网应用、上网流量等行为日志进行精确查询，对问题进行精确定位；最后，统计分析上网行为，归纳总结上网日志，做好流量趋势、风险趋势、泄密趋势、效率趋势等直观报表分析，便于管理者对潜在问题进行全方位的发现。

4) 浏览管理

通过对用户上网浏览记录进行管理，我们可以避免网络上大量的垃圾页面与内容对用户的干扰。

(1) 管理搜索引擎。主要采用搜索框关键词识别、记录和阻断技术，确保互联网搜索内容的合法性，避免搜索关键词不当造成负面效应。

(2) 网站网址 URL 管理。主要利用网页分类库技术，提前对海量 URL 进行分类识别、记录和阻断，确保访问到互联网上的 URL 的合法性。

(3) 管理网页正文。主要采用文本关键词识别、记录和阻断等技术，保证对文本进行浏览的合法性。

(4) 管理文档下载。主要利用对文件名、大小、类型、下载频率的识别、记录和阻断技术来保证网页下载文件的正当性。

3. 用户上网行为管理工具——ACL

在进行上网行为管理的过程中，除了在用户人员管理上进行干预外，还可以使用工具进行管控。比较常见的上网行为管理工具是访问控制列表(Access Control List，ACL)，是由一种或多种规则构成的集合。精确识别和控制网络中的报文流是通过 ACL 实现的，目的是控制网络访问行为、防止网络攻击、提高网络带宽利用率，进而保证网络环境的安全和网络服务质量的可靠。利用 ACL，可以对网络流量进行限制，提高网络性能；可以控制通信流量，提供网络访问的安全策略，决定转发或阻断通信流量的种类。

比如，某公司禁止研发部门访问财务服务器，以确保财务数据安全，但总裁办公室不受限制。我们可以通过以下几种途径来满足需求：

(1) 将 ACL 部署在路由器的接口 Interface 1 的入口方向上，禁止研发部访问财务服务器的报文通过。

(2) 在 Interface 2 上不需要部署 ACL，默认允许总裁办公室访问财务服务器的报文通过。

此外，为防范互联网病毒的入侵，对企业内网环境安全进行保护。我们堵住病毒利用的端口，将 ACL 部署在 Interface 3 的入口方向。ACL 部署的一般情况如图 2-20 所示。

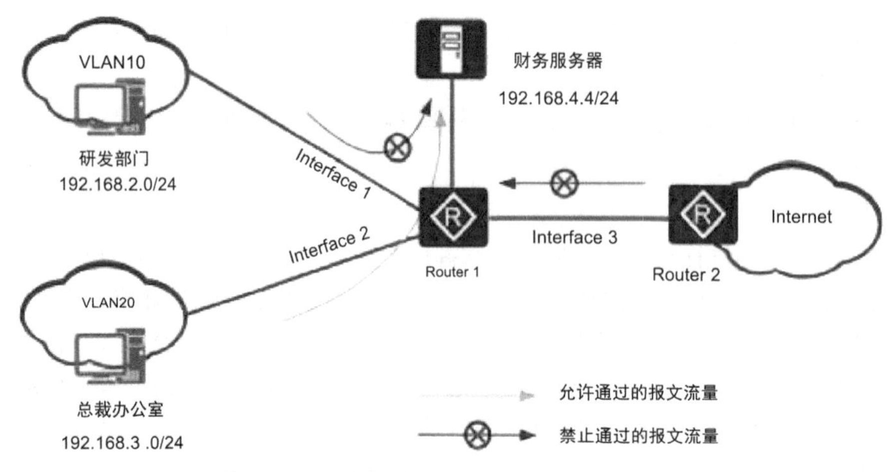

图 2-20 ACL 部署

4. 科学上网

在我们上网过程中，应当对科学上网多加宣传，培养好的上网习惯。在上网过程中，能够充分利用网络中的有用资源，杜绝不良的上网行为，具体要求如下：

(1) 不浏览黄赌毒、迷信暴力等不良网站。

(2) 不制作、不复制、不发布、不传播有害信息。

(3) 不沉溺于虚拟时空，对待网络聊天、网上交友要有正确的态度。

(4) 能够在“数字化”“虚拟化”的网络中保持清醒的自我。

(5) 网络安全防范意识要提高，增强自我约束能力和鉴别好坏的能力。

(6) 保持精神层面的清醒，自觉抵制网络上反动和腐朽的内容。

案例

如果你曾经在美国以外的地区浏览过 Netflix 这类受限内容，那么一定尝试过连接虚拟专用网络(Virtual Private Network，以下简称 VPN)。但 Netflix 发现了这样的非法入侵，会对非法浏览的用户进行拦截。

用匿名的方式安全上网是 VPN 可以实现的功能。当我们在机场或咖啡厅等场所使用公共网络时，最担心的就是由于黑客攻击而产生的安全问题。在日常生活中，最容易被黑的莫过于手机了。很多人都会为了节省自己的数据流量而打开 WiFi，用完之后也不会关掉。这实际上增加了手机遭受攻击的概率。

2019 年 8 月，一种全新安全上网的解决方案由一家名为 Safer VPN 的以色列 VPN 供应商推出。为保护用户免受危险网络的攻击，该公司采用移动 APP 的解决方案。这款 APP 会为用户自动连接更安全的加密 VPN，并在网络不安全的情况下向用户发出警告。针对移动用户，目前这款 APP 有 IOS 和安卓两个版本，而针对计算机用户的 MAC 和 Windows 版本正在研发中。

问题：

1. 上网过程中，可能会发生哪些不正确的上网行为。
2. 应该采用何种方法避免用户不正确的上网行为。

课 后 习 题

一、选择题

1. 关于网络安全、信息安全和网络空间安全的概念，说法错误的是(　)。

A. 网络安全就是网络空间安全的简称

B. 网络安全 (Network Security)：网络安全包括为防止、检测和监控对计算机网络和网络可访问资源的未授权访问、滥用、修改或拒绝而采用的策略、流程和实践

C. 信息安全 (Information Security)：信息安全确保信息的保密性、可用性和完整性

D. 网络空间安全 (Cyber Security)：通过采取必要措施，防范对网络的攻击、侵入、干扰、破坏和非法使用以及意外事故，使网络处于稳定可靠运行的状态，以及保障网络数据的完整性、保密性、可用性的能力

2. 小明列出企业常见的网络安全问题，请你帮忙找出不符合的选项(　)。

A. 涉密设备保管不当　　B. 技术资料泄露

C. 办公计算机管控问题　　D. 个人计算机外借

3. 下列不属于物理安全内容的是(　)。

A. 环境安全　　B. 设备安全

C. 网络隔离　　D. 媒体安全

4. 关于网络安全管理和网络安全技术哪一个更重要，小明和小红展开激烈的讨论。下列是他们所阐述的观点，哪个观点说法是错误的(　)。

A. 网络安全技术和网络安全管理同样重要，没有轻重之分

B. 技术是网络安全防范的构筑材料，管理是黏合剂和催化剂

C. 技术和管理密不可分

D. 三分技术，七分管理，意思就是管理比技术重要

5. 关于网络安全的挑战与机遇，说法错误的是(　)

A. 网络攻击工具智能化、自动化属于网络安全挑战

B. 促进安全行业规范化发展属于网络安全机遇

C. 网络安全产业逐渐成熟属于网络安全机遇

D. 网络安全机遇多于挑战

6. 关于网络攻击的定义，说法错误的是(　)。

A. 从广义上讲，网络攻击指的是通过计算机、路由器等计算资源和网络资源，利用网络中存在的漏洞和安全缺陷实施的一种行为

B. 从狭义上讲，网络攻击指的是针对网络层发起的攻击行为

C. 对于计算机网络来说，破坏、揭露、修改，以致使软件或服务失去功能，在没有得到授权的情况下，偷取或访问任何计算机的数据，都会被视为计算机网络中的攻击

D. 网络攻击就是网络渗透

7. 在学习完网络攻击类型之后，小明对课堂的知识进行总结。下列总结错误的是(　)。

A. 流量分析属于主动攻击

B. 拒绝服务攻击属于主动攻击

C. 网络攻击可以分为主动攻击和被动攻击两大类

D. 攻击者不对数据信息做任何修改，在未经用户同意和认可的情况下，获取信息或相关数据属于被动攻击

8. 关于网络安全管理，说法错误的是( )。

A. 技术防护比管理更有效

B. 技术是网络安全防范的构筑材料，管理是真正的黏合剂和催化剂

C. 三分技术，七分管理

D. 现实世界里，大多数安全事件的发生和安全隐患的存在，与其说是技术上的原因，不如说是管理不善造成的

9. 《关键信息基础设施安全保护条例》的意义不包括( )。

A.《条例》正式实施后，我国关键信息基础设施安全保护工作将进入新的发展阶段

B. 维护国家网络安全，促进社会经济的发展和满足广大人民群众切身利益的迫切需要

C. 标志着我国关键信息基础设施安全已经到位

D. 明确各方责任，加快提升关键信息基础设施的安全保护能力，保障经济社会健康发展

10. 不能防范 ARP 欺骗攻击的是( )。

A. 使用静态路由表　　B. 使用 ARP 防火墙软件

C. 使用防 ARP 欺骗的交换机　　D. 主动查询 IP 和 MAC 地址

11. 下列属于家用路由器常见硬件故障的是( )。

A. 配置错误　　B. 电磁设备干扰

C. 遭受网络攻击　　D. 接触不良

12. 智能家庭网关是智能家居的心脏，是用户控制智能家居的桥梁。下列关于智能家庭网关功能，说法错误的是( )。

A. 进行系统信息的采集　　B. 远程控制

C. 联动控制　　D. 防御入侵

13. (多选)小明想修改家用路由器的 WiFi 密码，他通过 IP 登录时，发现无法登录到 WiFi 路由器的配置界面，接下来他应该如何正确地解决问题( )。

A. 检查路由器是否用 LAN 口，且与计算机是否正常连接

B. 检查计算机 IP 地址与路由 IP 地址是否在同一网段

C. 检查路由 IP 是否输入正确

D. 检查是否关闭杀毒软件

14. (多选)网络 TCP/IP 协议共四层，分别为应用层、传输层、网络互联层和网络接口层。在这四层当中，网络安全问题存在于( )。

A. 应用层　　B. 传输层　　C. 网络互联层　　D. 网络接口层

15. (多选)下列属于网络接口层(TCP/IP 协议)常见的网络安全问题的是( )。

A. 自然灾害、动物破坏、老化、误操作

B. 大功率电器、电源线路、电磁辐射

C. 传输线路电磁泄漏

D. ARP spoofing

16. (多选)下列属于权限提升与维持手段的是(　)。

A. Web 后门　　B. 远程控制 VNC

C. 创建隐藏账号　　D. Nmap 扫描

17. (多选)下列属于《中华人民共和国网络安全法》总体要求的是(　)。

A. 维护网络主权安全与合法权益

B. 支持与促进网络安全体系建设

C. 保障网络运行安全与信息安全

D. 建立健全网络安全监测预警和信息通报制度

18. (多选)ACL 作为上网行为管理工具，其功能主要有(　)。

A. 限制网络流量、提高网络性能

B. 控制通信流量

C. 提供网络访问的安全策略

D. 决定转发或阻断的通信流量的类型

19. (多选)下列属于用户上网行为管理中人员管理的是(　)。

A. 上网身份管理　　B. 上网终端管理

C. 移动终端管理　　D. 上网行为统计分析

20. (多选)网络安全防护对企业的要求(　)。

A. 保障用户注册信息安全，个人信息安全

B. 服务于国家的企业，要保障国家相关数据的安全

C. 网络运营者要遵守网络安全法中相关法律的规定

D. 没有要求，自由发展

二、简答题

1. 请你简单阐述钓鱼邮件的攻击思路。
2. 如果你是一名安全管理人员，请制定一份网络安全应急措施的有关方案。
3. 谈谈如何解决“手机、计算机等设备能连上路由器却不能上网”的问题。
4. 网络安全防范策略与技术有哪些？

第3章　应 用 安 全

近年来，个人计算机与移动终端已经成为网络攻击的对象。恶意软件层出不穷，网络攻击花样迭出，不仅严重威胁用户的个人隐私，而且可能导致用户的财产遭受重大损失。如何识别恶意应用软件并安全地使用应用软件，对于数据安全的有效保护至关重要。本章围绕应用安全这一主题，介绍应用安全的基本概念、应用安全风险，以及在个人计算机、上网应用、文件、社交软件应用与网络舆情、移动介质与移动终端应用中的安全问题。

学习目标

1. 知识目标

了解应用安全的基本概念、常见的应用安全风险及危害；了解应用安全的防护策略；了解各类应用安全(个人计算机安全、上网应用安全、文件安全、社交软件与网络舆情、移动介质安全、移动终端应用安全)的常见问题和防范；掌握移动终端废弃处理流程。

2. 能力目标

树立良好的安全防范意识，能够辨识简单的应用安全风险，能主动实施一些基础的应用安全防范措施，能针对各类应用安全问题给出初步的整改建议。

3.1　应用安全概述

本节主要介绍应用安全的基本概念与应用安全风险。其中，概念部分从应用安全的定义和重要性两个方面展开。应用安全风险方面则主要讲述应用安全风险的定义、应用安全风险产生的原因、常见的应用安全风险、应用安全风险的危害与防范等知识。

3.1.1　应用安全概述

应用安全基本概念与主要风险

本节就应用安全的相关概念、应用安全的重要性分别进行探讨。

1. 什么是应用安全

应用安全中的应用指的是应用程序，通俗地说，应用安全就是在使用应用程序的过程中保证设备和信息的安全。不同的人，处在不同的社会环境中，对应用安全的关注点也不一样。例如“公司经理”“技术人员”“老师”三个不同的角色对应用安全的理解就存在着差异。

“我是某公司经理，个人觉得应用安全应该包括个人计算机的应用安全等。”

“我是一名技术人员，特别注重文件安全和移动介质安全。所以，应用安全应该包括这两项。”

“我是一名老师，经常在网页上查找资料，上网安全对我来说特别重要。这个应该也是属于应用安全。”

有人关注应用程序安全，有人关注文件安全和移动介质的使用安全，也有人关注上网查找资料过程中伴随的安全。总而言之，应用安全既包括程序的使用，也包括文件、介质的安全。

所以，我们可以把应用安全定义为：“通过安全操作或策略，消除不同实体在应用期间存在的安全隐患，保障各种设备、程序、文件、介质等在使用过程中和结果的安全性。”

2. 应用安全的重要性

首先，我们通过两个案例来初步了解应用安全的重要性。

案例

1. 2020 年 4 月 20 日，陈先生拨打 110 报警称，他收到一条短信，内容是某快递公司举行活动，只要在支付宝上消费满 12 次，就可以收到一台小冰箱。吴先生在添加了客服微信后，被拉进微信群，并通过短信点击链接下载了一款软件。随后，客服以获取奖励为由引导吴先生在群内完成刷单。吴先生在该软件上多次进行刷单操作，累计被骗 40 万元。

2. 2022 年 4 月，某高校一名学生去打印店打印毕业论文，在返回途中 U 盘不慎丢失。过了不久，他的毕业论文就被公开发布在网上了。原因是他 U 盘里面的论文资料没有加密，捡到 U 盘的不法分子直接就能打开这名同学的毕业论文，然后上传到网络上。

从案例 1 中我们了解到类似微信等基于互联网的应用，已经深入社会的生产与生活的各个领域。如何保障在使用这些应用时的安全，是我们要积极去面对的问题。

总的来说，应用安全具有如下作用或意义：

(1) 应用安全是一切信息活动的基础，是一切信息活动顺利开展的前提。安全需求在我们的生活中无处不在，存在于生产与生活的各个角落。

(2) 应用安全可以保障数据在应用时的安全。数据不够安全的原因在于两方面：其一，处理这些数据的应用软件在设计或实现上有明显的缺陷，被攻击者利用，导致数据被窃取；其二，操作使用数据的应用主体或者运行环境存在问题。而应用安全，本身就需要解决这些应用过程中的安全问题。

(3) 应用安全能够提升使用者的安全意识，规范使用者的日常操作行为，消除操作不当带来的隐患。

3.1.2 应用安全风险

要有效地做好应用安全风险防范，必须先认识与理解应用安全风险，了解其产生的主要原因与危害，辨识常见的应用安全风险，掌握常见的应用安全风险防范对策。

1. 什么是应用安全风险?

在讨论应用安全风险之前，我们先来看两个场景：

场景一：“在工作中，我经常用计算机发送文件给客户，但是最近有客户反馈说，我发送的文件出现乱码和奇怪的图片，为什么出现这种问题？”

场景二：“在生活中，我经常在网上购物。最近在某家商店买东西时，商家让我加他微信，说以后购物时转账会更便宜一点，我到底该不该相信他？”

在日常工作和生活中，我们经常会遇到类似以上这两种场景。发送的文件会被附上图片，使用微信等应用软件转账有可能被骗等。我们把这种可能存在的问题，称作潜在的风险。

所以，我们给出应用安全风险的定义为：“实体在应用过程中，发生安全事件，导致应用过程、结果与预期发生偏离，出现负面影响或损失的可能性。”

2. 应用安全风险是如何产生的?

应用安全风险的产生是有多方面原因的，有内部原因也有外部原因，有主观原因也有客观原因，其主要原因表现为如下几个方面：

(1) 信息安全意识薄弱。

人员的信息安全意识薄弱是最根本的原因。比如，将口令写在便签上，贴在计算机显示器旁；密码设置不符合安全要求；计算机在不锁屏的情况下离开；轻易点击来自陌生人的邮件等。

(2) 违规操作。

计算机不同的用途对用户的计算机水平有不同的要求，使用规范也不同。使用者要严格按照程序与规定，使用相关的网站软件，保证数据信息的有效存储。但在实际操作中，由于使用不当或违规操作，信息丢失、泄露、失真等情况时有发生，导致出现应用安全风险。

(3) 非法入侵。

黑客攻击、非法入侵都会导致应用安全风险的发生。不法分子利用数据信息传输机制的漏洞，非法改变原有的传输机制，在信息传输路径中对相关数据进行窃听或劫持，达到窃取数据信息的目的。

(4) 风险管理不当。

信息安全风险管理越松散，应用安全风险发生的概率就越大。风险虽然不能消除殆尽，但是健全的安全风险管理体系，可以降低应用安全隐患发生的可能性。一套合理的风险管理体系，可以最大程度地提升相关实体在应用过程中的安全性。

3. 常见的应用安全风险

安全风险可以降低，但是无法百分之百地消除。我们只有通过了解常见的安全风险，提高安全意识，才能在实际应用过程中保持一份警惕。

与我们工作和生活密切相关的应用安全风险如表 3-1 所示。

表 3-1 常见的应用安全风险

安全风险	说　明
个人计算机应用安全风险	主要包括个人计算机应用安全、各类软件应用安全、操作系统安全与病毒防范等
上网应用安全风险	主要包括安全下载、网络钓鱼、网络诈骗、Cookie 信息窃取、DNS 点击劫持、浏览器应用安全设置等
文件安全风险	主要包括文件备份与恢复、文件病毒防范、废弃文件处理、文件传输与共享安全、文件加密、文件内容安全等
社交软件与网络舆情风险	主要包括社交软件的应用安全和网络舆情监管
移动介质安全风险	主要包括移动介质数据保护、移动介质交互安全、移动介质物理安全、移动介质权限设置等
移动终端应用安全	主要包括移动终端安全风险、移动终端安全设置、移动终端废弃处理等

4. 应用安全风险产生的危害

安全风险与应用实体是一对共同体，安全风险越大，那么应用实体潜在的危害性也就越大。虽然风险只是潜在发生而非事实的损害，但是我们需要知道的是，一旦出现风险，可能会给我们带来不同程度的损失。常见的应用安全风险所带来的危害如图 3-1 所示。

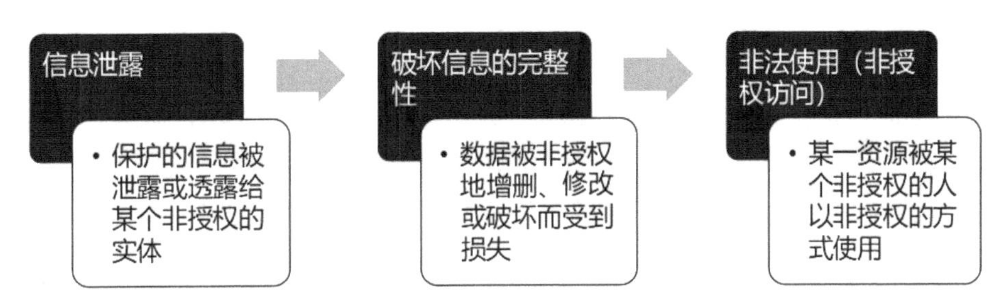

图 3-1　常见应用安全风险的危害

5. 应用安全防护策略

应用安全防护策略是指对已识别的风险进行定性分析、定量分析，并对风险进行排序，根据风险分析来制定相应的应对措施，选择合适的安全手段，始终将应用安全风险控制在可接受的范围之内。

应用安全风险处理是应用安全防护策略的关键环节，常见的应用安全风险处理方式如图 3-2 所示。

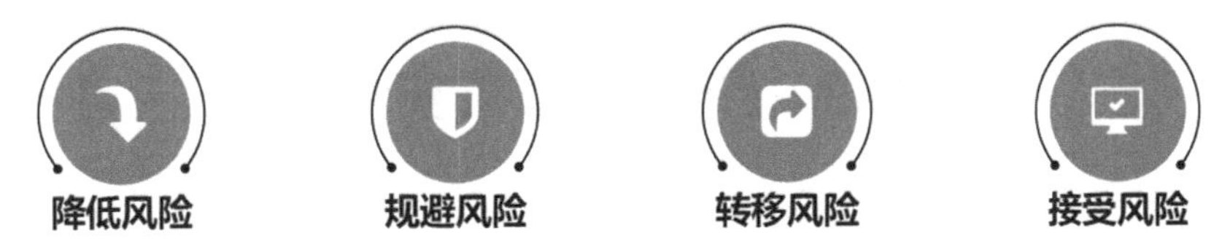

图 3-2　应用安全风险处理方式

针对这四种风险处置方式，以下给出每种处置方式的详细描述。

1) 降低风险

降低风险可以从减少威胁源、降低威胁能力、减少脆弱性、进行应用安全防护和降低负面影响五个方面展开。其中，减少威胁源主要指通过采取法律的手段制裁计算机犯罪，发挥法律的威慑作用，从而有效遏制威胁源的动机。采取身份认证措施，对威胁行为的身份假冒行为产生抵制能力，可以降低威胁能力。减少脆弱性是指系统本身就具有脆弱性，需要及时给系统打补丁，关闭无用的网络服务端口，减少系统的脆弱性，减小被人利用的概率。进行应用安全防护是指任何一个系统应用程序存在威胁都会影响系统安全，需要采取各种保护措施，建立与系统应用有关的规则，这样才能确保系统应用免受侵害。降低负面影响是指当风险发生时采取对应措施，如采取容灾备份、突发事件应急处理和业务连续预案等措施，来降低安全事件冲击的程度。

2) 规避风险

在风险无法降低的情况下，可以通过不使用某些应用来规避风险。例如，在缺乏足够安全保障的信息系统中，为了降低敏感信息的泄露风险，选择不对敏感信息进行处理。再如，只处理内部业务的信息系统，不与互联网连接，从而避免了网络上的外来入侵和恶意攻击。当风险一旦发生，造成的损失无法接受或降低风险需要的成本过高时，可以采用规避风险的方式。

3) 转移风险

只有在风险无法降低或规避，且被第三方接受的情况下，才能有效转移风险。这种方式能够将某些应用带来的安全风险进行转移，避免损失。例如，将存在某些风险的应用程序转移到其他平台运行。再如，依然将存在风险的程序保留在本地平台运行，但安全事件带来的损失风险由第三方承担。转移风险对低概率的安全事件普遍适用，但一旦发生风险，就会对组织造成重大冲击。

4) 接受风险

接受风险是选择不对风险采取应对措施，并接受风险可能导致的后果。接受风险的前提是：风险在可控范围之内，并且能接受风险带来的损失。

一个机构或组织在采取了降低风险、规避风险的措施后，出于实际成本的考虑，对剩余风险可以考虑进行接受。接受风险需要持续监测风险状况的变化，而不是对风险不闻不问，如果风险进一步发展到不能接受的程度，就需要采取必要的应对措施。

3.2 个人计算机安全

个人计算机安全

本节，我们将深入探讨常见的个人计算机使用各种应用的安全问题，主要包括常用软件的安全问题、操作系统的安全问题和病毒防范。

3.2.1　常见软件的安全问题

每个人的计算机都会根据各自的需求安装各种软件，如 QQ、微信等社交类软件，计算机管家、360 杀毒等防护工具，技术软件(如 PS、PyCharm)等。以下我们看看客服人员、安全技术人员和在校学生对软件使用的要求：

“我是一名客服人员，我的计算机里面安装的软件主要为通信软件。比如 QQ、微信等。”

“我是一名安全技术人员，我的计算机里面安装的软件主要为安全技术软件，比如 Kali、病毒查杀等专业软件。”

“我是一名在校学生，专业为媒体运营，我的个人计算机中安装的主要软件为剪辑软件，其他软件都是视频软件。”

“我是一名在校学生，专业为数学专业，我的计算机里面安装的主要软件为数据处理软件，还有少量的游戏软件。”

以上三类不同的群体，对于软件使用的需求存在较大的差别。当今社会，各种类型的软件出现在我们的生活中：当人与人进行交流时，可以通过社交通信软件；当进行开发、设计、测试时，需要用到各种技术软件；在放松时，经常用到各种娱乐软件等。当我们慢慢习惯与信任这些常用软件后，安全问题往往会被忽视。

通信、技术和娱乐三类软件常见安全问题如下。

1. 通信软件安全问题

通信软件作为信息交流的桥梁，受到了大家的青睐，但有些通信软件，比如某聊、某漂流瓶等，可能被非法者当作病毒或木马程序的载体，将病毒或木马程序与其捆绑，导致这些软件的安全性普遍偏低。例如，以下的场景我们会经常遇到：

场景一：“一些通信软件前期做推广，用礼品吸引用户下载安装，但下载完成之后发现计算机有明显卡顿。我怀疑那个软件带有病毒，对系统造成破坏。”

场景二：“我也遇到此类问题。曾经下载了一个 XX 漂流瓶，在上面聊天还能领红包。但是，最后发现这款软件竟然带有监控木马，能够监控用户相关操作，现在想起来都害怕。”

以上两个场景中，大家都遇到了同样的安全问题。接下来，我们通过两个实际的案例来进一步加深读者的理解。

案例

1. 2021 年 9 月，齐鲁晚报·齐鲁壹点记者通过对某聊 APP 调查发现，有可能与你隔着屏幕聊天互动的，是为了赚取聊天佣金的“陪聊手”。一位某聊用户向记者透露，他身边的一个朋友依靠某聊 APP 陪人聊天，每天能有数千元的收入。

2. 2021 年 4 月，360 安全卫士团队接到用户反馈，称其从 Discord 上下载的 Telegram 通信软件疑似存在木马程序或病毒，导致文件下载、在线聊天、键盘录入等操作都“有点不对劲儿”。经 360 安全卫士团队持续跟进，最终发现了一种伪装成 Telegram 通信软件安装包进行攻击的木马程序，并根据其传播方式将其命名为 Fake Telegram。

分析：案例 1 中，通信软件被当作提供增值服务的平台收取费用。案例 2 中，病毒软件伪装成通信软件被下载安装，占用计算机资源，窃取数据。

2. 技术软件安全问题

在日常工作与学习中，我们需要用到各类技术软件，如 phpstudy、Nessus、Adobe 全家桶等。但是在使用这些技术软件时，我们需要注意两个主要安全问题：

(1) 这些技术软件，会不会存在“后门”，用来窃取科研成果？

(2) 为了节省成本，个人或者部分企业采用破解版，这些破解版软件是否被植入了病毒或木马程序？

下面，我们来看以下两个场景：

场景一：“我们是初创型公司，为了节约成本，集成环境都是破解版本，因为正版卖得太贵了。使用破解版的集成环境时大部分要求关闭杀毒软件，如果这些破解的集成环境带有病毒或木马程序，那么计算机系统就会被破坏。”

场景二：“现在很多高校要求科研人员在使用相关技术软件时，尽量使用国产软件。如果一定要使用国外软件，在使用前需要进行排查分析，判断是否存在‘后门’。”

通过这两个场景，我们可以了解到，技术软件如果来自非正规渠道，很可能存在“后门”之类的问题，可能其本身就携带病毒。

下面，我们进一步通过实际的案例来了解技术软件可能带来的安全问题。

案例

杭州公安局于 2019 年 9 月 20 日发布“杭州警方通报打击涉网违法犯罪暨‘净网 2019’专项行动战果”，文中曝光了 phpstudy 软件被黑客篡改后植入“后门”，非法获利 600 余万元一事。phpstudy 是国内知名的 PHP 调试环境程序集成包。本案涉及的近百万 PHP 用户中有超过 67 万余人被黑客控制，被窃取的敏感数据多达 10 万余组，包括账号密码、聊天记录、设备密码等。

分析：本案例中，技术软件 phpstudy 被黑客篡改后植入“后门”，导致客户信息被盗取，从而造成严重损失。

3. 娱乐软件安全问题

娱乐软件不仅存在占用大量存储空间和运行时需要占用大量运行内存的问题，还会出现恶意扣费、隐私窃取、系统破坏、恶意传播、远程控制、资费消耗等恶意行为。而且娱乐软件大部分都需要会员身份，并且默认开启续费功能。

同样，我们来看与我们日常工作、生活非常贴近的两个场景：

场景一：“我又得换手机了，手机空间又满了，128 G 都不够用啊。现在娱乐 APP 越做越大，缓存的数据越来越多。一个听歌软件都要占 2G 的空间，而且打开听歌时还会占据 30%的内存。”

场景二：“好多娱乐软件的续费功能都是开启的，并且没有任何提示信息。如果想关掉续费功能，发现在管理界面很难找到，有时甚至还需要联系客服才能关闭。”

场景一与场景二中的用户，都是遇到了娱乐软件的恶意行为问题。我们进一步通过实际的案例，来了解娱乐软件带来的安全问题。

案例

1. 2021 年 3 月，在一家短视频社交平台上，一款名为《蚂蚁呀嘿》的特效软件火了！不少网友将自己的照片导入这款会被算法驱动的“变脸”软件中，变成跟随节奏摇晃的视频。2021 年 3 月 2 日凌晨，火爆全网的 AI 换脸软件 Avatarify 从中国区 AppStore 悄然下架。据悉，这款软件在一周前就冲到了苹果 AppStore 免费榜的首位。目前官方并没有给出下架的具体原因，业内推测可能是软件涉及隐私安全等问题。

2. 2019 年 4 月，腾讯安全反诈骗实验室和 360 安全大脑先后发出警示，在掌通家居、暴风影音等 1000 多款 Android 应用中被嵌入了病毒 SDK。SDK 是软件开发工具包的英文缩写，一般读者都将其理解为软件的一个功能模块。病毒 SDK 一旦运行并与远程服务器连接，用户账号就会接收服务器指令偷偷点击 XX 广告，而且整个过程是在用户不知情的情况下完成的。

分析：案例 1 中的“变脸”娱乐软件存在隐私安全问题，会非法获取用户的信息。案例 2 中 APP 被嵌入病毒 SDK，病毒 SDK 运行后，会接收指令点击非法广告。

3.2.2　操作系统安全问题

操作系统(Operating System，OS)是一种系统软件，能有效地管理系统资源，控制程序执行，提供良好的人机界面和各种服务。它是连接计算机硬件和上层软件以及使用者的桥梁。如图 3-3 所示，常见操作系统安全问题主要体现在安装、升级、配置和病毒防范等方面。

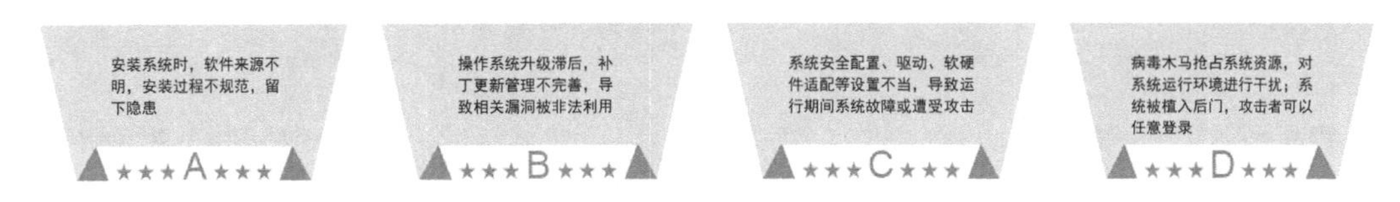

图 3-3　常见操作系统安全问题

1. 操作系统安全安装

个人计算机最常用的三个操作系统是微软 Windows、MacOS 和 Linux。每个操作系统可以分为不同的版本。本节我们主要讨论 Windows 系统和 Linux 系统的安全安装的问题。

1) Windows 操作系统的安装

Windows 操作系统各版本的安装步骤差不多，主要包括三步：① 打开微软官方网站，下载对应系统镜像文件，如 ISO 文件(注意一定要到官网下载，确保系统安全性)。② 准备一个 8 G 以上的 U 盘，确保 U 盘没有携带病毒或者损坏，打开 Windows 镜像文件，右键点击 ISO 文件，选择“挂载”。③ 打开“此计算机”，找到挂载的 ISO 文件，复制其中的所有文件到 U 盘中。④ 将 U 盘插入主机 USB 接口，在计算机启动时，按住 F2 或 Delete 键进入 BIOS 设置界面。在 BIOS 设置中，将启动顺序改为“从 U 盘启动”。⑤ 重启系统，此时计算机会从 U 盘启动，进入 Windows 安装向导，开始安装该系统。安装非系统预装版本的请与微软公司联系购买激活密钥(网上发布的激活密钥请勿随意相信)。

2) Linux 操作系统的安装

Linux 操作系统的版本众多，主要包括 CentOS、Ubuntu、Debian、openSUSE 等。我们以 CentOS 7.4 为例，简单介绍该系统安全安装的步骤。① 下载 CentOS 7.4 的镜像盘启动盘：从官网下载 CentOS 7.4 安装镜像，安装 UltraISO 软件(UltraISO 软件需要官网下载)。② U 盘镜像制作：打开 UltraISO 软件，选择 CentOS 7.4 镜像，写入下载的 CentOS 7.4 镜像，完成启动 U 盘的制作。③ 安装 Linux 系统：U 盘插到计算机 USB 接口，开机启动，进入主板 BIOS 控制界面，选择 U 盘优先启动系统。④ 安装配置：进入安装引导界面，进行时区、语言等配置，选择安装路径，等待安装完成。

2. 操作系统安全更新

操作系统及时升级或者更新，可以提升计算机性能，丰富系统相关功能，同时还能修复系统漏洞，提升系统的安全性，防止相关病毒侵袭。以下以 Windows10 系统为例，演示更新的过程。Windows10 系统更新流程如图 3-4 所示。

第一步：在“搜索框”中直接搜 Windows 更新。

第二步：点击“检查更新”进行更新。

第三步：确认更新到最新版本。

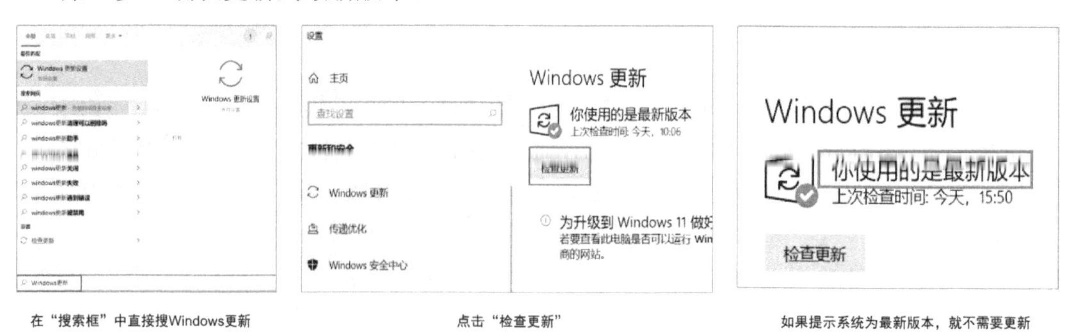

图 3-4 Windows 10 更新流程

注意：不是所有计算机都要保证系统处于最新版本，要结合自己计算机的软硬件情况选择更新。

3. 操作系统安全恢复

在使用计算机的过程中，特别是运行大型软件时，操作系统会出现突然崩溃的现象(如蓝屏、驱动失灵、断网等)。当系统出现崩溃时，如何对操作系统进行修复补救是令大家头疼的难题。本文介绍四种主要的修复方法。

1) 使用一键 ghost 的修复方法

计算机在安装系统时会安装一键式 Ghost，这个一键式 Ghost 就是为了方便计算机在出现系统崩溃问题时，能够方便地进行还原修复。

2) 使用系统自动恢复方法

使用计算机系统自带的还原功能。具体操作步骤如下：点击“Start”按钮，在 Start 选项中寻找“附件”→“系统工具”→“系统还原”，即可打开“系统还原”对话框进行设置。

3) 安全软件修复

下载安全修复软件，比如 360 安全软件，打开其“系统修复”功能，选择“修复”即可。这种方法比较适合新手。

4) 重新安装系统

当以上方法都不行时，意味着系统已经损坏，只能重装系统。

4. 操作系统安全加固

在计算机系统整体安全中，操作系统是否安全至关重要，而实现操作系统安全的关键环节是操作系统的安全加固和优化。通过安全加固，可以增强操作系统的安全性，增加病毒木马对操作系统的入侵难度，有效降低操作系统被攻击的风险。系统安全加固方法有以下四种：

(1) 漏洞扫描。计算机系统通过扫描等手段检查安全漏洞，迅速发现系统漏洞风险。

(2) 强化系统账号安全。对账号进行安全管理，包括但不限于禁止枚举账号、Administrator 账号更名等。

(3) 完善安全配置。制定安全策略进行系统权限管理，关闭不必要的便捷启动程序方式等。

(4) 病毒或木马程序查杀。安装杀毒软件，通过杀毒软件定期全面对系统进行病毒或木马程序查杀。

3.2.3　病毒防范

个人计算机安全常见的应用安全风险来自病毒的感染。当计算机被病毒感染之后，我们需要使用科学的方法来进行处理，及时找出病毒，消除隐患，恢复系统正常功能。本节简单介绍病毒的防范方法和防范操作。

1. 病毒防范的方法

计算机感染病毒是日常工作和生活中比较普遍的现象。知晓应如何进行病毒防范已经成为“电脑族”必备的技能之一。

个人计算机病毒防范方法主要包括及时更新系统、安装杀毒软件、定期扫描系统、及时更新病毒库、关闭不必要的端口、不随意下载各种软件、不点击陌生链接、对应用程序进行必要的安全设置等。

2. 病毒防范的操作

大部分的病毒查杀难度不大，通过专业的杀毒软件就能够排查大部分的病毒，从而增强个人计算机的安全性。

例如，微软卫士 Microsoft Defender 系统提供的防护程序，内置实时防护功能，可扫描设备上正在运行的程序，抵御病毒、恶意软件和间谍软件等在电子邮件、应用程序、云和 Web 上的威胁。这里以 Windows 10 为例，说明病毒的防范操作，操作步骤如下：

第一步：“实时保护”功能要打开。Windows 系统自带的“实时保护”功能界面如图 3-5 所示。

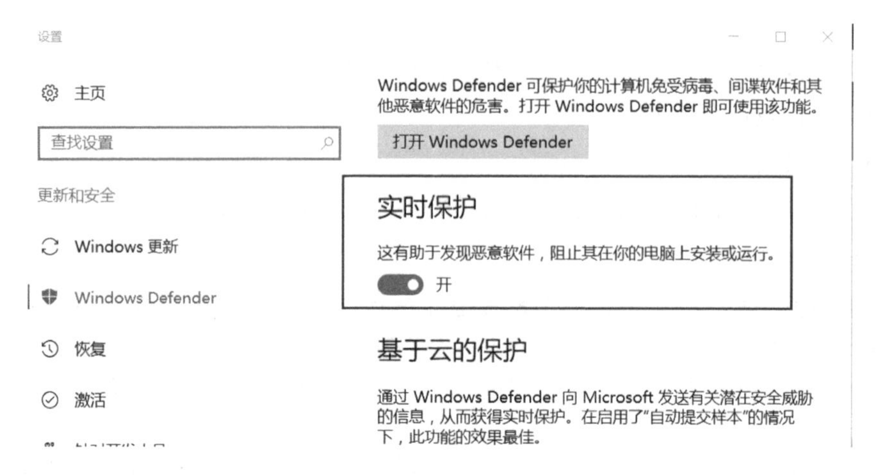

图 3-5 开启“实时保护”界面

第二步：定期扫描系统。可以根据需求选择扫描方式。微软卫士提供的扫描类型分为四种，分别是全扫描、快速扫描、自定义扫描和微软卫士脱机版扫描。使用微软卫士进行病毒扫描的设置界面如图 3-6 所示。

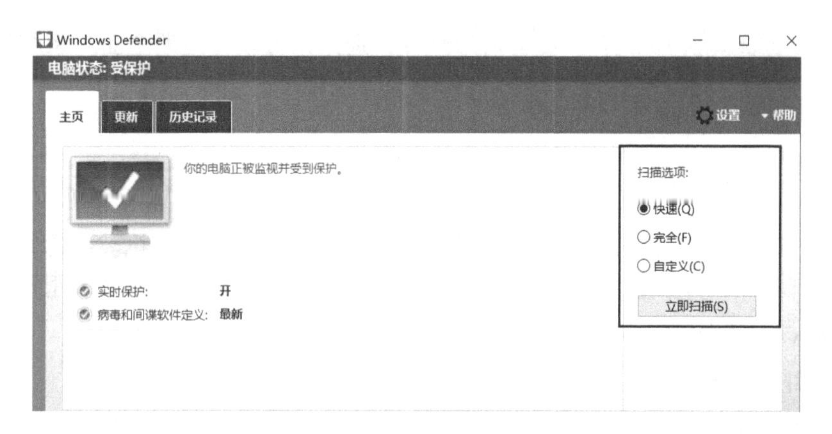

图 3-6 使用微软卫士进行病毒扫描的设置界面

第三步：发现病毒及时处理。防护程序扫描到病毒后，自动采取隔离操作。Windows Defender 处理病毒的界面如图 3-7 所示。

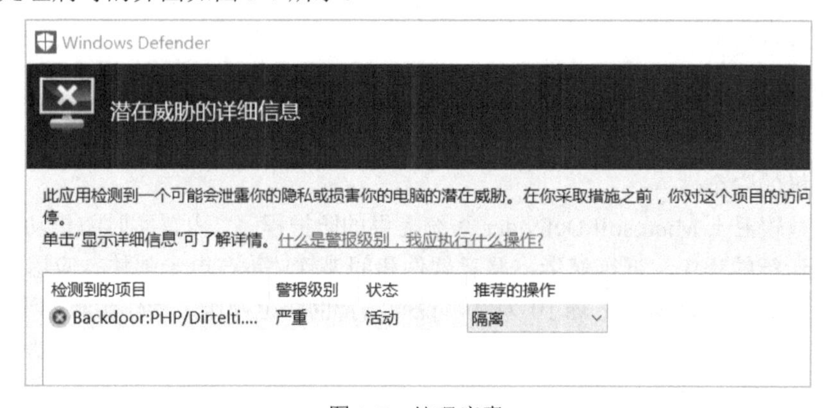

图 3-7 处理病毒

3.3　上网应用安全

本节我们主要探讨上网应用安全的知识。上网应用安全知识主要包括安全下载、网络钓鱼、网络诈骗、Cookie 信息窃取、DNS 点击劫持和浏览器应用安全设置等。

3.3.1　安全下载

某用户在百度上搜索“微信下载”，弹出如图 3-8 所示的界面，他应该选择哪种下载方式呢？

图 3-8　微信下载界面

“我选择第一种下载方式，因为这是微信官网，在这里下载比较安全。”

“我选择第二种下载方式，在这里能看到“安全下载”的字眼。”

究竟哪种方式更安全？在个人计算机上安装微信应用程序是很常见的事情。以上两个人的下载方式不同，但是从安全角度考虑，我们认为第一种下载方式更为合理。

下载软件和应用程序，是每个网民经常进行的操作。但每个网民下载的途径各不相同，比如通过应用商店、官网、第三方平台下载，或扫码下载等。软件和应用程序下载与安装要到正规网站，切勿通过第三方平台或者链接下载。用户上网下载常见渠道的安全性比较如图 3-9 所示。通过比较，我们能选择出安全性高的下载渠道。

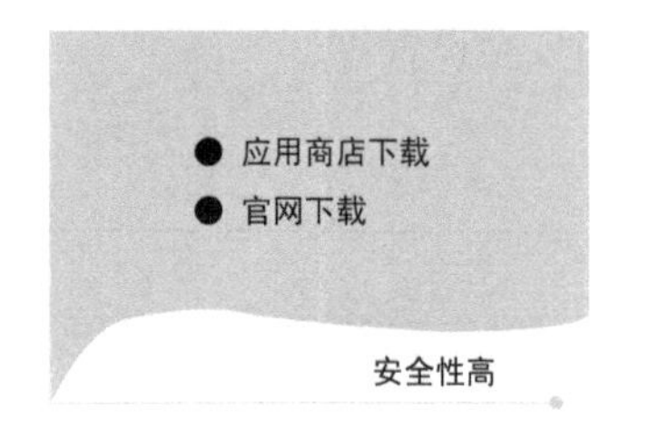

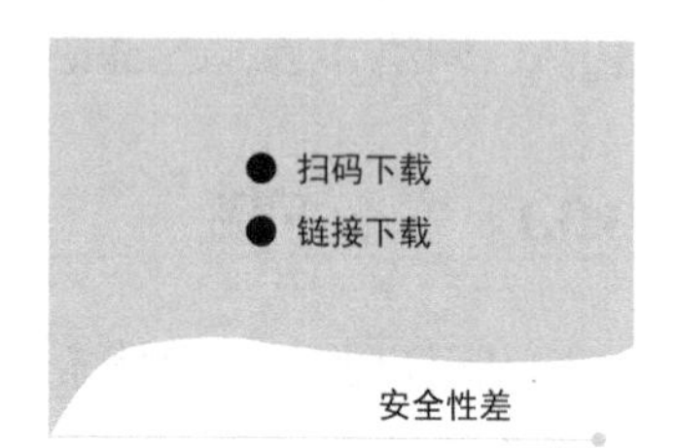

图 3-9　下载渠道安全性比较

1. 正规下载渠道

由于获取应用程序的渠道很多，鉴别下载渠道是否正规，是我们安全下载的第一步。在鉴别时，需要判断下载软件的来源，确保其来自官网或者官方认证的平台。比如下载 QQ 游戏，联想计算机用户可以选择从联想应用商店快捷下载。联想应用商店局部界面如图 3-10 所示。

图 3-10　联想计算机系统自带的应用商店局部界面

当然也可以通过 QQ 的官方认证平台来下载。通过 QQ 官网下载软件的界面如图 3-11 所示。

图 3-11　QQ 官网下载界面

2. 软件鉴别

当我们下载相关软件到本地时，先不要着急运行它。为了更好地判断其安全性，往往需要对下载的软件进行安全鉴别。常见的鉴别方式有软件大小比对、MD5 散列值校验等。MD5 是一种经典的信息摘要算法(Message-Digest Algorithm)，该算法基于数学原理确保相同的原文生成相同的散列值，而不同的原文产生不同的散列值。为保证信息传输的完整性，可以采用 MD5 等信息摘要算法对原文在发送前进行计算，它可以产生一个 128 位(16 字节)的散列值(Hash Value)，并一起发送到接收端；接收端对收到的原文采用同样的方法重新计算一遍，并与接收到的散列值进行比较，看是否相同，从而判断出原文是否被修改过。下面我们以 MD5 值为例讨论软件的安全鉴别方法：

首先，我们通过资源管理器查看下载后的文件的大小，将其与获取渠道公布的文件大小进行比较。查看用户所下载文件属性的界面如图 3-12 所示，从界面中可以看到文件大小。

图 3-12　通过属性界面查看软件大小

其次，比较 MD5 值。因为比较文件大小并不能保证文件的完整性，而 MD5 值是不可逆的，相对安全，所以可以用 MD5 值校验来验证文件的完整性。运用 MD5 校验工具获得的 MD5 值与官网公布的 MD5 值比较，如果 MD5 值一样，则说明文件在获取过程中并没有被篡改。查看用户所下载文件的 MD5 值如图 3-13 所示。

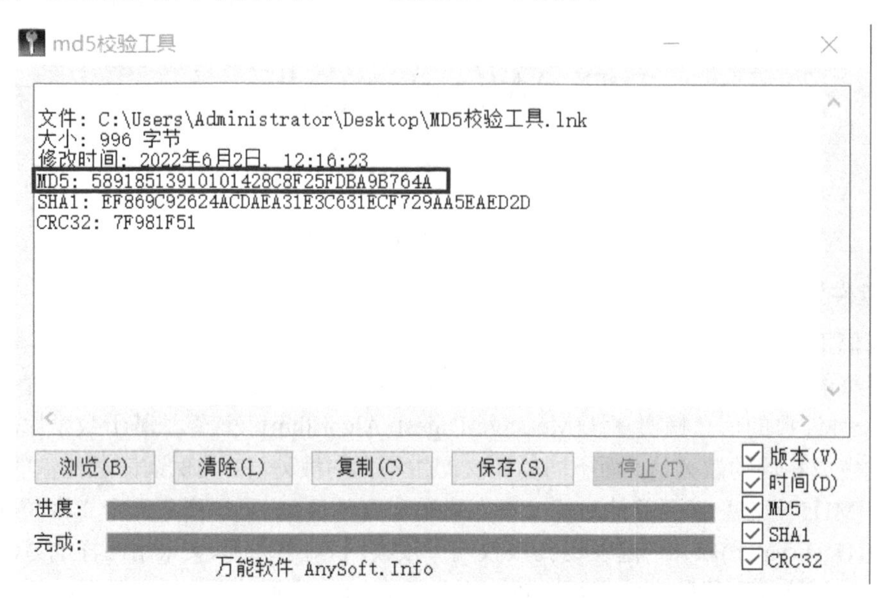

图 3-13　查看用户所下载文件的 MD5 值

最后，除了对软件进行监别，我们还需要运用病毒防范操作知识，对获取的文件进行病毒查杀。下载文件的病毒查杀操作如图 3-14 所示。这样才能保证下载应用程序的安全。

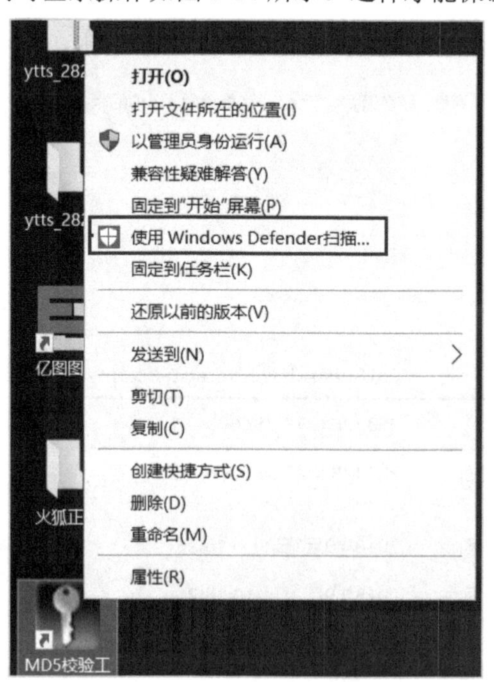

图 3-14　杀毒软件查杀

3.3.2 网络钓鱼

网络钓鱼(Phishing)是攻击者利用欺骗性的电子邮件和伪造的网页站点进行网络诈骗活动，诱骗受骗者将自己的信用卡卡号、银行卡账号、身份证号码等隐私信息泄露，达到获取受骗者的隐私信息，继而谋取不当利益的目的。

ProofPoint 的《2020 年网络钓鱼报告》显示，在 2019 年中有近 90%的受访者遭受过鱼叉式网络钓鱼攻击。该报告还显示，86%的受访者称自己曾遇过企业邮件泄露攻击。通过图 3-15，我们能看到各国受网络钓鱼攻击的比例，其中美国的比例最高。

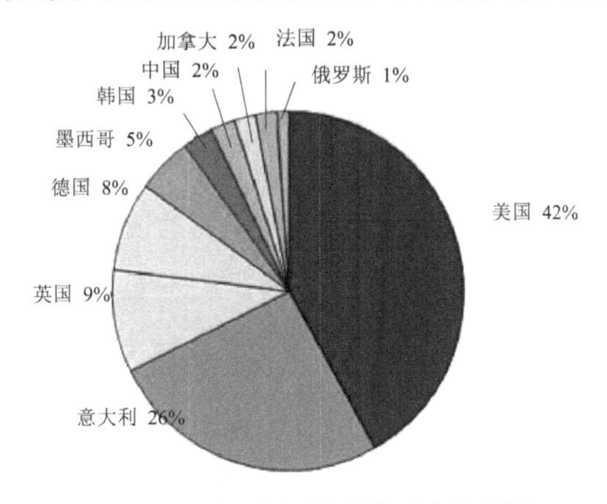

图 3-15　各国受网络钓鱼攻击的比例

常见的网络钓鱼有邮件钓鱼、网页钓鱼、电话钓鱼，以及公共 WiFi 钓鱼等。下面我们来讨论这些常见的网络钓鱼类型以及防范的方法。

1. 邮件钓鱼

“邮件钓鱼”是指不法分子通过发送大量的欺诈性邮件，多以中奖、对账等内容诱骗用户填写邮件中的理财账号和密码，或以各种紧急理由(如在某超市或商场刷卡消费，要求用户核对)要求收信人登录某网页提交用户名、密码、身份证号、信用卡卡号等信息，进而窃取用户资金。

对“邮件钓鱼”的防范，可以采取如下措施：

(1) 查看发件人地址，如果是陌生的个人邮箱账号要警惕。

(2) 看邮件标题，敏感字眼要注意。

(3) 注意邮件正文措辞，如遇到“亲爱的 XX”等泛化问候语要小心。

(4) 查看邮件正文目的，如遇到“需要提供账号和密码”等不合理的要求要警惕。

(5) 注意邮件正文附带的链接，如果是 exe 文件，切勿轻易点击安装；如果是文档，也不要轻易点击打开，因为有可能含有文档病毒。

2. 网页钓鱼

“网页钓鱼”是攻击者通过建立一个与真实网银系统、网上证券交易平台、某官方网站等极其相似的域名和网页内容的网站，诱使用户在不知情的情况下登录并输入账号、密码等信息，这些信息被攻击者获取后，攻击者通过真实的网银、网上证券交易等，利用盗取的信息窃取资金。

对“网页钓鱼”的防范，可以采取如下措施：

(1) 切勿随意点击广告弹框、莫名推送的网站链接。

(2) 要鉴别网站网址，不能凭网站页面相似来判断。

(3) 管住好奇心，及时关闭带有诱惑性字眼或图片的网站。

(4) 使用安全 https 协议的网页并不一定安全，要判断其证书是否正确。

3. 电话钓鱼

“电话钓鱼”指的是一种通过电话诱骗人们分享敏感信息的做法。受害者被诱导，认为自己正在与受信任的实体分享敏感信息，比如，网钓者自称是某银行员工，让用户拨打某支行的电话号码以解决其银行账户问题，而用户一旦拨打该电话号码(该电话为网钓者所有，由 IP 电话服务提供)，系统会提示用户输入账号和密码，从而被网钓者获取信息。

对“电话钓鱼”的防范，可以采取如下措施：

(1) 对陌生电话要保持警惕，不随意相信陌生电话的谈话内容。

(2) 切勿随意拨打陌生电话。

(3) 鉴别电话号码来源的真实性。

4. 公共 WiFi 钓鱼

“公共 WiFi 钓鱼”是指攻击者在公共场所设置假 WiFi 热点，吸引人连接上网，一旦用户使用个人计算机或手机登录攻击者设置的假 WiFi 热点，那么个人资料及一切隐私都有可能落入他人之手。用户在网络上的一举一动，丝毫逃不过攻击者的眼睛。更糟糕的情况是，黑客还会将间谍软件安装到受害者的计算机中。

对“公共 WiFi 钓鱼”的防范，可以采取如下措施：

(1) 使用公共 WiFi，一定要咨询公众场所管理人员，确定 WiFi 名称无误，以免掉进黑客陷阱。

(2) 设置手动连接 WiFi，防止有些手机自动寻找网络并自动连接。

(3) 使用公共 WiFi，可以看看视频和新闻，尽量不要执行敏感操作，比如支付类操作，这样容易泄露自己的账户和密码。如果必须进行支付，就打开数据网络来上网。

3.3.3 网络诈骗

网络诈骗是指以非法占有为目的采用虚构事实或者隐瞒真相的方法，利用互联网骗取数额巨大的公私财物的犯罪活动。常用的手段有假冒好友、“钓鱼”、网银升级诈骗等。网络诈骗花样繁多，行骗手法层出不穷，空间虚拟化、行为隐蔽化等是它的主要特征。

网络诈骗具有以下特点：

(1) 骗术范围广。行骗者一般采取广撒网、多敛鱼的方式，只要有几个人上钩就可以达到目的。

(2) 异地诈骗。由于网络的无边界性特征，行骗者往往选择异地“鱼儿”行骗，受害者上钩后找不到骗子，因异地办案周期长，即使到公安机关报案也难以及时解决。

(3) 隐蔽性强。行骗者不必直接接触被害人，隐蔽性极强。

常见网络诈骗有电信诈骗和网络购物诈骗两种，下面详细介绍。

1. 电信诈骗

电信诈骗是指不法分子编造虚假信息，通过电话、网络、短信等方式设置骗局，以远程、非接触式方式对被害人实施诈骗，诱骗被害人向不法分子支付钱财或转账的犯罪行为。例如，不法分子冒充孩子发短信，说需要钱，以急病、车祸，甚至某某交易被抓等为理由，让被害人把钱款打到指定的银行卡账户。再比如，不法分子冒充国家教育机构，以发放扶贫办的“贫困助学金”为理由，要求受骗者提供学生的学籍和银行卡信息，引导受骗人到 ATM 机上进行认证，通过这种手段骗取卡内现金。我们通过一个案例来进一步了解电信诈骗。

案例

2019 年 12 月 1 日，某高校老师接到自己孩子手机号码打来的电话。电话接通后，老师听到电话另一端有女生大声叫爸爸妈妈并伴有哭泣声，随后一名陌生人与老师交谈，称老师的孩子被打了，并要求老师不能挂电话，在不能告诉任何人的情况下准备凑钱。此时，这位老师发现其他老师也在同一时间接到类似电话，老师并未轻易相信，立即给自己的孩子打电话进行确认。几名老师相互交换意见后断定接到的是诈骗电话，电话中女生的哭泣声疑似播放了录音。

经保卫处调查了解，判定为不法分子利用改号软件进行伪装，冒充孩子或亲友的手机号码拨打电话，以各种借口、手段实施诈骗、恐吓，以达到骗取钱财的目的。经查，不少家长都接到过这样的诈骗电话。

上述案例中，犯罪嫌疑人在简单掌握了一些家庭信息后，利用播放孩子呼救声、哭泣声的录音，制造恐慌气氛，使家长处于不知所措的境地，再加上来电显示的是孩子的手机号码，家长容易上当受骗，进而达到诈骗家长钱财的目的。家长遇到此类事件一定要冷静、沉着，切勿惊慌失措，要反复求证。其实通过对号码进行回拨就可以识别真假号码，如果对方是通过改号软件拨打的电话，按显示号码回拨后，该号码将无法接通。

遇到电信诈骗，可以采用以下措施来鉴别和防范：

(1) 对于匿名短信或者电话可以置之不理，对方着急了肯定会再联系。

(2) 对于恐吓、绑架类短信或电话，首先要保持镇定。接到电话或者短信，如果对方很了解家人的情况，要提高警惕，可能是熟悉的人，需要先和家人联系，及时报警。

(3) 通知家属意外的短信，接到这类短信要保持镇定，看下是哪家医院，再上网查下这家医院的电话，咨询下是否存在此种情况再做决定。

(4) 对于欠费或者朋友点歌祝福之类的短信，最好不要回拨里面留的电话。

(5) 朋友间借钱转账，应该通过电话联系对方进行确认，拒绝用手机验证码借钱或者转账。

(6) 平时生活中不要随便告诉他人自己的身份证号、银行卡号、银行卡密码等信息。

2. 网络购物诈骗

网络购物诈骗是指不法分子开设虚假购物网站或某宝店铺，一旦资金受害人购买了商品，则称系统出现故障、订单出现问题，需要退款，从而盗取受害人资金的诈骗方式。然后，通过即时聊天工具如 QQ 等，发送虚假激活网址，向受害人套取某宝账号、银行卡卡号、密码和验证码后，将受害人卡上的资金盗走。或者通过朋友圈或者某平台发布货源，引诱购买却不发货，最后圈钱跑路。下面我们通过一个案例来了解网络购物诈骗。

案例

2022 年 4 月，烟台的徐女士在淘宝上买完东西后，收到一条短信，短信内容看起来好像来自淘宝系统。短信内容称徐女士在平台的订单还没有生效，需进行退款。徐女士点开短信中的链接后，进入类似平台的退款界面，按照系统要求，徐女士填写了姓名、身份证号、储蓄卡卡号和银行预留的手机号等资料。填写完相关资料后不久，徐女士就收到了银行的扣款短信，短信显示她的银行卡被扣了 5000 元。

以上案例中的徐女士由于安全意识不到位，没有去判断淘宝短信的真伪，同时对个人敏感信息的保护意识薄弱，轻易在假平台上填写个人敏感信息。遇到这种情况，徐女士应该打开淘宝 APP，咨询相关工作人员，确认信息真假再做决定。

遇到网络购物诈骗，可以采用以下方法来防范：

(1) 拒绝多次汇款。骗子以没有收到货款或者提出要汇到一定数量才能退还以前的货款等种种理由为借口，逼着受害人多次汇款。

(2) 对不明链接、网页要提高警惕。骗子提供的虚假链接或者网页打开后，在其上进行的交易经常显示不成功，此时骗子经常要求受害人多次汇款。

(3) 缴费选择官方途径。骗子以各种理由拒用安全支付工具网站，要求私下转账。遇到此类事件，一定要选择官方途径。

(4) 拒付订金。骗子要求受害人在发货前先交一定数额的订金或保证金。利用受害人急于拿货的迫切心理，诱使受害人以各种看似合理的理由追加订金。此时，必须沉住气，不能轻易付订金。

(5) 切勿轻易相信客服退款。骗子通过不法手段盗取订单信息，然后冒充购物网站人员与受害人联系，以系统故障等为借口谎称交易未成功，要求受害人办理退款手续，再通过手机短信或 QQ 向受害人发送所谓的“退款网页”。退款一定要通过官方软件，不可轻易相信手机短信或不明链接。

3.3.4 Cookie 信息窃取

Cookie 是网站为了辨别用户身份，进行会话跟踪而存储在用户本地终端上的数据，目的是通过上下文机制来实现单点登录。所谓单点登录，指的是一次登录多次有效，可避免用户在访问某一网站过程中，需要频繁地进行登录验证。

1. 什么是 Cookie

Cookie 是一种保存在计算机上的文件，当我们浏览网页时，服务器会生成证书并返回到我们的计算机中，即为 Cookie。我们也将 Cookie 称为浏览器缓存。一般情况下，它是服务器写入客户端的文件。比如，我们访问百度的时候，百度为我们生成 baiduid、bidupsid

等证书信息，以此来标识我们的访问身份。我们访问百度的 Cookie 值如图 3-16 所示。

```
Referer: https://www.baidu.com/link?url=z8lYe006s8UmjDnHumgvKglOk7N5pLAuNK_piXSD6Y-izULUKJ5EbkdHkSWPh8m86XjLrPnKUubmKocU-X0cKaUMsbZQC-xHJS146XZBpY7&wd=&eqid=85a01a4b0050918000000
Connection: close
Cookie: BAIDUID=0C5C0CE89C38925CB80334B1C54A9343:FG=1; BIDUPSID=0C5C0CE89C38925C4A9F5E061CF90390; PSTM=1644372524; __yjs_duid=1_8fe23fc3731293bcedb8dd0043e37bcc1644372539842; BDR
H_PS_PSSID=36550_36626_36255_36726_36455_36414_36851_34812_36691_36165_36816_36569_36775_36636_36737_36761_36768_36764_26350_36863; BA_HECTOR=85008ha124858kaka48m9acv1hd7fs616; ZF
BDORZ=FFFB88E999055A3F8A630C64834BD6D0; RT="z=1&dm=baidu.com&si=ksashme2ke&ss=l5p0sfcl&sl=0&tt=0&bcn=https%3A%2F%2Ffclog.baidu.com%2Flog%2Fweirwood%3Ftype%3Dperf&ul=ru&hd=13z"
```

图 3-16　百度 Cookie 值

一些 Web 程序能够实现自动登录功能，往往就利用 Cookie 来保存用户账号信息。简而言之，当用户访问网站时，Cookie 可以读取和保存产生的一些行为信息。例如，我们在访问某些网页时，系统会提示用户是否需要对用户名和密码进行保存，以便下次登录的时候能够自动登录。通过 Cookie 实现网页自动登录的情况如图 3-17 所示。

图 3-17　网页自动登录

2. Cookie 被窃取的危害

Cookie 存储在浏览器端，也就是用户本地。攻击者能够通过脚本、工具等截获 Cookie，盗取 Cookie 中的敏感信息。或者利用 Cookie 进行欺骗(模拟身份验证)，获得用户的隐私信息，造成更大的危害。

1) 游戏账号失窃

游戏账号 Cookie 值被盗取，导致游戏账号被非法登录的情况时有发生。出现这种现象的原因是：用户对 Cookie 值保护意识薄弱。比如，在公共场合(如网吧)登录游戏；游戏处于登录状态时离开，导致账号失窃。账号失窃可能导致游戏装备与余额被窃取、游戏账号被销毁、游戏好友被骚扰等问题。

2) 发表不当言论

社交账号的 Cookie 值被窃取，不法分子可以登录到相应的平台，比如 QQ、微博等，然后，通过社交平台发布侮辱、诋毁他人或者捏造事实的言论等。

账号失窃后被人用于发表不当言论的情况有以下几种：① 利用个人社交平台发布广告或者其他链接，损害个人形象；② 发表不当言论，如散布谣言，谎报险情、疫情、警情等；③ 盗取个人社交账号，利用被害人身份进行欺诈行为。

3) 隐私信息被窃取

Cookie 被窃取后，不法分子就可以绕过系统身份认证，轻易登录到对应的账号平台。那么存储在平台上的个人敏感信息(如住址、银行卡号、生日等)就会被窃取。隐私信息被窃取可能导致以下危害：① 账号注册信息被窃取；② 空间存储的照片、视频、文件等信息被偷看；③ 聊天记录、好友列表等信息被窃取。不法分子利用窃取的信息冒名敲诈、欺骗好友。

3. 如何保护 Cookie

由于 Cookie 提供了自动登录等便利，但同时存在被窃取的风险，所以保护好 Cookie

显得尤为重要。可以通过及时退出账号、清理浏览器缓存、Cookie 加密和设置 Cookie 的有效期等方法来保护 Cookie 的安全。

(1) 及时退出账号。不要保持页面一直处于登录状态。当不需要在此账号进行相关操作时，及时退出账号。

(2) Cookie 值加密。保存在 Cookie 中的敏感信息必须加密，避免出现 Cookie 在传递过程中被监听，导致信息泄漏的情况。

(3) 设置 Cookie 的有效期。在设置 Cookie 认证的时候，需要进行两次时间设置。一是“哪怕是直接在活动，也要作废”的时间，二是“长期不活动的无效时间”。

(4) 清理浏览器缓存。及时清理浏览器缓存，设置浏览器自动清理时间，避免 Cookie 泄露。

3.3.5　DNS 点击劫持

DNS 点击劫持主要指攻击者利用网络，诱骗用户访问伪造的网站，以达到窃取信息、诈骗钱财等目的。

1. 什么是 DNS 点击劫持？

域名系统(Domain Name System， DNS)是 Internet 的一个服务。它作为一个分布式数据库，将域名和 IP 地址相互映射，可以让人更方便地上网。下面是两位互联网用户的对话。

“DNS 域名系统可以让用户更方便地上网，而不必去记忆可以直接被机器读取的 IP 数串。只需要记住 www.xxx.com 就可以了。”

“对的，某些大型公司公网 IP 那么多，怎么可能全部记住？DNS 域名系统把域名和 IP 地址联系在一起，不用输入 IP 地址来访问一个网站，直接通过网址访问即可。”

DNS 点击劫持泛指域名劫持，是指攻击者通过对域名解析服务器进行攻击，或伪造域名解析服务器的方法，把目标网站域名解析为错误的 IP 地址，迫使用户访问攻击者指定的 IP 地址(一般多为钓鱼网站或广告网站)。比如我们访问 www.xx.com，被 DNS 点击劫持后，变成访问澳门赌场的网站。DNS 劫持的一般过程如图 3-18 所示。

图 3-18　DNS 劫持过程

2. DNS 点击劫持的危害

DNS 点击劫持对企业和个人都会造成危害，具体的危害如下：

(1) 对企业的危害主要有：当用户试图访问目标网站时，目标网址跳转至其他网址，导致用户无法正常访问；域名被解析到恶意钓鱼网站，导致用户财产损失，引发客户投诉；通过泛解析生成大量子域名，共同指向其他网址，导致当用户访问时，会跳转到违规网站，搜索引擎对于跳转到违规网站的企业网站会进行“降权”处理。

(2) 对个人的危害主要有：上网遭遇各种广告，烦不胜烦；网购、在线支付被恶意指向其他网站，增大了个人账户泄密的风险；影响网速，甚至不能上网。

3. DNS 点击劫持的防范

碰到 DNS 点击劫持也无需过分担心，我们可以采取如下措施进行防范，从而令攻击者无可乘之机。

(1) 网络运营商准备两个或两个以上的域名，一旦出现 DNS 点击劫持，用户还可以换个域名进行访问。

(2) 使用正规的 DNS 服务器，避免被伪造的 DNS 服务器解析劫持。

(3) 用好安全杀毒软件，保证定时更新。

(4) 定期检查 DNS 设置是否被篡改，保证 DNS 服务器安全。

(5) DNS 注册器使用双因素验证，并对路由器中存在的漏洞进行修补，避免危害的出现。

(6) 域名注册商和代理机构在特定时期可能成为被集中攻击的目标，应加强防范，如完善域名应急预案等。

4. 遭遇 DNS 点击劫持的解决方法

DNS 点击劫持的解决方法主要有两种：一种是在网关设备上设置正规的 DNS 服务器；第二种是依法投诉，保障合法权益。

1) 在网关设备上设置正规的 DNS 服务器

一般地，家庭或小型单位个人计算机是动态获取 IP，同时动态配置 DNS 服务器的。我们可以将网关 DNS 服务器设置成正规的服务器，以解决 DNS 点击劫持。以腾达路由器为例，修改解析服务器配置步骤如下：

首先，在地址栏中输入“http://192.168.X.1(以实际 IP 为准)”，具体访问路由器的界面如图 3-19 所示。

图 3-19 访问路由器

其次，在导航栏“更多设置”中找到“DHCP 服务器”，如图 3-20 所示。

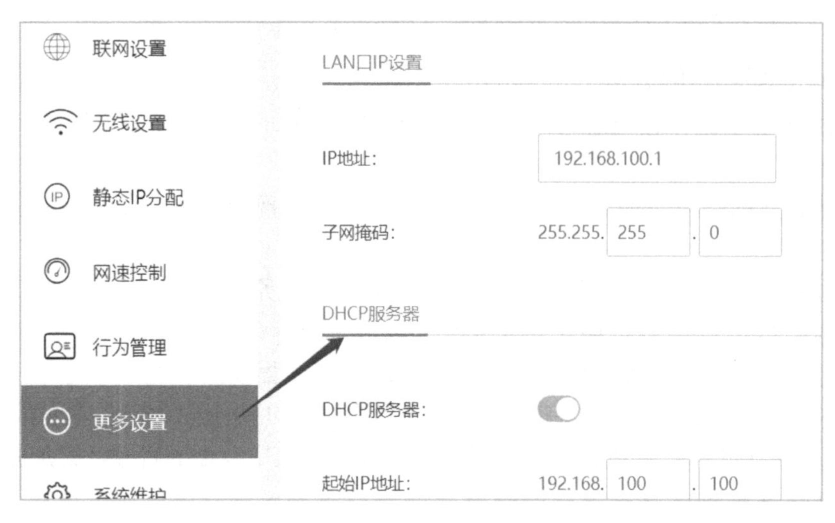

图 3-20 DHCP 服务器配置界面

最后，修改首选 DNS 地址为更可靠的 114.114.114.114(根据实际情况输入)，备用 DNS 地址为 8.8.8.8(根据实际情况输入)，保存后方可生效。修改 DNS 服务器配置界面如图 3-21 所示。

图 3-21 修改 DNS 服务器配置界面

2) 依法投诉，保障合法权益

在大家的上网经历中，很多人都遇到过类似“明明要去 B 站却显示 P 站”这样的事情。这种情况下，如果不是自身的误操作引起的问题，基本上都是遭遇了运营商的网络劫持。某地方运营商管理不严，工作人员利用工作便利与广告商进行非法合作，赚取流量。我们可以拨打投诉热线进行投诉：

(1) 电信宽带用户拨打：10000。

(2) 联通宽带用户拨打：10010。

(3) 移动宽带用户拨打：10086。

或向工信部进行投诉，投诉网址和电话如图 3-22 所示。

图 3-22　工信部服务电话和网址

3.3.6　浏览器应用安全设置

Web 应用有 C/S、B/S 两种应用模式。C/S 是客户端/服务器端的应用模式，客户端程序需要在每个客户端进行安装，管理非常不方便。而 B/S 则是浏览器/服务器端的应用模式，每个客户端只要有一个浏览器就可以访问服务器端。大多数 Web 应用选择 B/S 模式，其最大的优点是用户只需要拥有浏览器就可以了，不需要安装和管理种类繁多的客户端程序，无需再安装其他软件。所以客户端的浏览器的安全应用尤为重要。

我们经常使用的浏览器有 360 浏览器、Hacker 浏览器、火狐浏览器、谷歌浏览器等。浏览器具有智能 AI 防护，可以识别出风险网址，并且以阻断式的弹窗来提醒用户，帮助用户远离高风险网站、不良信息等，保护用户个人信息安全，保护用户财产安全。

谷歌浏览器是目前国际上公认的安全性最高的浏览器之一，具备强大的安全检测能力。谷歌浏览器在用户打开高风险网站之前就会出现相关提示，提醒用户该网站有风险，并建议用户不要继续访问。

由于浏览器也是应用程序，不可避免会存在漏洞。浏览器存在的常见安全风险包括浏览器被劫持、浏览器本身的漏洞、自动记录、浏览器插件、网络钓鱼和网页木马等，以下我们对前四种安全风险展开讨论。

1. 浏览器被劫持

上网发现打不开网页，但却可以登录 QQ、微信等软件，这是什么问题？极有可能是浏览器被劫持了。攻击者在劫持浏览器后，引导受害者访问“山寨网站”，盗取用户资料，骗取用户财物。

浏览器被劫持的解决方法主要有两种：其一，禁用或者重置浏览器设置，包括工具栏和加载项、高级选项、浏览器默认设置和隐私设置等；其二，将浏览器恢复初始状态。

2.浏览器本身的漏洞

浏览器种类繁多，安全性参差不齐，一些浏览器本身就存在漏洞，或者补丁没有及时修复，就有可能被不法分子钻空子，利用漏洞进行网络攻击。

解决的方法主要有三种：① 升级浏览器到最新版本；② 下载最新补丁；③ 安装能够进行实时监测的安全软件。

3. 自动记录

在使用浏览器访问网站页面的过程中，浏览器会自动记录下大量的信息，比如访问关键词记录、地址栏记录、历史访问记录以及缓存文件、Cookie 等。对于这个漏洞，我们可以通过清理相关记录来解决。以 360 浏览器为例，清理相关记录步骤如下：

第一步：点击浏览器右上角的“菜单”按钮(三横图标)，如图 3-23 所示。

图 3-23　点击“菜单”按钮

第二步：在弹出的菜单中，选择“清除上网痕迹”，如图 3-24 所示。

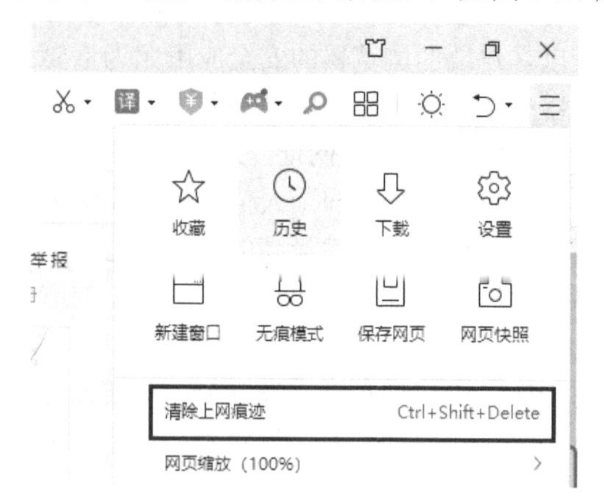

图 3-24　清除上网痕迹

第三步：根据需求删除相关数据，如图 3-25 所示。

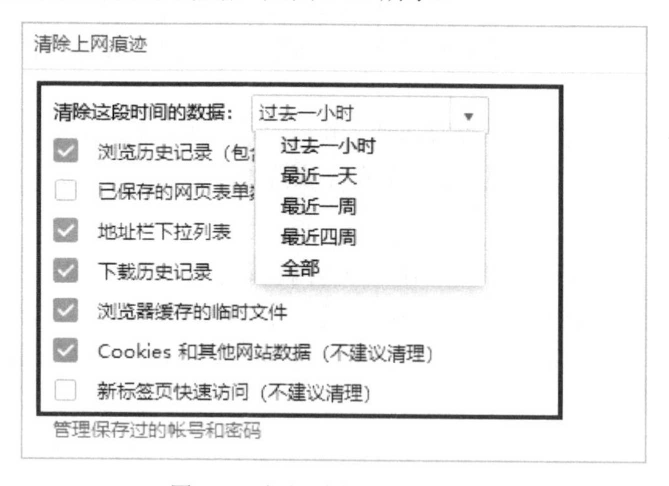

图 3-25　根据需求删除相关数据

4. 浏览器插件

浏览器插件是对浏览器起补充作用的程序。虽然插件能使浏览器的功能更加丰富，但是由于插件随着浏览器的启动可以自动执行，所以部分插件可能会与其他插件的运行程序产生冲突，造成页面报告错误，并对正常的浏览造成影响，甚至有些插件含有恶意代码。

该风险解决的方法如下：① 清理并删除多余的插件；② 下载的插件先经过杀毒软件查杀；③ 不使用插件时尽量停用。

3.4 文件安全

计算机文件(或称文件、计算机档案、档案)是一段数据流，存储在某种能够长期存储的设备或临时存储的设备中，并且由计算机文件系统管理。“长期存储设备”一般指磁盘、光盘、磁带等。“临时存储设备”一般指计算机内存。

文件安全是指：未经授权的用户不能擅自修改文件中所保存的信息，且能保持系统中数据的完整性；机密的数据处于保密状态，仅允许被授权的用户访问；授权用户能正确打开文件。

本节从文件备份与恢复、文件病毒防范、废弃文件处理、文件传输与共享安全、文件加密和文件内容安全六个方面探讨文件安全的问题。

文件加密与恢复

3.4.1 文件备份与恢复

对文件进行经常性备份是一个好的习惯，因为当原始文件丢失或被破坏时，可以通过恢复备份文件予以还原，从而切实地解决文件缺失的问题。但应该注意的是，文件备份有多种方式，其备份方式与恢复时间是存在一定联系的，所以我们应该按照实际需要来选择适当的备份方式。

1. 什么是文件备份？

文件备份是指将全部或部分文件集合从应用主机硬盘或阵列复制到其他存储介质的过程，用以防止系统操作失误或系统故障导致的文件丢失。有关文件备份的作用，我们来看两个场景。

场景一：“我在用 WPS 写文档时，习惯设置间隔半小时自动备份文件。这样，就算计算机出现异常错误，文件也不会全部丢失。”

场景二：“公司的重要资料我都会存储在两个不同的硬盘当中。这样就算其中一个硬盘出现问题，我也能通过另一个备份硬盘找到需要的资料。”

以上两个场景，都说明了文件备份的重要性。我们再来分析两个案例，看看能从中得到哪些启发。

案例

1. 2020 年 5 月，某高校一名学生在完成毕业论文之后，将终稿保存于 U 盘当中，以便后期答辩的时候使用。在答辩前一天，当他把 U 盘插入计算机时，发现 U 盘打不开了，提示出现格式错误，需要格式化才能修复。如果选择格式化 U 盘，那么存储在 U 盘的文件就找不回了，况且他又没有进行备份。眼看论文答辩就在眼前，这可如何是好？

2. 2019 年 1 月 14 日，安康铁路公安处宁强南派出所民警处理了一起电脑丢失案件。一位出差在外的某公司员工，乘坐西安北至成都东的 D1921 次列车，行至宁强南站时，上完卫生间回来，发现放在车窗边的笔记本计算机不见了。这位员工说，计算机其实并不值钱，重要的是，计算机里面存储的是一些他平日里整理好的会议资料，并且这些会议资料都没有备份，丢失了就完不成出差任务了。

案例 1 中的论文和案例 2 中的会议资料都是由于用户没有备份，影响了正常的学习和工作，甚至可能带来较为严重的损失。

2. 文件备份的重要性

很多企业的计算机中都存有重要的文件、文档或历史记录，这些资料对于企业来说至关重要。如果稍有不慎丢失了，则可能会影响到企业的正常运转，造成巨大经济损失。总体而言，文件备份的重要性体现在：

(1) 应对文件遭受破坏时发生的问题。

文件遭受破坏的案例非常多，例如曾经发生过的删库跑路、漏洞后门、系统本身脆弱性、云服务提供商故障、误操作配置、数据中心起火等事故，都发生了大量重要的文件丢失或破坏的问题。应对这样的问题，文件备份就是最后，也是唯一的方法。

(2) 文件备份能更好地保护数据。

文件备份能更好地保护数据。关键文件(比如客户资料、技术文件、财务账目、交易、生产文件等)的丢失可能会给个人或者企业造成巨大的损失。文件往往是不可再生的，只有通过备份文件才能进行恢复。

3. 如何进行文件备份

我们可以根据实际需求制定不同的数据备份策略，选择不同的备份方式。文件备份的主要方式有三种：全备份，增量备份，差分备份。

1) 全备份

全备份是指完整地备份包括所有系统和数据在内的整个系统的所有文件。全备份是最全面、最完整的备份方式，如果发生数据丢失或者损坏，可以进行完全的数据恢复。

2) 增量备份

增量备份是指每备份一次的数据，相当于上一次备份(可以是全备份一次，也可以是增量备份一次)后增加和修改的数据。这意味着，首次增量备份的对象是在做完全备份后增加与修改的文件；第二次增量备份的对象是经过第一次增量备份后增加与修改的文件。

3) 差分备份

差分备份是指每次备份的数据是相对于上一次全备份后(针对全备份而言)新增加和修改的数据。这意味着，差分备份的参照物都是最原始的全备份。

三种备份方式各有优缺点。在日常备份中，往往根据具体需求来选择一种或多种备份方式。三种备份方式的优劣对比如表 3-2 所示。

表 3-2　三种备份方式的优劣对比

备份方式	优　劣
全备份	优势：全备份包含所有文件，只需要一份存储介质就可以进行恢复工作 劣势：如果文件没有经常变更，全备份造成相当大的冗余，并且相当耗时
增量备份	优势：数据存储所需空间小，耗时短 劣势：文件存储在多个介质中，恢复时必须沿着从全备份到增量备份的时间顺序依次逐个反推恢复，这就极大地延长了恢复时间
差分备份	优势：差分备份所需时间短，并节省磁带空间，恢复时也很方便 劣势：安全性能较低，如果每天的数据变化较大，备份也比较耗时间

4. 文件的恢复

如果不小心删除了文件，或者格式化了硬盘分区，对于丢失的文件，如果没有备份还能恢复吗？

其实，对于误删或丢失的文件，在一定情况下，采用简单的回收站文件恢复和专用恢复软件恢复方法能够恢复文件。

1) 回收站文件恢复

个人计算机可以通过回收站来恢复文件，其步骤为：

第一步：右键点击“回收站”，在弹出的菜单中选择“打开”，如图 3-26 所示。

图 3-26　打开“回收站”

第二步：找到误删除的文件，如图 3-27 所示。

图 3-27 找到误删除文件

第三步：选中文件，在右键下拉菜单中选择“还原”，如图 3-28 所示。

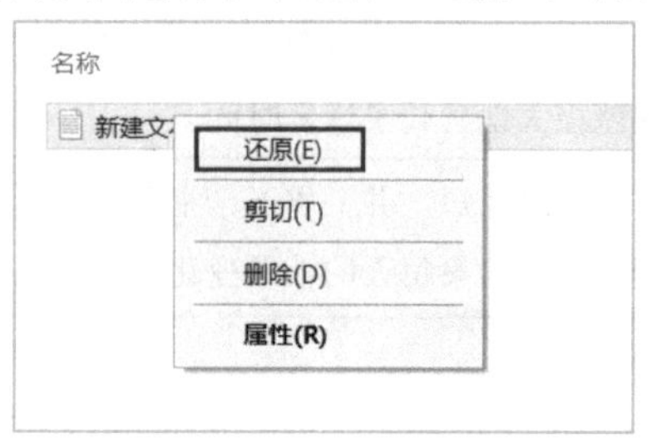

图 3-28 选中文件，进行还原

2) 专用恢复软件恢复

当回收站文件被清空，同时也没有备份文件时，就需要借助数据恢复软件来解决这个问题。数据恢复软件虽然不能百分之百地恢复全部文件，但能挽回部分文件损失。常见的数据恢复工具有超级兔子数据恢复、数据恢复精灵、DiskGenius、Easy Recovery、Recover My Files、超级硬盘数据恢复软件、FinalData 等。其中，超级兔子数据恢复工具操作界面如图 3-29 所示。

图 3-29 超级兔子数据恢复工具操作界面

数据恢复软件多种多样，但是它们的用法大同小异。大部分数据恢复软件恢复文件的步骤大致可以分为四步：

第一步：下载数据恢复软件，如数据恢复大师。

第二步：打开软件，选择“丢失的文件类型”以及它的路径，然后“扫一扫”。

第三步(此步骤属于特殊情况)：第一次扫描出来后，如果没有扫描到需要恢复的文档，则可以选择“深度扫描”。

第四步：我们在扫描结果中找到丢失的文件，然后选择并点击“Recovery”即可。

3.4.2　文件病毒防范

从 2017 年爆发至今，勒索病毒已经成为破坏性最强、影响面最广的一类恶意程序。它主要绑架用户的文件或破坏用户计算机系统中的程序，一旦中毒，用户计算机中的文件就会被加密，文件将无法使用，如果想要解开，只能交付赎金。如何防止类似勒索病毒等计算机病毒对文件的感染是本小节主要讨论的内容。

1. 文件中毒

病毒最喜欢感染文件和寄生于文件中。当病毒感染文件后，文件可能被锁定，内容被篡改，甚至被删除。被感染之后的文件可能会演变成感染源，进而感染系统中的其他程序。文件中毒后，一般会有以下特征：

(1) 文件名或后缀名被更改。例如，Autorun 病毒会将被感染的所有文件变成后缀名为“.exe”的可执行文件，感染勒索病毒的文件全部变成了后缀名为“.cerber”的加密文件。

(2) 文件大小发生改变。正常情况下，文件应该保持固定的大小，但有些病毒会改变程序文件的大小。

(3) 打开文件时出现错误。通常表现为文档无法打开、文档无法读取、文档乱码等情况。这往往是因为文档受到病毒(如勒索病毒)或恶意软件攻击，文件运行时所依赖的组件或环境被破坏了。

(4) 文件夹图标发生变化。这类病毒会隐藏真实文件夹，生成与真实文件夹同名的 exe 文件，利用文件夹图标让用户分辨不出来，从而频频感染用户的文件。

2. 如何防止文件中毒

常见的防范文件中毒的方法有及时备份、杀毒软件查杀、简单免疫和隔离沙箱四种。

1) 及时备份

及时备份不仅是预防文件感染病毒的有效方法，同时也是预防其他类型病毒的重要手段。如果文件感染了病毒并损坏，就可以利用备份文件进行恢复。

2) 杀毒软件查杀

杀毒软件(如 360 安全卫士、火绒安全等)的杀毒技术相对成熟，可对病毒、特洛伊木马病毒和恶意软件进行精准查杀，保障计算机系统的安全。

3) 简单免疫处理

模拟病毒感染文件的思路，故意在正常的程序内部打上“文件已经被感染”的标记，从而达到欺骗病毒、免疫的作用。

4) 使用隔离沙箱

下载软件或接收别人传送的程序，都可以使用隔离沙箱来运行这些安全性不明的程序。在隔离沙箱内，既可以隔离试用可能存在风险的软件，又不必担心中毒。

3.4.3 废弃文件处理

废弃文件一般指的是没有保存价值，需要进行销毁处理的文件资料。这些文件资料主要以电子和纸质的形式存在，表现为设计图纸、投标方案、电子账本、程序源码、个人隐私以及一些包含重要信息的录像带和光盘等。

1. 为什么要处理废弃文件

虽然废弃文件通常没有作用，但如果文件包含企业员工资料、企业账目资料、信用卡资料、产品设计图、销售报表、薪酬记录、医疗单据、医疗记录等高度机密的资料，一旦处理不当，就会为专门从废旧文件中收集商业秘密信息的情报人员提供充足的信息来源。除此之外，处理废弃文件还有以下三大原因。

1) 占用空间

场景："我是一名采购人员，每天需要整理一大堆文档(采购合同，清单列表，拜访人员名单等)。当项目完成之后，这些文档就没有保存价值了。但是一直没有时间处理，导致文件存放的地方都被这些废弃文档堆满啦！"

废弃文件随着时间的推移会越积越多，会占据大量空间。纸质类废弃文件如果没有及时清理，会堆积如山，占据大量物理空间；电子类废弃文件如果没有按时删除，则会消耗大量硬盘空间。

2) 容易泄密

场景："某企业保密意识薄弱，经常把企业堆积的纸质文件进行简单处理，卖到废品收购站或者直接扔到垃圾堆，导致这家企业很多敏感信息泄露，员工经常收到各种骚扰电话。"

废弃文件对公司而言并无实际价值。但是，由于其中记录了大量的信息，比如合同细则、技术文档、员工信息等，如果这些废弃文件处理不当，就会被不法分子窃取，对员工的工作和生活都产生极其不利的影响。

3) 容易混淆

场景："上次拜访客户，由于时间过于紧张，随手拿起桌面的文件就出发了，在途中才发现文件版本拿错了。原因是把放在桌面的新文件与旧文件混淆了。"

废弃文件如果没有被及时处理，而新文件又不断产生，就可能会与旧文件混淆。当我们寻找需要的文件时，会消耗更多时间，甚至出现错拿文件的情况。

2. 常见废弃文件处理方法

废弃文件处理包括废弃纸质文件和废弃电子文件的处理。一般而言，废弃纸质文件的处理方法可分为三种，废弃电子文件的处理方法主要有两种。

废弃纸质文件的处理方法：

(1) 机械粉碎：用粉碎机粉碎，将纸质文件变为纸条或小块。对于小批量的数据，可自行采用机械粉碎，确保信息不外流。

(2) 熔浆再生：将废文书重新熔化成纸浆，再造一张新纸。这种方法适用于一般书籍、报刊、纸板资料、合同文书、文书档案等废文书。

(3) 焚烧处理：采用焚烧炉对资料进行焚烧(需要在允许焚烧的环境下)。这种方法适用于任何涉密文件、保密资料、机密档案的销毁。

废弃电子文件的处理方法：

(1) 用删除软件(如 360 粉碎文件)彻底删除文件。

(2) 电子文件删除后需要彻底粉碎，并且载入其他文件(不重要的数据、视频等)进行覆盖。

3.4.4　文件传输与共享安全

文件传输(File Transfer)是指将一个文件或文件中的某一部分从一个计算机系统传送到另一个计算机系统，比如把文件从 A 计算机传送到 B 计算机。

文件共享(File Sharing)泛指在网络上主动分享自己的计算机文件，比如 A 计算机与 B 计算机互相开放权限分享文件。

三种常见的文件传输和文件共享方式如表 3-3 所示。

表 3-3　三种常见的文件传输和文件共享方式

文 件 传 输	文 件 共 享
邮件：比较常用，方便快捷	目录链接法：用户需要共享该文件的时候，只需要把对应目录的指针指向共享文件的目录即可
FTP：对文件的大小没有限制，操作比较简单	索引节点链接法(硬链接)：保存文件的物理地址链接，同时对该文件设有一个计数器，只要计数器不为 0，就代表有人引用，文件就会一直存在
Ftrans 超大文件高速传输：采用超大文件智能分段技术，大大提升超大文件传输性能	符号链接法(软链接)：创建一个 Link 文件，就和 Win 的快捷方式一样，直接保存对应目录的路径

1. 文件传输安全隐患与防范

在信息安全和文件保护方面，文件传输一直存在较大隐患，不少国内外大型企业和组织因传输文件存在安全问题而蒙受了不少损失。常见的文件传输安全隐患有：

(1) 传输不稳定。文件传输速率在网络拥堵或波动的情况下会变小甚至中断。

(2) 大文件和海量文件传输不理想。在进行大文件和海量文件传输时，没有优化的处理机制，传输中断、文件丢失等现象很容易发生。

(3) 不支持文件秒传等特殊传输需求，不支持增量传输。当上传文件比较大，比如 10 个 G 时，系统就不能做到秒传；同时，也不支持在传输过程中添加传输文件。

(4) 不存在传输加密机制，文件和数据被盗取的风险很大。

案例

2021 年 8 月，某能源集团一名员工王某接收到上级党委的一份内部文件，为了方便个人传达文件信息，直接通过个人计算机安装的某文件传输软件，将原文件批量发送给局域网内的所有同事。除此之外，王某还用手机拍摄该文件，通过微信群发的方式通知出差在外的同事。王某在传输文件的过程中，没有采取任何安全措施，从而引发该内部文件在网上大范围扩散且被炒作，使相关工作陷入被动。

针对文件传输中用户可能面临的各种威胁，如何最大限度地保护文件传输的安全性呢？我们可以考虑采用以下的防范方法：

(1) 完善文件传输防护体系。

(2) 在文件传输时要进行加密，甚至进行多次加密。

(3) 少用或不用 FTP 传输协议，优先选择 SFTP 安全传输协议。

(4) 通过安全档案传递工具传送，如镭速传输等。

2. 文件共享安全隐患与防范

文件共享是企业或组织内部文件交换的重要手段。通过 Windows 目录共享可实现文件共享，但文件共享服务存在一定的安全风险，包括身份盗用、接触病毒以及遭遇间谍软件等。

常见的文件共享安全隐患有：① 病毒或恶意软件传播的隐患；② 将个人信息置于散播风险之中；③ 无意中向未知用户提供了访问权限；④ 防火墙开放的端口被利用。

案例

2021 年 3 月，根据云盒子科技的官方报告，近期发生许多文件共享平台被攻击的案例。勒索软件团队再一次将注意力集中在文件共享的方式上，导致 30 家企业数据严重泄露，其中包括旗星银行、石油巨头壳牌、网络安全公司 Qualys、大型连锁超市 Kroger、新南威尔士州运输局以及多家航空航天公司、律师事务所和广告代理公司等。

以上案例中，由于文件共享引发的安全事件给用户造成严重的影响与损失。

目前，文件共享的安全防范方法主要还是以实施有效的访问控制手段为主，主要采用以下的防范措施：

(1) 对共享和下载的内容保持警惕，一些不明来源的下载链接、网盘与云盘共享，往往捆绑或者携带病毒。

(2) 坚持使用合法的文件共享服务。文件共享合法合理，要尽量减少非必要的共享，通过权限控制向合适的用户开放共享，同时必须保证共享的文件是无毒的。

(3) 安装并启用防火墙。即使是最简单的防火墙，例如 Windows 自带的防火墙，一旦开启，也可以减少外部扫描与探测的机会。

(4) 在工作中使用 P2P 文件共享之前，先进行检查。P2P 文件共享网络的匿名性和不确定性，使得节点之间难以建立良好的信任关系，所以网络中普遍存在“搭便车”、合谋欺诈等恶意行为。另外，网络蠕虫可以借助 P2P 文件共享网络快速传播，从而对整个网络构成很大威胁。

3.4.5　文件加密

文件加密是指对网络或计算机中的文件采用加密算法和各种加密技术进行加密处理，对在传输过程中或存储在设备内的文件进行保护，防止文件内容外泄。

文件加密起到的作用主要有：

(1) 防止网络上的私有化信息被截取、窃取。

(2) 当文件不小心泄露时，非法用户也无法破解口令密码，解读文件内容。

(3) 如果没有收信人的私钥，加密文件是解不开的，文件变成一堆没有任何实际意义的乱码。

(4) 加密磁盘、硬盘中的文件或文件夹，别人无法从中盗取资料。

1. 口令加密

口令加密经常被用于加密本地文件，通过设置复杂度更高的密码来保护文件。比如压缩包加密、WPS 文档加密、磁盘加密等。

压缩包文件加密步骤如下：

第一步：选择需要加密的文件。

第二步：单击右键，在弹出的下拉菜单中点击“添加至压缩文件”。

第三步：在弹出的窗口中，选择“添加密码”。

第四步：在弹出窗口的输入框设置密码即可。

压缩包文件加密操作如图 3-30 所示。

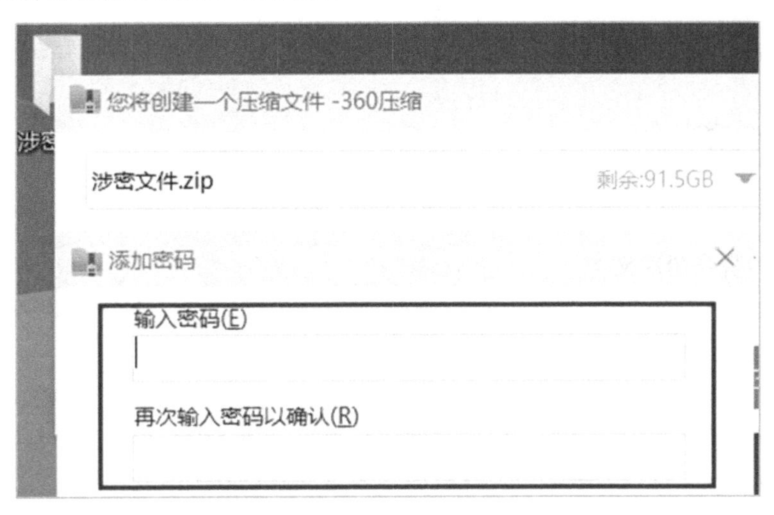

图 3-30　压缩包文件加密

WPS 文档加密步骤为：

第一步：点击“文件”。

第二步：在弹出的下拉菜单中点击“安全性”。

第三步：在相应的输入框设置密码即可。

WPS 文档加密操作界面如图 3-31 所示。

图 3-31　WPS 文档加密

2. 密码学与物理设备加密

密码学加密是指通过现代密码学技术对文件进行加密，以保障文件的安全。这种加密方式通过一定的密码学算法对信息进行加密，使其无法被窃取或修改。密码学算法加密主要有 AES 算法加密、DES 算法加密和 RSA 算法加密。

针对纸质档涉密文件，可采取物理设备加密的方法，比如将文件保存在保险箱中等。

3.4.6　文件内容安全

文件内容安全主要包括文件借览、版权确定、内容防破坏和内容添加水印等几个方面。

1. 文件内容安全定义

文件内容安全是指如何防范文件内容被盗版、内容敏感信息泄露、内容信息被篡改以及文件内容非法等。

其中，文件内容被盗版是指文件内容版权被侵犯，攻击者在没有获取版权的情况下非法获益。内容敏感信息泄露是指文件中敏感信息泄露，攻击者利用这些资料实施诈骗。内容信息被篡改是指文件内容被篡改，导致内容表达的意思发生改变；还可能是文件内容被删除，导致文件无法传达信息。文件内容非法是指内容包含暴力、诈骗、谣言等对社会和谐构成威胁的反面言论。

2. 文件借览

文件借览经常发生在我们身边，比如身边同学、同事、朋友需要浏览你的文件，借鉴你的文件撰写思路。该如何保护文件内容安全呢？

当文件被借览时，我们尽量做到如下几点：① 敏感信息要删掉(比如实验数据)；② 不要发出去全部文件，按照需求提供部分内容即可；③ 陪同在借览人身边，与其一起查看文件内容；④ 切勿发送原稿文件。

3. 版权确定

互联网上充斥着海量文件、作品和各种资源。如何判定文件资源归属于谁，如何防止文件资源被非法利用、损害原创的合法权益呢？从下面的会话中我们能获得答案。

问："我在某平台发表了一篇文章，近期发现被某公司用于广告宣传，我该怎么维权？以后再发表文章该怎么做？"

答："有关侵权的问题，可从以下几个方面维权：收集证据，最好把宣传广告保存下来；通过法律手段维护合法权益；核心内容应及时申请版权保护；在发表文章时，应在文章末尾注明原创。"

当然，在维护自身知识产权的同时，我们自己也必须尊重他人的知识产权。

4. 内容防破坏

文件内容被恶意篡改与破坏屡见不鲜，甚至在我们身边都发生过不少这样的事情。文件内容一旦被破坏，那么接收方就无法获取发送方的真实内容。可采用如下方法进行防范：

(1) 在发送时通过数字签名(一种内容信息保护技术)进行保护。数字签名(其名称对应写在纸上的物理签名)是利用公钥加密领域的技术来实现对数字信息进行鉴别的一种方法。一套数字签名通常要定义两种互补性操作，一种是签名用的，另一种是对签名进行校验用的。

(2) 接收到文件时通过校验工具进行比对。可以使用MD5校验比对工具来检验和校对文件的MD5值，以检测从网上下载的文件是否完整，源文件是否被人恶意篡改过。

(3) 文件权限设置为"只读"，即实施文件访问控制，以防止未授权的修改与破坏。

5. 内容添加水印

当需要提交相关资料给相关部门审核(如证书制作、报名资料提交)时，要防范文件内容被用于其他途径。防范的方法为：在敏感文件上打上马赛克、添加水印、声明文件用途以及提交权限为"只读"版本的文件。

添加水印是一种数码保护手段，在图片上添加水印就可以证明自己的著作权。具有安全性的数字水印，可在图像、声音、视频信号等各种数字内容中添加一定的数字信息，以达到鉴别文件真伪的目的。具有证明性的水印可以为受到版权保护的信息产品的所有权提供强有力的证据，并可以监控被保护信息产品的传播、鉴别真伪和控制非法复制的情况。

3.5　社交软件安全与网络舆情监管

社交软件的应用十分广泛，而网络舆情对社会的影响很大，二者目前所面临的安全问题不容忽视。

3.5.1 社交软件安全

社交，也就是社会交际往来。社交软件就是通过网络达到社会交际目的的软件，如微信、QQ、WhatsApp Messenger(简称 WhatsApp)、FaceBook 等。

1. 常见的社交软件

国内常见的社交软件有微信和QQ，而国外常见的社交软件有 WhatsApp 和 FaceBook。

微信是腾讯公司于 2011 年 1 月 21 日推出的一款免费应用，专为智能终端提供即时通信服务。微信提供公众平台功能、朋友圈功能、消息推送功能等。

QQ 是腾讯公司推出的一款基于互联网的即时通信软件。这款软件有很多功能，例如在线聊天、语音通话、视频通话、分享文件、网络硬盘、QQ 邮箱等。

WhatsApp 是一款用于智能手机之间通信的应用程序，支持发送和接收信息、图片、音频文件和视频信息等。WhatsApp 的全球用户量超过了 15 亿。

Facebook 是一个联系朋友的社交工具。你可以通过它与朋友、同事、同学和身边的人保持互动交流，分享上传的图片，发布链接和视频。

2. 社交软件的常见安全问题

社交软件鱼龙混杂，尤其是一些名不见经传的社交软件，往往打着“交友”的名义，对列表中所谓的“好友”进行欺骗，甚至某些社交软件诱导用户下载注册，进而窃取个人信息等。根据调查，社交软件安全问题严重。人们在使用交友软件中，经常会发生的一些安全问题及占比情况如图 3-32 所示。

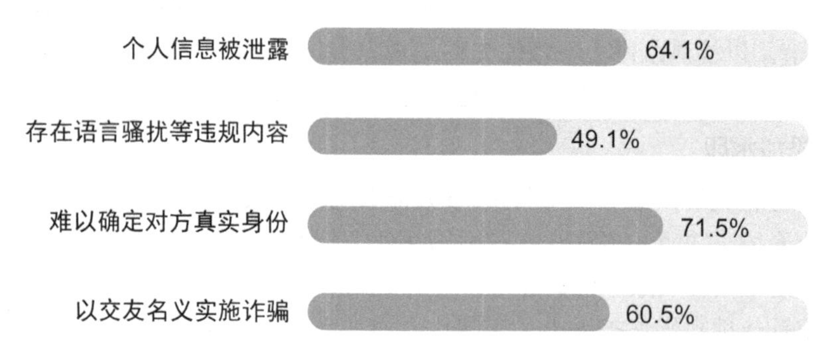

图 3-32 安全问题及占比

产生这些安全问题，主要是两方面的原因造成的。一方面，社交软件的使用存在安全隐患；另一方面，社交软件本身存在问题。

1) 使用社交软件时存在安全隐患

《中国青年报》调查统计发现，96.3%的受访者觉得使用交友软件时有必要提高警惕。从下面五位学生的表述中，我们不难看出使用社交软件时存在各种安全隐患。

(1) 周颖(化名)是北京某高校的一名大学生，下载了不少交友软件，但使用没多久就卸载了几款。她承认，自己在使用交友软件时会收到一些不太正经的短信，让自己心里很不是滋味……

(2) 李明(化名)使用社交软件时，经常遇到有一些人聊了几句就开始有些“骚话”了。

(3) 刘倩(化名)，本科生，用过两种交友软件。她说，其中一种主要面向大学生用户，既能交朋友，又能交流学习、找工作等方面的经验。另一种软件用户群体广泛，但使用体验欠佳，交友质量不高。

(4) 李想(化名)把交友软件作为自己扩大交际圈的主要途径。但是在使用这些软件的时候也会遇到一些困扰，比如网络诈骗和隐私泄露。

(5) 在北京读研的乔俊宇(化名)表示，虽然使用交友软件没有遇到过安全问题，但还是觉得会存在一定隐患，“网络上哪种人都有，个人信息最好不要透露太多，见面要慎重一些。”看到网上有人吐槽，约网友见面却遭遇酒托甚至传销骗局。

从以上例子中我们可以得到的教训是：在社交软件上随意分享日常，随意添加陌生人，这都是没有养成良好的使用社交软件的习惯。这个习惯会给我们的生活带来风险，我们必须提高警惕。

2) 社交软件设计时本身就存在隐患

在使用社交软件时，我们明明很注意个人信息防护，为什么还被人窃取信息呢？这可能是因为某些社交软件不正规，没有安全防护功能。有些社交软件在设计上本身就存在安全隐患，具体问题如下：

(1) 以功能为中心，实现社交功能即可，忽视了安全防护。

(2) 为了吸引用户，降低注册门槛。

(3) 对聊天内容不做检查、不做限制。

(4) 小众化社交软件的开发都是复用网上的开源框架，导致开发出来的社交软件漏洞百出。

(5) 对用户后台数据没有采取保护措施。

(6) 社交软件为了牟利，将某些非法网站植入其中。

(7) 某些社交软件后期维护差，被利用制作木马程序载体。

3. 社交软件安全问题解决方法

针对社交软件使用和设计方面的安全问题，我们可以采用如下方法来防范。

针对社交软件使用方面的安全问题，我们可以：

(1) 提高社交软件交友安全意识，使用交友软件要“多管”。

(2) 对骚扰性的话语零容忍，一旦发现，直接举报。

(3) 在交友平台切勿公开个人敏感信息，比如住址、QQ等。

(4) 见面需谨慎，最好不要私下见面。

(5) 切勿轻易点击陌生好友发送的链接。

(6) 切勿相信陌生好友给出的中奖信息。

针对社交软件设计方面本身的安全问题，我们可以：

(1) 在正规网站下载社交软件，切勿相信链接下载或者扫码下载。

(2) 通过杀毒软件对社交软件进行查杀。

(3) 禁止社交软件获取系统权限，如禁止获取通讯录和照片等使用权限。

3.5.2 网络舆情监管

网络舆情是指流行于互联网上的舆论，是一些公众所持的具有较强影响力和倾向性的言论和看法。这些言论和看法主要通过互联网传播。以网络为载体、以事件为核心的网络舆情，是广大网民情感、态度、意见和观点的表达、传播、互动，也是后续影响的集合体。新闻评论、播客、微博、BBS 论坛、博客、聚合类新闻、新闻跟帖、转帖等是网络舆情的主要表现方式。

1. 网络舆情管理

近年来，网络舆论对生活秩序和社会稳定的影响越来越大。通过一些引起网络舆论的事件，人们开始意识到，网络对社会监督的作用不容小觑。因此，如果处理不好，网络舆情引起的突发事件，极有可能诱发群众的不良情绪，在群众中引发过激行为，进而威胁社会稳定。

网络民意是社情民意中最活跃、最尖锐的一环，但不能把网络民意与全民立场划等号。随着网络的普及，新闻跟帖、论坛、博客的出现，中国网民的声音空前高涨，表达自己的观点和感受也更加自如。但由于网络空间的法律道德约束较弱，如果网民缺乏自律，就会导致诸如热衷于揭人隐私、造谣惑众、反社会倾向、偏激非理性、群体盲从冲动等一些不负责任的言论出现。

当出现不实言论时，及时有效地控制和减小舆情事态的扩大，是做好网络舆情管理工作的第一个先决条件。网络舆情管理的主要措施有以下几个方面：

(1) 确立政府主导权，发挥媒体监督职能作用。

(2) 巩固网络舆情理论研究，积极研发网络舆情监控软件。

(3) 把握网络舆论管理工作原则，建立健全网络舆论管理工作机制。

2. 网络舆情监控技术

网络舆情监测系统是利用搜索引擎技术和网络信息挖掘技术，通过网页内容的自动采集处理、敏感词过滤、智能聚类分类、主题检测、专题聚焦、统计分析，实现各组织机构对自身相关网络舆情监督管理的需要，最终形成舆情简报、舆情专报等，为决策层全面掌握舆情动态、做出正确舆论引导提供科学分析的依据。

近年来，我国着力于利用技术手段，实现对海量网络舆情信息的深度挖掘和分析，从而将其迅速归纳为舆情信息，以替代人工对网络舆情信息进行读取和分析的繁复工作。

与网络舆情监控相关的关键技术归纳为如下几个方面：

(1) 网络舆情收集、提炼技术。网络舆情主要是通过新闻、论坛、博客、即时通信软件等途径形成和传播的，而这些途径的载体主要是动态网页。舆情正是对这些结构松散的信息进行有效抽取得来的。

(2) 发现和追踪网络舆情话题的技术。网民讨论的话题五花八门，涵盖了社会的各个方面，如何从海量的信息中发现热点、敏感话题，并追踪其动向变化，成为网络舆情监控技术研究的热点。

(3) 网络舆情的倾向性分析手法。目前的研究主要分为两个方向：一是统计所有词汇的倾向性，根据其评分正负来判断文本的倾向性；二是目前最流行的思路，即根据词汇的倾向性训练出语义倾向分类器。后者效果好于前者。

(4) 多文件自动摘抄技术。新闻、帖子、博文等页面均含有垃圾信息，多文件自动摘抄技术可以过滤页面内容，将其提炼为便于查询和检索的概要信息。

3. 自媒体时代网络舆情监管

在网络信息技术不断更新的同时，自媒体平台在互联网上成功上线，使得民众的社交方式发生了前所未有的变革：更快的信息传递、更直观的意见表达、更方便的互动交流，使得自媒体平台不仅仅只是一个社交平台，而且还是民众与政府互动的新渠道。

随着社会进入自媒体时代，虽然民众参与政治的热情高涨，但与此同时网络舆论的监督管理问题也日益突出。主要体现在：传统与现代管理相互矛盾；个别地方政府及相关工作人员对自媒体言论消极应对；个别自媒体为提高阅读量而欺骗误导民众。

如何加强对自媒体平台的舆情监管与正确引导，成为新形势下各级政府必须积极面对的新问题。为此，我国政府部门及相关管理机构做出了很大的努力，主要表现如下：

(1) 政府部门逐渐完善相关的法律法规。

我国颁布了《中华人民共和国网络安全法》《中华人民共和国民法典》《中华人民共和国侵权责任法》以及相关法律文件，严禁利用网络进行违法犯罪活动，不得制作、传播扰乱社会治安的信息等。我国于 2013 年发布了《最高人民法院、最高人民检察院关于办理利用信息网络实施诽谤等刑事案件适用法律若干问题的解释》，对网络违法犯罪人员如何处理等问题进行了详细解读和释疑。

(2) 中国政府逐渐重视对网络的监管。

自媒体监管体系逐步完善。政府开设官方自媒体账号，与民同在，关注自媒体热门事件，积极回应并处理。《中华人民共和国侵权责任法》第三十六条对于在互联网上的舆论以及人肉搜索等行为作出了限制性规定：网络用户、网络服务提供者利用网络侵害他人民事权益的，应当承担侵权责任。

案例

1. 在 2022 年 6 月 10 日的凌晨，河北唐山一烧烤店内发生了 9 名男子暴力殴打 4 名正在吃饭的女生的一幕。此事件的监控视频被自媒体平台公布后，引起社会广泛关注，警方对此事件也高度重视。河北省唐山市公安局路北分局在其官方微博上发布警情通报，并称警方对任何违法犯罪人员都绝不放过！

2. 2022 年 6 月，某市委网信办通报了一起发布涉政违法信息案。李某多次在自己运营的自媒体平台发布涉政违法帖文，虚构事实诽谤他人，情节严重，对社会秩序和国家利益造成严重危害。市委网信办、市公安局、市扫黄打非办联合查处后，经市人民检察院提起公诉，李某的行为构成诽谤罪，被市人民法院判处有期徒刑六个月。

案例 1 中的事件发生后，犯罪人员无处可逃，在全国人民的监督之下，该犯罪团伙必将受到应有的惩罚。自媒体曝光犯罪团伙的暴力行为，让民众知晓此事，一旦发现犯罪团伙立即报警。自媒体与警方密切配合，深挖犯罪团伙背后的“保护伞”。

案例 2 中，李某为博人眼球与博取流量，屡次发布涉政违法帖文。这些不当的言论、错误理念给社会稳定带来威胁。其“粉丝”受其影响，不能树立正确的价值观。李某的行为已被查处，受到了响应的法律制裁。

3.6 移动介质安全

本节主要介绍移动介质数据安全、移动介质交互安全、移动介质物理安全和移动介质权限设置。

移动存储介质权限设置

3.6.1 移动介质数据安全

移动介质是一种能够便捷、快速地进行信息交换的载体。常见的移动存储介质有U盘、移动硬盘、软盘、碟片、存储卡等设备。移动介质安全主要包括以下问题：移动介质存储的数据被非法窃取，如复制、偷窥等；移动介质存储的数据被破坏、如篡改、删除等。常见的保护移动介质数据安全的措施为数据加密和数据隐藏。

1. 数据加密

通过加密工具加密移动介质数据，是保护数据安全的重要途径之一。Windows BitLocker是微软系统自带的加密工具。它能很好地防止数据失窃或恶意泄露问题的发生，即使在介质丢失或被盗的情况下也可以确保数据不会被篡改。利用Windows BitLocker加密数据的步骤是：

第一步：选择需要加密的磁盘，点击鼠标右键，在弹出的菜单中选择启用“BitLocker”，如图3-33所示。

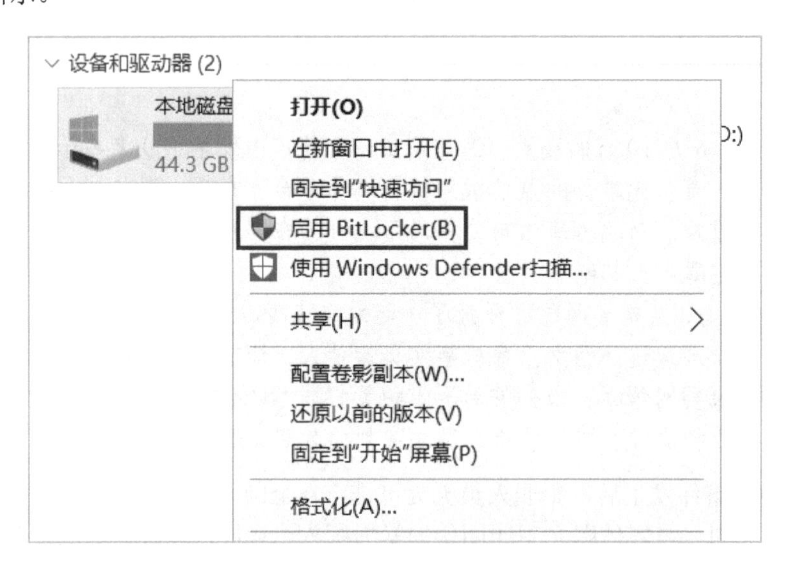

图3-33 启用BitLocker

第二步：设置密码。密码需要包含大小写字母、数字、空格以及符号，需要符合系统安全性要求。设置BitLocker密码的界面如图3-34所示。

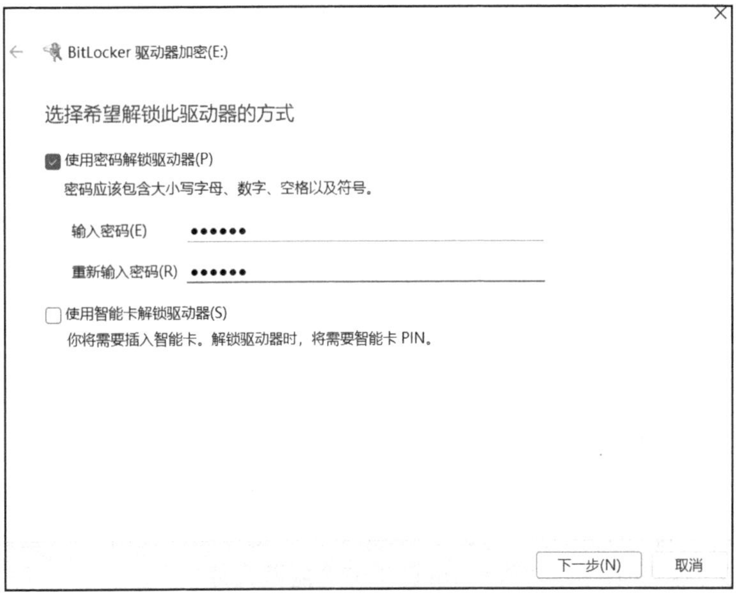

BitLocker 驱动器加密(E:)
选择希望解锁此驱动器的方式
使用密码解锁驱动器(P)
密码应该包含大小写字母、数字、空格以及符号。
输入密码(E)
重新输入密码(R)
使用智能卡解锁驱动器(S)
你将需要插入智能卡。解锁驱动器时，将需要智能卡 PIN。
下一步(N)
取消

图 3-34　设置密码

第三步：保存恢复密钥，选择“保存到文件”，如图 3-35 所示。

BitLocker 驱动器加密(E:)
你希望如何备份恢复密钥?
如果你忘记密码或者丢失智能卡，可以使用恢复密钥访问驱动器。
→ 保存到文件(F)
→ 打印恢复密钥(P)

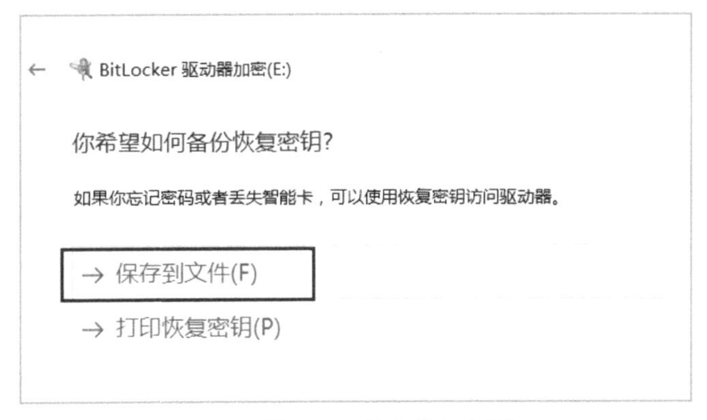

图 3-35　保存恢复密钥

第四步：设置保存文本“文件名”和“保存类型”，如图 3-36 所示。

网络
文件名(N): BitLocker 恢复密钥 6E358B8C-9282-
保存类型(T): 文本文件(*.txt)
隐藏文件夹

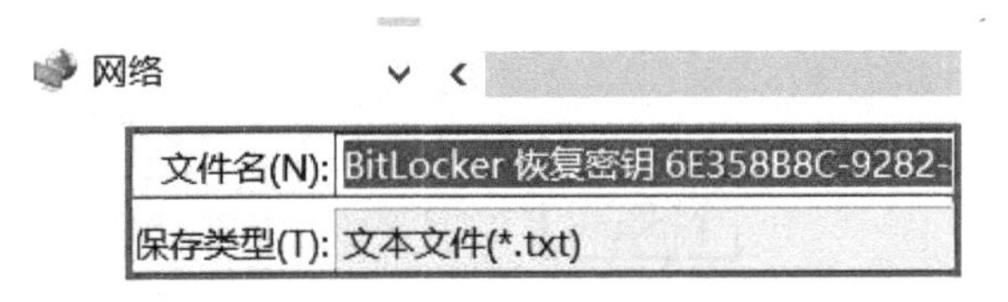

图 3-36　设置保存文本“文件名”和“保存类型”

第五步：选择加密方式。Windows BitLocker 提供了两种加密方式，用户可以根据自己的需求选择加密方式。这里选择第一种——仅加密已用磁盘空间，可提高加密速度，如图 3-37 所示。

第六步：开始加密，等待系统完成加密即可，如图 3-38 所示。

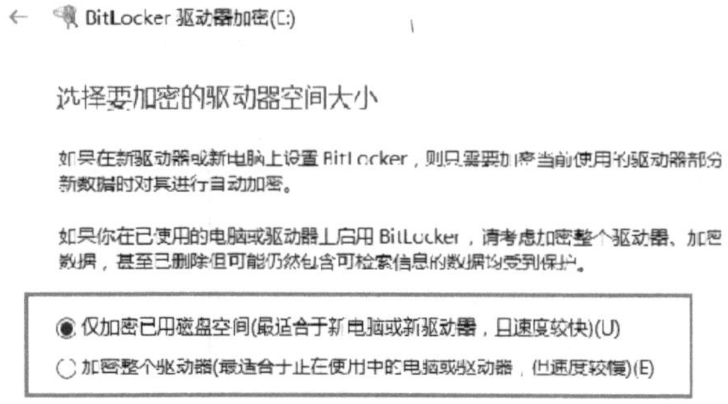

← BitLocker 驱动器加密(C:)

选择要加密的驱动器空间大小

如果在新驱动器或新电脑上设置 BitLocker，则只需要加密当前使用的驱动器部分。新数据时对其进行自动加密。

如果你在已使用的电脑或驱动器上启用 BitLocker，请考虑加密整个驱动器、加密数据，甚至已删除但可能仍然包含可检索信息的数据均受到保护。

◉ 仅加密已用磁盘空间(最适合于新电脑或新驱动器，且速度较快)(U)

◯ 加密整个驱动器(最适合于正在使用中的电脑或驱动器，但速度较慢)(E)

图 3-37　选择加密方式

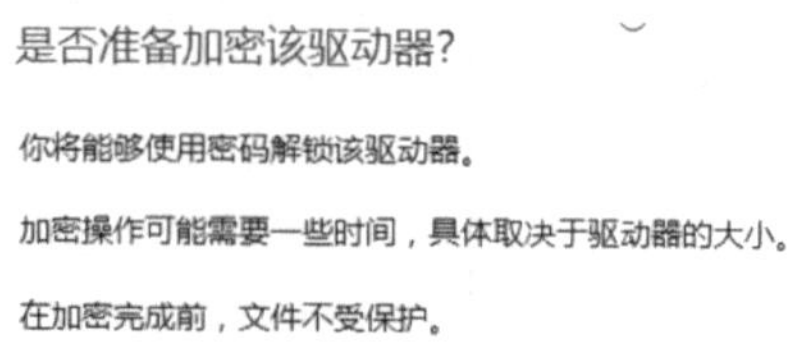

是否准备加密该驱动器?

你将能够使用密码解锁该驱动器。

加密操作可能需要一些时间，具体取决于驱动器的大小。

在加密完成前，文件不受保护。

图 3-38　开始加密

2. 隐藏文件和文件夹

利用口令加密文件能起到很好的保护效果，但口令有时记不住。如果涉密文件不想让非授权者访问，隐藏文件和文件夹也是一种很好的防范方法。我们可以通过对文件属性进行设置来隐藏文件。或者通过“PowerShell”命令隐藏文件。

1) 浅度隐藏

选择需要隐藏的文件，点击鼠标“右键”，在下拉菜单中选择“属性”，在弹出的窗口中勾选“隐藏”，就能达到隐藏文件的效果。设置文件浅度隐藏的操作界面如图 3-39 所示。

图 3-39　设置文件浅度隐藏

2) 深度隐藏

进入需要加密的文件所在的文件夹，在空白处按“Shift+鼠标右键”，选择“在这里打开 PowerShell 窗口”，然后输入“attrib+s+h 需要隐藏文件名”命令，按回车键即可，如图 3-40 所示。

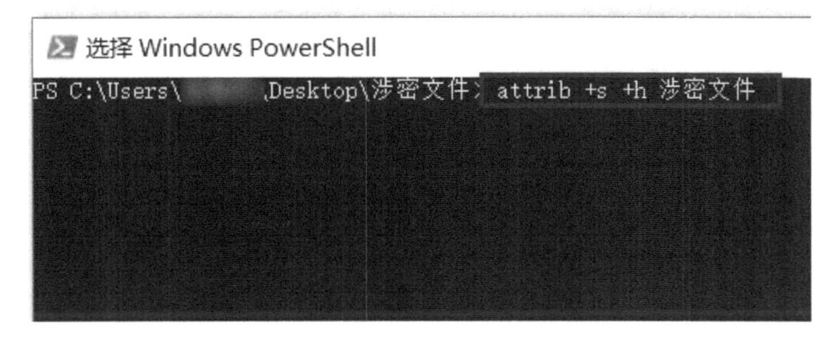

图 3-40　输入深度隐藏命令

PowerShell 是一个脚本环境的命令行外壳程序，内置在每个受支持的 Windows 版本(Windows7、WindowsServer2008R2 或更高版本)中。

3. 隐藏磁盘分区

为了更好地保护计算机磁盘中的重要信息，磁盘分区是可以隐藏的。轻松隐藏磁盘分区的方法有四种：使用磁盘管理隐藏磁盘分区、使用分区助手隐藏磁盘分区、使用命令提示符隐藏磁盘分区、修改注册表隐藏磁盘分区。

下面以使用磁盘管理隐藏磁盘分区为例进行介绍。其步骤如下：

第一步：如图 3-41 所示，按下“WIN+R”键，在弹出的窗口中输入“diskmgmt.msc”后按回车键。

图 3-41　输入“diskmgmt.msc”

第二步：右键点击想要隐藏的分区，在弹出的下拉菜单中选择“更改驱动器号和路径”即可，如图 3-42 所示。

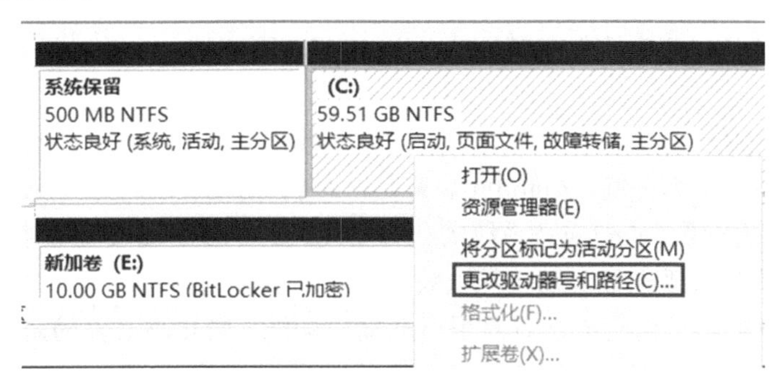

图 3-42　更改驱动器号和路径

第三步：在更改驱动器号和路径的窗口点击“删除”按钮，如图 3-43 所示。

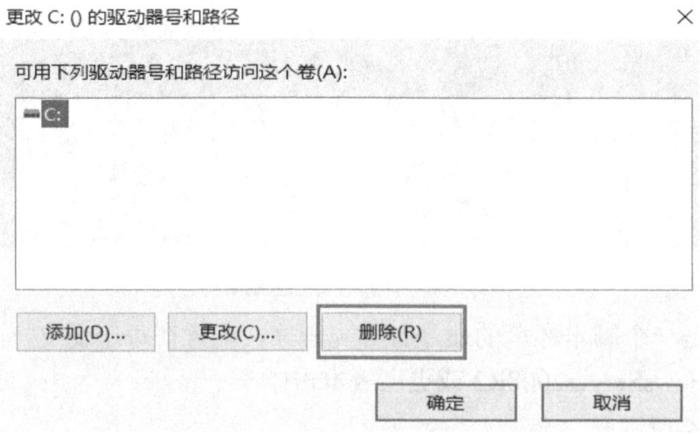

图 3-43　删除驱动器号

第四步：在弹出的磁盘管理窗口中选择“是”，即完成隐藏分区设置，如图 3-44 所示。

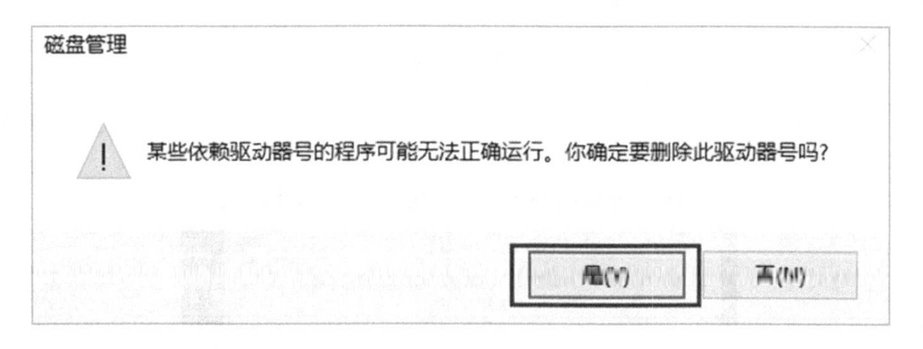

图 3-44　确认“删除”

3.6.2　移动介质交互安全

数据在不同的存储介质之间进行交换，称作移动介质的数据交互。在公共场所如网吧、机房等环境，使用公共设备进行不同介质之间的数据交互时，需要防范病毒的写入与数据被窃取，在交互过程中保证数据的安全。

主要安全措施有：① 在公共场合尽量把移动介质设置为在使用时打开写入保护的形式；② 尽量选择大型正规场所的公共设备；③ 在公共设备上使用过的移动介质，在接入个人计算机时一定先用杀毒软件扫描，再启用；④ 加密文件，即复制到介质内的文件应自动加密。

由于移动介质是传播病毒的有效途径，所以在数据交互过程中，需要注意病毒的传播。其中以 Autorun 病毒最为普遍。Autorun 病毒是一种常见的 U 盘病毒。“Autorun”的本意是“自动运行”。该病毒是 Windows 系统的一种自动运行的文件命令，主要用于移动介质的自动运行，因其方便性现在被滥用，导致安全问题时有发生。

针对 Autorun 病毒的防范方法有停用自动播放功能、禁止不必要的启动项目。必要时，删除 autorun.inf 文件，清理介质所有被感染文件(杀毒软件查杀)等。

案例

2022年4月10日，南方plus客户端报道了一则消息：王某是某科技公司员工，出差在外计算机发生了故障，直接送去维修。但是他又着急处理公司文件，只能暂时去网吧处理。当他把公司硬盘接入网吧计算机的时候，发现弹出“获取某某权限”的内容，王某着急处理工作的事情，毫不犹豫选择“接受”。突然，硬盘文件内容被全部格式化。

以上案例中，王某随意选择公共设备处理公司内部文件，这是不可取的行为。硬盘接入公共设备时，要开启硬盘写入保护权限。计算机送去维修时，要对硬盘的文件进行加密保护。

3.6.3　移动介质物理安全

本节主要介绍移动介质常见的物理安全问题及安全防护方法。

1. 移动介质常见的物理安全问题

移动介质(这里以硬盘为例)的物理安全问题一直备受关注。外界的冲击力量、潮湿环境、暴力插拔等因素会严重影响移动介质的使用寿命与存储数据的安全。

硬盘常见的物理安全问题主要体现在两个方面：

(1) 硬盘怕“摔”。

硬盘被“摔”，轻则导致磁道划伤，数据丢失，重则不能开启系统。这主要是由于剧烈的碰撞会使硬盘的机械部件相互影响，刮伤金属盘片，造成数据的损坏和丢失。如果损坏的恰好是系统的重要数据，那么计算机就不能顺利开机了。

(2) 强关电源很伤“机”。

硬盘在工作时，一般都是在高速旋转状态下运行，如果突然关闭电源，就如同让高速行驶的车辆急刹车一样，很容易在磁头和盘片之间产生剧烈摩擦，造成数据的破坏。

2. 移动介质的安全防护方法

移动介质的安全防护方法有如下四个方面：

(1) 注重移动介质硬件保护，必要时可以添加保护壳。

(2) 使用时轻拿轻放，平稳放置，避免破坏硬盘内的指针。

(3) 移动介质与设备脱离时，先在设备上点击“退出”，再拔出来。

(4) 存放移动介质的环境要适合，如防尘、防潮等；防止气温不稳定；防止磁的消解；尽量不要与带强磁场的物品长时间靠近，如音箱、马达、微波炉等。

3.6.4　移动介质权限设置

对移动介质权限进行安全规则与安全策略的设置，可以使用户只能访问被授权的资源，体现最小化权限管理思想，以最大程度地保障移动介质自身安全，确保存储在其中的数据的三大基本安全属性(机密性、完整性、可用性)不遭受破坏。

从下面的会话中，我们可以得知对移动介质实施权限管理，能减少文件中毒等情况的发生：

问："我们公司对公共硬盘实施权限管理，大家就只能在权限范围内实施操作。自从实施以来，很少出现硬盘文件被误删，中病毒等情况了。"

答："对公共硬盘实施权限管理很有必要，有时不小心操作失误，还好系统提示说权限不够，要不然就出大麻烦了。"

移动介质有四种访问权限模式：完全控制、修改、读取和写入。可以按照角色进行权限管理。Administrator、System 可以通过系统安全属性设置权限，如图 3-45 所示。

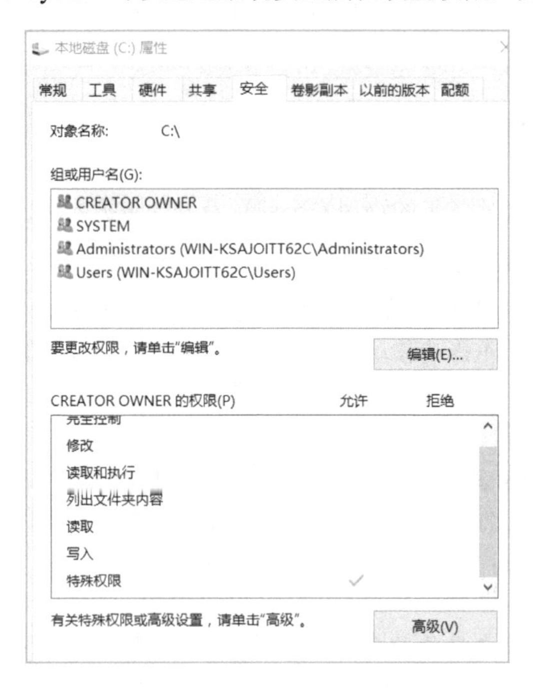

图 3-45　通过系统安全属性设置权限

也可以通过专用工具 NTFS Permissions Tools 对文件夹进行权限设置。NTFS Permissions Tools 的操作界面如图 3-46 所示。

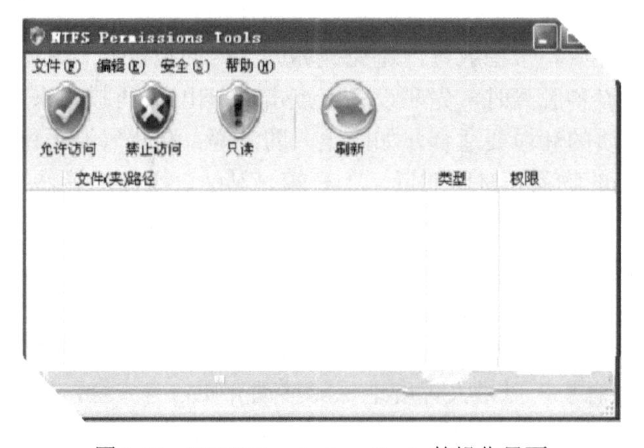

图 3-46　NTFS Permissions Tools 的操作界面

3.7　移动终端应用安全

本节主要介绍移动终端应用安全，包括移动终端安全风险、移动终端安全设置和移动终端废弃处理三大部分的内容。

3.7.1　移动终端安全风险

移动终端包括移动电话、笔记本计算机、平板计算机、POS 机、车载计算机等，我们也将之称为移动通信终端，是指可以在移动中使用的电子设备。但大部分情况下移动终端是指具有多种应用功能的智能手机。移动终端常见安全风险有手机木马程序、山寨 WiFi 热点、恶意扣费、资源消耗、验证码泄露、手机丢失等。

1. 山寨 WiFi 热点

黑客冒充店铺等场所名称，提供假冒的热点信息。用户如果贸然连接就有泄露信息的风险。免费 WiFi 热点攻击的一般过程如图 3-47 所示。

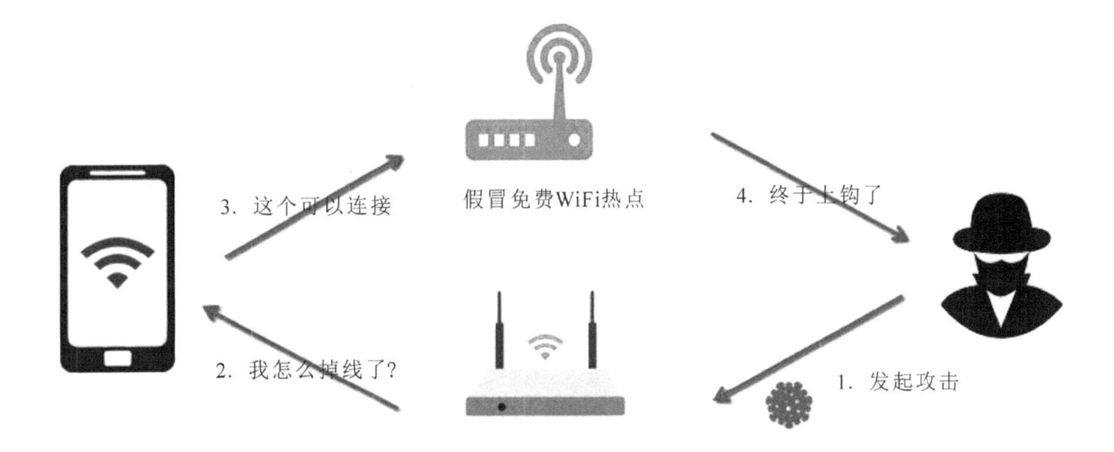

图 3-47　免费 WiFi 热点攻击的过程示意图

黑客在公共场所设置免费钓鱼 WiFi 信号，当用户的手机或笔记本计算机连接上这些免费网络后，通过流量数据的传输，黑客就能轻松盗取用户手机或笔记本计算机里的照片、电话号码、各种账号密码等个人隐私信息。

2. 资源消耗

手机在正常使用期间运行速度突然降低，切换屏幕出现严重卡顿等情况，那么手机可能被安装了恶意软件。恶意软件会消耗手机系统资源。恶意软件消耗手机资源的情况可以通过手机中的“清除缓存”“清除存储”以及安装“360 手机卫士”等操作进行查看和处理，如图 3-48、图 3-49 和图 3-50 所示。

图 3-48　清除缓存

图 3-49　清除存储

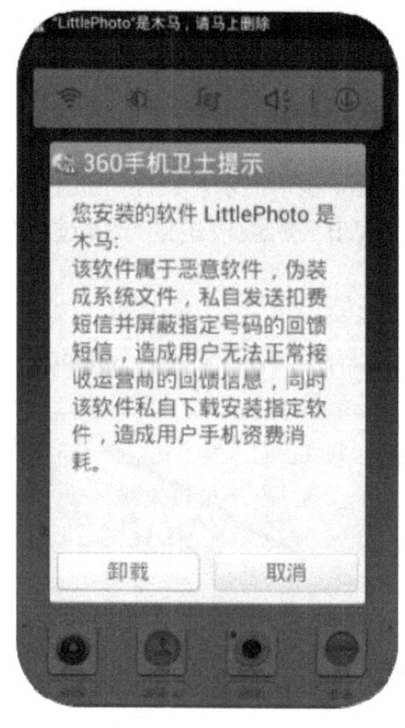

图 3-50　360 手机卫士

3. 其他安全风险

其他安全风险包括手机木马程序、恶意扣费、验证码泄露和手机丢失等。

(1) 手机木马程序。利用手机木马程序获取用户手机的 ROOT 权限，从而对用户的支付宝、银行卡等账户密码信息进行检测。

(2) 恶意扣费。在用户不知情或未授权的情况下自动订阅手机增值业务，使用手机支付功能消费，自动通过其他方式扣除用户资费，自动订购各类收费业务。

(3) 验证码泄露。非法分子通过社工病毒或者植入木马程序等手段，获取手机实时验证码，从而盗取手机用户各种类型的账号密码。

(4) 手机丢失。手机卡内存有大量个人信息，一旦泄露，后果难以想象。

以下我们通过两个案例来理解移动终端应用中的安全风险。

案例

1. 2021 年 4 月 9 日，央视一则《免费分享 WiFi 涉嫌非法获取用户信息》的报道，将免费分享 WiFi 程序推上风口浪尖。调查发现此免费共享 WiFi 程序的手机用户量已经高达 3 亿多。央视报道称，这种免费分享 WiFi 程序涉嫌非法获取用户手机隐私信息，并通过收集到的资料进行广告促销。4 月 12 日，工信部随后发布通报，要求对免费共享 WiFi 程序的开发团队展开调查。

2. 2017 年 1 月，一起以盗窃罪入刑的恶意扣费案在深圳一审宣判，被告人王某通过恶意扣费软件窃取 600 万手机用户 6700 余万元话费，被判处有期徒刑 15 年，并处罚金 400 万元，其余同案 15 人也均获刑。此举标志着不法分子通过手机软件进行恶意扣费的行为已触犯刑律，最终将被法律制裁。

3.7.2　移动终端安全设置

移动终端安全设置很重要，一是可以防止中毒，二是可以防止非法软件权限过大，造成隐私的泄露，三是可以防止银行账号被窃取，造成不必要的损失。

移动终端安全设置包括设置手机锁屏密码、安装手机管家、安装国家反诈中心 APP、进行支付安全设置、及时处理手机异常、谨慎辨别公共 WiFi 真实性、激活远程定位和擦除功能、设置 SIM 卡密码、备份手机数据等。

1. 设置手机锁屏密码

设置手机锁屏密码是保护手机数据安全的重要方法之一。现在的智能手机支持多种形式的密码设置，大幅度提升了手机的安全性能。

锁屏密码类型分为 4～8 位数字口令、自定义数字 + 字母口令、图案口令、混合口令等若干种。

生物识别分为人脸识别、指纹识别、声音识别、瞳孔识别等几种方式。手机设置生物识别的操作界面如图 3-51 所示，人脸识别设置的操作界面如图 3-52 所示。

图 3-51　“生物识别和密码”操作界面　　图 3-52　人脸识别设置操作界面

2. 安装正版手机管家

安装正版手机管家能够保障手机的安全性。常见手机管家有腾讯手机管家、360 手机卫士、华为手机管家、百度手机卫士等。

手机管家可以实现拦截骚扰、查杀病毒、加密隐私、管理软件权限、手机防盗和安全防护、监控用户流量、清理空间、体检加速、管理软件等功能，其重要功能说明如下：

(1) 拦截骚扰：对骚扰电话和短信进行自动智能拦截。

(2) 查杀病毒：建立防护墙，防止病毒入侵手机，实现手机安全无缝隙防护。

(3) 加密隐私：加密重要隐私信息，确保不泄露个人隐私，做到全方位隐私保护。

(4) 管理软件权限：对手机权限进行管理，防止 APP“越界”。

3. 安装国家反诈中心 APP

国家反诈中心 APP 除了能让更多用户提高防骗意识外，还内置了快速报案等功能，帮助用户轻松识破诈骗电话以及各种诈骗信息，保护生命财产安全。

它的下载安装流程如下：① 打开手机 AppStore，搜索“国家反诈中心”并安装；② 注册，完善个人信息；③ 开通“来电警示”；④ 运用欺诈举报功能。

国家反诈中心 APP 的主要功能有：

(1) 验证交易对方身份真实性。使用社交软件交友时，对对方的身份进行辅助验证。使用社交软件转账时，对对方的身份真实性了如指掌，防止丢失财物。

(2) 收获专属防骗知识：测试您的被骗风险指数，防患未然；查看最新诈骗案例，提升防骗能力。

(3) 举报非法可疑电信诈骗：用户在使用手机的过程中，如果发现钓鱼网站，可以在“我要举报”模块中举报可疑的手机号码、短信、诈骗 APP 等。

(4) 核验支付风险：确认对方聊天账号在社交场景中是否涉及诈骗，提高警惕，避免点击或观看钓鱼网站等诈骗信息。确认对方在向好友或他人转账时所使用的账号是否为诈骗账号，以免造成资金风险。

4. 进行手机支付安全设置

我们在用手机进行日常支付时，经常会使用到免密支付，接受自动扣费服务等。久而久之，可能不知不觉就将支付软件与其他 APP 进行绑定，无形中就把支付权限授予了这些 APP。及时关闭手机支付中的“免密支付”很有必要。以下以微信为例，讲述如何关闭扣费服务，具体操作步骤如下：

第一步：点击“我”，进入微信服务管理界面，如图 3-53 所示。

图 3-53 微信服务管理界面

第二步：点击“服务”，进入微信支付管理界面，如图 3-54 所示。

图 3-54　微信支付管理界面

第三步：通过点击“扣费服务”查看微信绑定的扣费 APP。查看微信中绑定的扣费 APP 情况的界面如图 3-55 所示。

图 3-55　查看微信绑定的扣费 APP

第四步：关闭微信扣费服务。关闭微信扣费服务操作界面具体如图 3-56 所示。

图 3-56　关闭微信扣费服务

5. 及时处理手机异常

当手机出现异常时，如电话账单出现一些莫名其妙的收费，有非正常短信和网络活动，手机锁屏情况下出现一些应用活动的时候，千万不能掉以轻心，要检查并处理异常情况。需做以下排查：

(1) 检查下载的应用程序与手机运行环境是否一致，切勿将安卓应用程序下载到苹果手机上。

(2) 检查异常程序是否为正版程序，如果发现是盗版程序，立即卸载。

(3) 排查过后如发现应用程序正常，就需要检查系统是否被木马程序破坏。必要时需要更新或者重装系统。

6. 谨慎辨别公共 WiFi 真实性

默认关闭移动终端的 WiFi 自动连接功能，不接受陌生蓝牙、红外线等无线请求。在必须连接公共 WiFi 时，不能进行网上购物、网银转账或其他敏感操作。

7. 激活远程定位和擦除功能

当手机或电话卡丢失后，应第一时间拨打运营商电话挂失，拨打银行电话冻结手机银行，解绑支付宝，解绑微信。同时通过远程定位功能锁定手机。

8. 设置 SIM 卡密码

SIM 卡密码又叫 PIN 码，SIM 卡设置 PIN 码之后，一旦手机丢失，就可以防止他人将 SIM 卡插入其他手机上使用，可以有效防范不法分子利用手机验证码修改用户的社交账号和各类 APP 的密码。

以安卓 10 为例，在设置界面中，找出“安全和锁屏”这一项，点进去，展开“高级”选项，就能看到“SIM 卡锁定”这个功能，SIM 卡的 PIN 码就可以在里面设置。

9. 备份手机数据

把手机数据备份到计算机上。以安卓手机系统为例，先进入“手机”→“开发者选项”的设置，勾选“USB 调试”，在计算机端任意安装一个手机管理软件，比如腾讯手机管家。等待软件对手机进行识别，确认正确识别后，点击下方“常用工具”中的“备份恢复”图标，系统开始进行备份恢复，对手机数据进行备份。

3.7.3 移动终端废弃处理

目前，移动终端更新迭代速度加快，旧手机、旧计算机如何处理已经成为大家关注的问题之一。个人信息泄露的事情不断发生，其主要原因之一就是用户对于废弃的移动终端没有妥善处理。当然，究其根本原因，还是我们的信息安全保护意识太薄弱的问题。

1. 移动终端废弃处理必要性

移动终端如手机、平板计算机等设备里面都存有大量的个人敏感信息，如果废旧移动终端处理不当，会导致隐私泄漏。有时就算删除了废弃终端里面的数据，不法分子通过拆解手机的零件还可以进行恢复。下面来看一个案例。

“上次我把废弃的手机和平板计算机卖给了电子商城，里面的照片和重要文件我已经全部删除。但是最近老是收到各种陌生电话，甚至微信被无数广告推销人员添加。个人猜测可能是变卖的废弃终端里面的信息没有处理干净，个人信息已经泄露了。”

2. 移动终端废弃处理不当存在风险

移动终端废弃处理不当会为今后的个人信息安全埋下隐患。以下为移动终端废弃处理不当的几种方式以及存在的风险：

(1) 随意变卖。

废弃移动终端变卖可以增加经济来源，这是无可厚非的。但是没有经过处理直接变卖的话，里面的数据、个人信息都有可能被泄露。

(2) 摔碎处理。

直接将废弃移动终端摔碎，也只能破坏移动终端硬件部分。不法分子可以通过技术进行恢复，重新读取移动终端里面的数据。

(3) 直接赠送他人。

废弃移动终端直接赠送他人使用隐患大。如果使用者不怀好意，会借用你的身份进行诈骗或者实施其他非法活动，有关案例参考如下。

案例

1. 2021 年 12 月，深圳打工的美女小迪(化名)最近在玩陌陌时，无意间发现自己拍的私密艺术照居然出现在其他陌陌号的相册里。这些私密照从不示人，这让她惊恐不已。自己的私密照怎么会跑到别人那里去呢？通过仔细回想，她记起来这些照片是存在自己原先那个手机里的，上个月换了新手机后就把那个手机卖给手机店了。可自己明明在转卖之前把手机里的资料删完了，又恢复了出厂设置，这些照片又是哪里来的？

2. 2021 年 5 月 17 日，《人民日报》读者版报告称：随着智能手机的迅猛发展，消费者更换手机的频率越来越高，很多人都会把旧手机拿出来卖。但处理不好，旧手机很可能成为泄露个人信息的源头。网络安全专家表示，恢复出厂设置，对文件进行简单的“删除”，对信息的删除并不彻底。一些不正规的二手手机买家会将手机中“已删除”的个人信息进行恢复，然后将之转卖给一些不法分子进行电信诈骗等活动。

3. 移动终端废弃处理正确流程

移动终端废弃处理正确流程为：

(1) 重要软件如微信、支付宝等的认证要从废弃终端抹除。以微信为例，微信抹除认证的步骤：我的→设置→账号与安全→登录设备管理→编辑→删除所有设备。

(2) 恢复出厂设置。苹果系统恢复步骤为：设置→通用→还原→抹除一切与设置相关的内容。安卓系统恢复步骤为：设置→搜索“恢复出厂设置”，点击“恢复出厂设置”即可。

(3) 废弃终端存储空间覆盖。当恢复出厂设置之后，打开相机，拍摄无关风景，让产生的新内容覆盖原有空间或者下载无关视频进行覆盖等。

课后习题

一、选择题

1. 下列不属于网络钓鱼攻击的是(　)。

A. 邮件钓鱼　　B. 网页钓鱼

C. 电话钓鱼　　D. 模拟钓鱼

2. (多选)网络诈骗是指以非法占有为目的，利用互联网，采用虚构事实或者隐瞒真相的方法，骗取数额较大的公私财物的行为。由此可见，网络诈骗的特点是(　)。

A. 行骗面广　　B. 异地行骗

C. 隐蔽性强　　D. 虚拟化

3. 关于应用安全的概念，说法最正确的是(　)。

A. 应用安全就是个人计算机的应用安全

B. 应用安全就是保障软件安全

C. 应用安全就是手机应用商店安全

D. 应用安全的概念是指通过安全操作或策略，消除不同实体在应用期间存在的安全隐患，保障各种设备、程序、文件、介质等在使用过程中和结果的安全性

4. 操作系统安全的基础是建立在(　)。

A. 安全安装　　B. 安全配置

C. 安全管理　　D. 以上都对

5. 关于网络舆情的概述，说法错误的是(　)。

A. 网络舆情以网络为载体，以事件为核心

B. 网络舆情对政治生活秩序和社会稳定的影响与日俱增

C. 网络舆情突发事件如果处理不当，极有可能诱发民众的不良情绪

D. 网络舆情不应受到监管，而应畅所欲言

6. 下列(　)软件不能给文件加密。

A. WinRAR　　B. SSReader

C. Vopt　　D. Windows 优化大师

7. 通过 BitLocker 对数据进行加密，能保障数据的安全性。下列关于 BitLocker 工具的概述，说法错误的是(　)。

A. BitLocker 安全性比较低

B. BitLocker 通过 TPM 的帮助，保护 Windows 操作系统用户数据安全

C. BitLocker 能确保计算机即使在被盗的情况下，数据也不会被篡改

D. BitLocker 是计算机自带的加密工具，可以加密驱动器、U 盘等移动设备

8. (多选)Autorun 病毒是一种 U 盘病毒，对其进行安全防范的措施有(　)。

A. 停用自动播放功能

B. 禁止不必要的启动项目

C. 必要时，删除 autorun.inf 文件

D. 清理介质中所有被感染的文件

9. 关于移动终端的理解，错误的是(　)。

A. 移动终端就是手机

B. 移动终端又称为移动通信终端

C. 移动终端包括手机、笔记本计算机等

D. 在多数情况下，移动终端指具有多种应用功能的智能手机

10. 移动介质物理安全问题一直备受关注，下列不属于移动介质物理安全问题的是(　)。

A. 木马程序　　B. 虫蚁

C. 潮湿　　D. 灼烧

二、 简答题

1. 降低应用安全风险的策略有哪些？

2. 在日常生活中，如何防范个人计算机中病毒？(言之有理即可)

3. 请谈谈邮件钓鱼防范技巧。(言之有理即可)

4. 如何避免文件共享安全问题的发生？(言之有理即可)

第4章　病毒与木马程序

近年来，以计算机病毒与木马程序为代表的恶意代码攻击呈现出智能化、多样化、传播迅速的态势，给社会各界带来巨大的影响与损失。因此，充分地认识计算机病毒与木马程序，科学地制定安全策略，合理地实施防范措施，对于我们有效地控制计算机病毒与木马程序安全风险意义重大。本章从计算机病毒与木马程序的概念、基本原理、传播方式以及如何防范计算机病毒与木马程序几个方面来探讨。

学习目标

1. 知识目标

了解计算机病毒发展的历史和趋势；理解计算机病毒的定义、分类、特征、结构和传播方式；掌握计算机病毒与木马程序的攻击原理；掌握计算机病毒检测、清除及其防护方法。

2. 能力目标

能辨别计算机系统是否感染计算机病毒；能用正确的方式进行计算机病毒与木马程序的检测分析；具备一定的计算机病毒与木马程序的防范能力。

4.1　病毒与木马程序概述

本节将探讨计算机病毒与木马程序两类重要的恶意代码。主要介绍计算机病毒与木马程序概念、种类以及两者的发展历程等基础知识。

病毒与木马程序介绍

4.1.1　病毒与木马程序介绍

首先，我们通过一个案例来初步了解计算机病毒的表现与其危害性。

案例

2006年，李俊编写的“熊猫烧香”病毒在计算机上迅速传播，用了不到一年的时间感染了上百万台计算机。病毒程序编写人李俊将病毒卖给了120人，凭借病毒获利10万元。一只双目微闭憨态可掬的熊猫，手里拿着三根香，这是“熊猫烧香”病毒的图标。这只熊猫可以给计算机造成很大的破坏，对于很多计算机用户来说它曾经是一场噩梦。当年被称为“毒王”的“熊猫烧香”病毒因其传染力巨大，只用了两个月就侵入了数百万人的计算机，造成大量的网站崩溃、计算机死机。

问题：

1. 计算机病毒是什么？
2. 计算机病毒有哪些危害？

1. 计算机病毒的定义及特征

计算机病毒(Computer Virus)是指一组计算机指令或程序代码，它能够自我复制。当它编制或插入计算机程序时，能够破坏计算机功能或破坏数据，影响计算机的正常使用。计算机病毒又被简称为病毒，以下提到的病毒均指计算机病毒。

病毒具有自我繁殖的能力，具有相互传染的能力，也具有激活再生的能力。这是病毒的重要特点，它可以用受病毒感染的文件副本替换其他可执行文件，同时它还可以附着在多种类型的文件上，如果文件被复制或由一个用户向另一个用户传输时，它们就会随着文件一起扩散。

作为一种极具危害性的程序代码，破坏性巨大而且很难根除是病毒的特点，我们需要予以重视。只有通过充分地认识病毒，了解其特性与原理等知识，才可进行针对性的防治。

一般情况下，病毒具有以下几个方面的特征：

(1) 感染性。病毒的传染性也叫感染性，是计算机病毒的根本属性。能不能把自己复制到其他程序中，这是判断一个程序是否为病毒程序的主要依据。病毒可以从已经被感染的计算机上通过各种方式传播到没有被感染的计算机上。从而破坏正常计算机中的文件完整性，甚至引起正常计算机瘫痪或失灵。

(2) 潜伏性。病毒如果是被精心设计的，一般进入计算机后不会马上发作，而是藏在系统里，在不被用户所发现的情况下，趁机感染系统文件，继而对其他系统造成感染。有些病毒就像定时炸弹，事先设定好发作时间，或者设置好触发机制。比如“黑色星期五”病毒，不到病毒设定的时间是无法觉察出来的，只有等到条件具备时才会爆发开来，对系统进行破坏。

(3) 隐蔽性。病毒隐蔽性强，通常会附于正常程序或磁盘中，或以短小、精练的隐含档案形式呈现。有的通过杀毒软件就能查出来，有的根本查不出来，时隐时现，变化多端，这样的病毒是很难对付的。通常需要进行代码分析，才能将其与正常程序区别开来。

(4) 破坏性强。病毒属于可执行程序。而病毒的执行实际就是程序的执行，它通过占用计算机系统资源，使得计算机的工作效率大幅降低。另外，计算机感染病毒后，计算机可能出现以下问题：正常程序无法运行、计算机中的文件被删除或遭到破坏等。

2. 木马程序的定义及其工作原理

木马程序，全称是特洛伊木马程序(Trojan Horse)，英文简称Trojan，在计算机安全学中，木马程序是指一种表面或实际上具有某种功能的计算机程序，该程序同时也包含有控制用户计算机系统，危害系统安全的隐蔽性功能。

黑客利用特洛伊木马程序来远程控制用户的计算机系统，同时它具有隐蔽性和非授权性，是具有欺骗性的恶意程序。在一定程度上，该木马程序可能导致用户资料泄露、损毁或系统整体崩溃。典型的特洛伊木马程序有灰鸽子、网银大盗等。

特洛伊木马程序的程序架构一般采用的是 C/S(客服端/服务器)模式。所以一个完整的木马程序包含服务端(服务器部分)和客户端(控制器部分)两个部分。作为响应程序植入目标主机的是服务端；作为控制目标主机的一部分，客户端程序被安装在控制者计算机上，用于连接服务端程序，对远程计算机进行监视或控制。

木马程序的基本工作原理或流程是这样的：

(1) 黑客制作并上传木马程序到目标系统。

(2) 目标主机运行服务端程序后，程序开启默认端口监听。

(3) 当客户端(控制端)向服务端(受控端)提出连接请求时，客户端的请求由受控主机上的 Trojan 程序自动响应。

(4) 服务端与客户端建立连接后，客户端(控制端)就可以向服务端(被控端)发出完全控制指令，其操作与本机在被控端主机上操作的权限几乎完全一样。

木马程序的基本工作原理如图 4-1 所示。

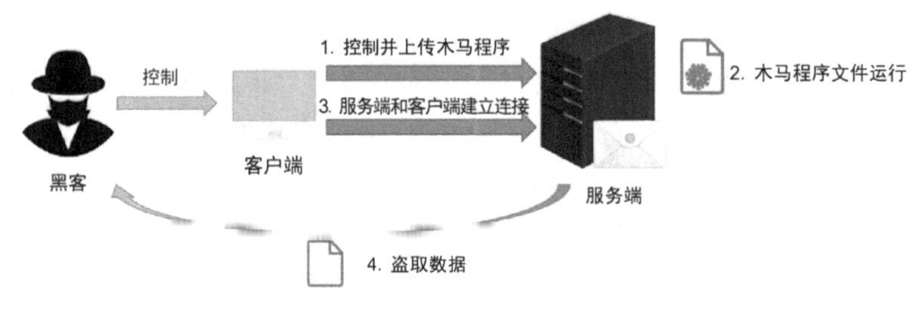

图 4-1　木马程序的基本工作原理

3. 病毒与木马程序的区别

病毒与木马程序都属于具有危害性的恶意程序，也都会在一定程度上给计算机系统带来危害。在某些情况下，木马程序也可被称为病毒。但是两者在基本特性、目的、危害性等方面存在有一定的区别。病毒和木马程序的主要区别如表 4-1 所示。

表 4-1　病毒与木马程序的区别

比对项	病　毒	木 马 程 序
基本特性	具有传染性，可以感染桌面计算机也可以感染网络服务器，具有自我复制特性	具有一定的诱导性，但不能复制自身，不“刻意”地去感染其他文件
目　的	主要以破坏数据，破坏软硬件为目的	主要以偷窃数据，篡改数据为目的
危害性	病毒在激发的时候直接破坏计算机的重要信息数据，病毒还在计算机内部自我复制，导致计算机内存的大幅度减少，病毒运行时还抢占资源，干扰了系统的正常运行	计算机或者服务器一旦被植入木马程序，那么木马程序操作者就可以远程控制计算机，远程控制开启计算机的外围设备，可以监听电话，打开摄像头，打开录音，获取通讯录，上传、下载手机内任意文件。如果是挖矿木马程序攻击，还可能会造成业务系统中断的后果

4.1.2　病毒与木马程序的种类

病毒与木马程序的种类

依据传播方式或使用场景的差别，我们可将病毒与木马程序分为不同的种类。针对不同种类的病毒与木马程序，往往需要采取不同的查杀与防御手段。

1. 病毒种类

根据传播方式的不同，可以将病毒分为导入型病毒、文件型病毒、混合型病毒三大类。

(1) 导入型病毒是指病毒寄生在磁盘导入区或主导区，利用操作系统的引导模块存储在某一固定地址，而且操作系统的控制权不是基于操作系统的引导区域的内容，而是基于物理位置的转移。病毒在启动时拥有控制权，只要对该物理位置进行覆盖即可，在病毒程序执行完毕后，控制权交给真正的启动区内容，让这个带有病毒的系统看起来运转是正常的。但是，病毒实际上一直隐藏在这个系统里，等待着传播和发作的机会。常见的大麻病毒、火炬病毒、2708 病毒等都可以归类为引导型病毒。

(2) 文件型病毒主要是修改计算机的源文件，使之变成带毒的新型文件。它主要传染计算机系统中的命令文件(*.com)和可执行文件(*.exe)等。一旦计算机运行了被感染的文件，病毒就会调用自己的代码进行操作，以达到传播的目的。

(3) 混合型病毒是指运用技术手段将引导型病毒与文件型病毒进行合并，使其兼具两种类型的病毒特性，并以二者相互促生的方式进行传播。所以混合型病毒传染性更强，破坏性也更大。因为这种病毒既能传染导入区，又能传染可执行文件，病毒的传染性和存活率都得到了很大的提高，所以其传播范围更广，清除起来的难度也更大。

2. 木马程序种类

根据使用场景的不同，木马程序可分为以下几大类：

(1) 网游类木马程序。这类木马程序的目标是获取用户的账户密码，通常使用记录用户键盘输入、HOOK 游戏进程 API 等方式来达到目的。

(2) 网银类木马程序。以盗取用户在线交易系统卡号、密码，甚至是安全证书为目标而编写的木马程序，被称为网银类木马程序。

(3) 下载类木马程序。这类木马程序一般体积较小，主要用于其他大型病毒程序的下载传播或广告软件的安装。

(4) 代理类木马程序。通过 Http、Socks 等代理服务功能，将被感染的计算机作为跳板，植入代理类木马程序后，黑客能够以被感染用户的身份进行系统操作。

(5) FTP 类木马程序。这类木马程序能够将被控制计算机的 FTP 端口打开，从而在无需密码的条件下获取系统的最高权限，进而能够对文件进行上传、下载。

(6) 通信类木马程序。这类木马程序主要通过即时通信软件的文件传输功能配合社会工程学来进行木马程序种植，从而盗取用户的资料。

(7) 网页点击类木马程序。模拟用户对广告进行恶意点击等动作，网页点击类木马程序短时间内就会造成成千上万的点击次数。

4.1.3 病毒与木马程序发展历程

各种病毒与木马程序随着计算机技术的发展和网络攻击防范手段的加强，也在不断进行迭代升级。

1. 病毒发展历程

随着计算机技术的发展，新的病毒也不断出现。另一方面，随着病毒防范手段的变化，病毒为了存活也在不断“变异”。总体而言，可以将病毒的发展分为六个阶段。

第一个阶段是原始病毒阶段。该阶段处于1986—1989年间，当时计算机网络处于发展的初级阶段，计算机应用软件少且多为单机版本，在这样的条件下病毒种类有限且传播困难，相对容易清除。该阶段病毒的特点主要包括：攻击对象单一；主要通过截取系统中断向量的方式监视系统运行状态，在一定条件下对目标进行传染；该阶段病毒程序没有自我防护功能，容易被分析和破解，危害较小。

第二个阶段是混合型病毒阶段。该阶段处于1989—1991年间，复杂化是该阶段病毒的发展方向。随着计算机局域网的应用和普及，病毒迎来了首个流行高峰。该阶段病毒的主要特征包括：攻击目标有混杂的倾向；采取更隐蔽的方式在内存和传染目标中留存，进而发起攻击；病毒在传播到目标后无明显特征；病毒很多具备自我防护能力；多种病毒变种的出现等。

第三个阶段是多态性病毒阶段。多态性病毒的主要特点是每次传染目标时，大部分放入宿主程序的病毒程序是可以改变的，这个阶段的病毒增加了杀毒软件的查杀难度，病毒也在这个阶段向多维化方向发展。例如，1994年出现的“幽灵”病毒就属于该阶段的病毒。

第四个阶段是网络病毒阶段。该阶段处于20世纪90年代中后期，随着互联网的全球化发展，传播速度快、隐蔽性强、破坏性大的网络病毒相继出现，也正是从这一阶段开始，杀毒行业开始萌芽，并逐渐形成新兴的大规模行业。该阶段的病毒案例包括依靠互联网传播邮件病毒、宏病毒等。

第五个阶段是主动攻击型病毒阶段。该阶段的两个典型的病毒代表分别是：2003年出现的“冲击波”病毒和2004年流行的“震荡波”病毒。该阶段的病毒危害性非常大，病毒利用操作系统的漏洞进行攻击型扩散，用户只要连接到互联网络，在不需要任何媒介和操作的条件下就有被感染的可能。

第六个阶段是手机病毒阶段。随着移动通信网络的飞速发展，手机终端的数量也在高速增长，手机也被赋予了越来越多的功能，病毒也开始由传统的计算机网络进入移动通信的网络世界。与计算机网络相比，手机终端具有覆盖面广、数量巨大的特点，所以一旦爆发高传染力的病毒，其危害性和影响力比计算机病毒更大。

2. 木马程序发展历程

木马程序随着计算机技术的发展进步很快。随着时间的推移与木马程序查杀技术的进步，木马程序的伪装技术与免杀能力也处于不断演变提升之中。迄今为止，木马程序已经进化了三代；按照木马程序免杀的演变历程，木马程序的免杀技术已经发展出四种。

1) *按照时间的演变历程*

第一代是伪装型木马程序。该木马程序通过伪装成合法程序的方式诱骗用户上当。1986 年，出现世界上第一个木马程序——PC-Write 木马程序。此木马程序一旦运行成功，磁盘就会被格式化。

第二代木马程序是 AIDS 木马程序。1989 年，第二代木马程序出现，AIDS 发明者向他人发送含有木马程序的软盘。此木马程序隐藏在软盘中，当软盘被运行时，木马程序也随之运行，会将硬盘加密并锁死，并告诉用户需要花钱解决木马程序。

第三代特洛伊木马程序是一种网络传播类木马程序。这一代木马程序兼具伪装和传播这两种特性，利用的网络是 TCP/IP 协议。在互联网中快速传播，且可以一定程度上免于被查杀。

2) *木马程序免杀的演变历程*

随着不断升级的杀毒软件和安全防护系统，普通的木马程序已经很难以正常发挥其功能了。为了更好地躲避杀毒软件和防护系统的拦截，木马程序通过各种技术手段(如加密、变形等)伪装自己，从而躲过检查。

下面以一句话木马程序<? Php @eval($_POST['shell'])；? >为例来说明木马程序免杀技术的演变情况。经典的一句话木马程序，特点是短小精悍，功能强大。但也极易被反病毒软件识破。为了很好地伪装与保护自己，一句话木马程序也经历了如下的演变：

第一种演变：函数替换。将“经典一句话木马程序”中的函数替换成其他具有相同功能的函数，在一定程度上可以躲过根据函数查杀木马程序的软件。如：将<? Php @eval($_POST['shell']);? > 中的 eval() 函数替换成 assert() 函数，变成< ?Php @assert($_POST['shell']);?>。

第二种演变：特殊编码。例如通过编码工具对一句话木马程序中的 eval()函数或 assert()函数进行编码替换。编码方式可选择 BASE32、BASE64 等方式，最后在运行前进行解码即可。

第三种演变：隐藏附着。将一句话木马程序隐藏在图片或文件中，从而绕过正常的木马程序查杀。木马程序隐藏在图片中的示例如图 4-2 所示。

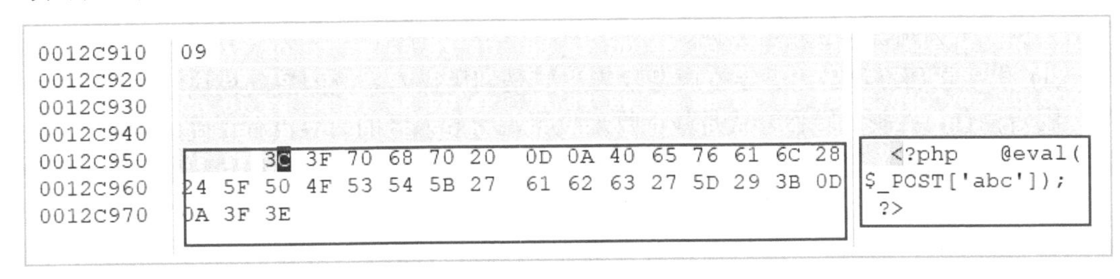

图 4-2　将木马程序隐藏在图片中

第四种演变：动态二进制加密。技术难度更大，在一定程度上能绕过 WAF 或者其他网络防火墙的检测。

3) *病毒与木马程序发展趋势*

病毒与木马程序发展十分迅猛。总体而言，呈现出了如下态势：

(1) 智能化演变。安全研究人员发现一种智能化的新型病毒与木马程序，该病毒与木马程序通过恶意软件形式入侵计算机，在植入之后会自行判断感染主机的配置高低，然后再决定演变为何种攻击形态展开攻击，其攻击方式为：① 病毒感染配置较高的主机，就会化身为挖矿病毒，通过发布指令使被感染的主机成为挖矿设备。② 病毒感染配置较低的主机，就会化身为勒索病毒，会使用密钥锁定数据，用户需要交纳一定的赎金，才能换回解密的钥匙。

(2) 自动化演变。病毒与木马程序 24 小时自动地监测系统，当系统开放了可以利用的端口或者运行了相关服务，病毒与木马程序立刻按照预定的程序执行，完全不需要人为干预。病毒与木马程序都嵌入了自动化脚本，能够自动选择执行时间和执行路径，甚至能自动隐藏自己(如自动结束进程，删除自身等)来躲避杀毒软件的查杀。

(3) 快速化演变。病毒与木马程序一旦感染系统，迅速蔓延至系统全部文件，对所有文件造成破坏。病毒与木马程序对 0Day 或 1Day 漏洞敏感度高，能在第一时间利用漏洞，发起攻击。

4.2 攻击原理与传播方式

本节主要探讨病毒与木马程序的攻击原理，伪装形式，传播方式，以及隐藏手段等知识。

病毒与木马程序攻击原理

4.2.1 病毒与木马程序攻击原理

病毒与木马程序的攻击原理存在较大的差别。一般而言，计算机病毒可能以单个程序为主，而木马程序往往采用远控手段，需要客户端与服务端程序相配合。以下对病毒与木马程序的攻击原理分别予以阐述。

1. 病毒攻击原理

不同种类的计算机病毒，其攻击方式是不同的。以下以引导型病毒攻击与文件型病毒攻击为例，来分别说明其攻击原理。

(1) 引导型病毒攻击。引导型病毒攻击主要是利用操作系统的启动模块将病毒存储在某一固定位置，控制的转移方式是基于物理位置，对导入区的内容没有正确的判断，因为病毒占据这个物理位置可以获得系统控制权，真正的导入区的内容是被转移的，甚至是替换的。在病毒程序执行完毕后，把控制权交给真正的启动区内容，让这套带有病毒的系统看起来运转正常，而病毒一直隐藏在这个系统里，等待着传播和发作的机会。感染引导型病毒的启动过程如图 4-3 所示。

图 4-3 感染引导型病毒的启动过程

(2) 文件型病毒攻击。文件型病毒攻击主要是利用被感染的文件在执行时，趁机夺取程序的控制权以实施破坏操作，执行完毕后交还控制权给被感染程序。文件型病毒的攻击过程如下：

首先，驻留在内存中的病毒检查系统的可用内存情况，检查内存中是否已经存在病毒代码，如果不存在，就在内存中装入病毒代码。

其次，装入后执行病毒的一些预设功能，比如破坏功能，显示信息或者病毒精心制作的动画等等，对于驻留在内存中的病毒来说，执行这些功能的时间，也许就在开始实施之时，也可以是满足某个条件的时候，比如说定时或者当天的日期是 13 号恰好又是星期五等等。为了实现定时操作，病毒往往会修改系统的时钟中断，以便在合适的时候激活。

再次，执行完后将控制权交回被感染的程序，还原并调用原来的程序。对于驻留在内存中的病毒而言，驻留时会把一些 DOS 或者基本输入输出系统(BIOS)中断，同时指向病毒代码。

2. 木马程序攻击原理

木马控制程序是典型的一种客户机/服务端程序，攻击者将木马程序植入到用户的计算机中，实现对服务器的远程控制，其攻击的过程如下：

(1) 攻击者构造木马程序。攻击者通过命令，木马程序生成工具或者自己编写一个木马程序，保存在本地。利用工具构造木马程序的示例如图 4-4 所示。

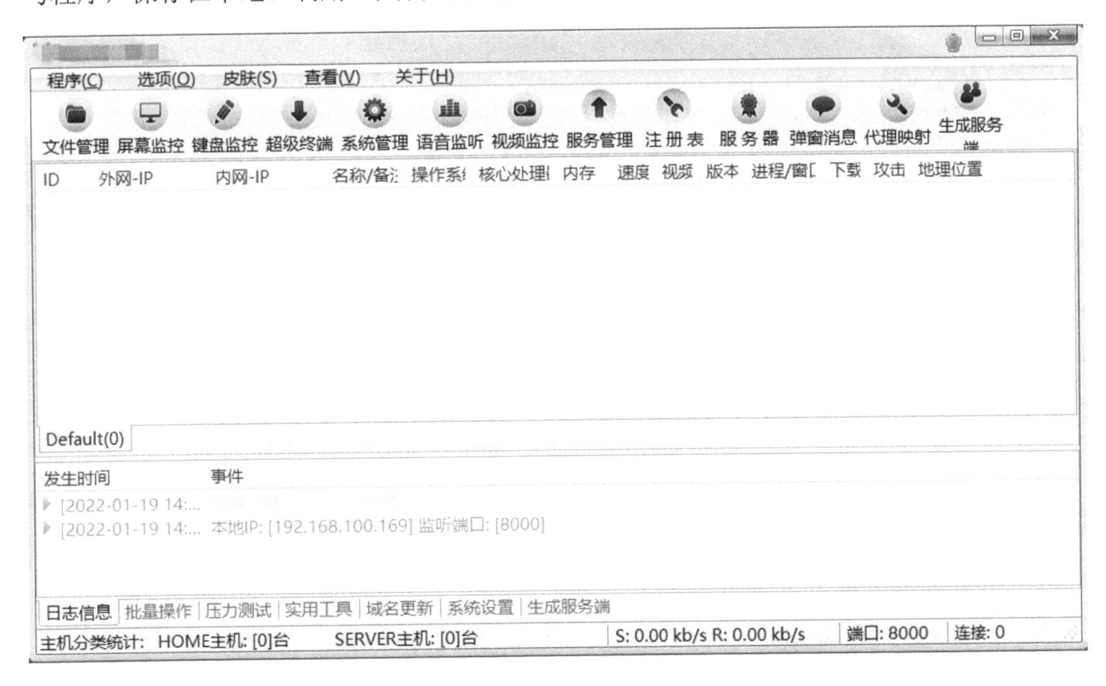

图 4-4　利用工具构造木马程序

(2) 攻击者上传木马程序。攻击者配置木马程序后，将其上传到目标主机。上传方式包括：以附件形式将木马程序夹在邮件中向外发送，将木马程序捆绑在软件安装程序上以及通过 QQ 等通信软件进行传播。发送带有木马程序邮件的示例如图 4-5 所示。

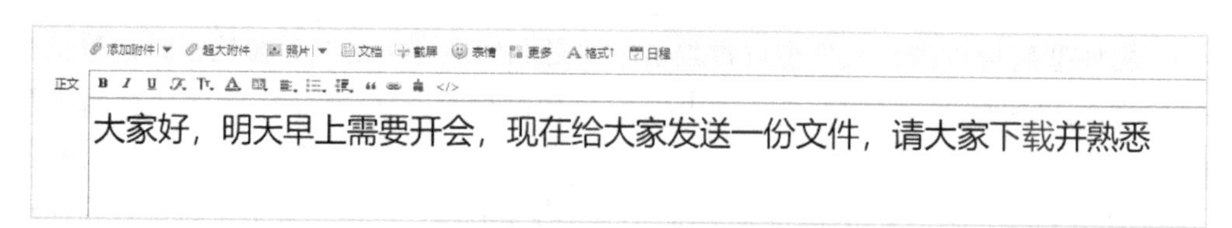

图 4-5 发送带有木马程序的邮件

(3) 攻击者引导用户运行木马程序。用户在不知情的情况下，点击攻击者发来的链接或者双击捆绑木马程序的应用程序，木马程序随之启动。

(4) 攻击者建立连接。攻击者可以根据提前配置好的服务器地址、定制端口来建立连接。建立木马程序连接的操作界面如图 4-6 所示。

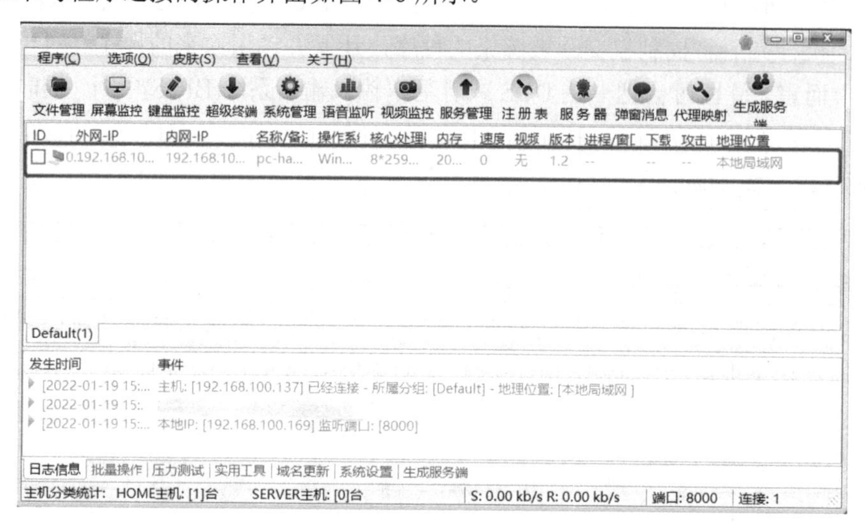

图 4-6 建立木马程序连接

(5) 攻击者实施远程控制。选中受害者主机，并单击左上角“屏幕监控”按钮，就能够实现对服务端的远程控制。攻击者实施木马程序远程控制的结果如图 4-7 所示。

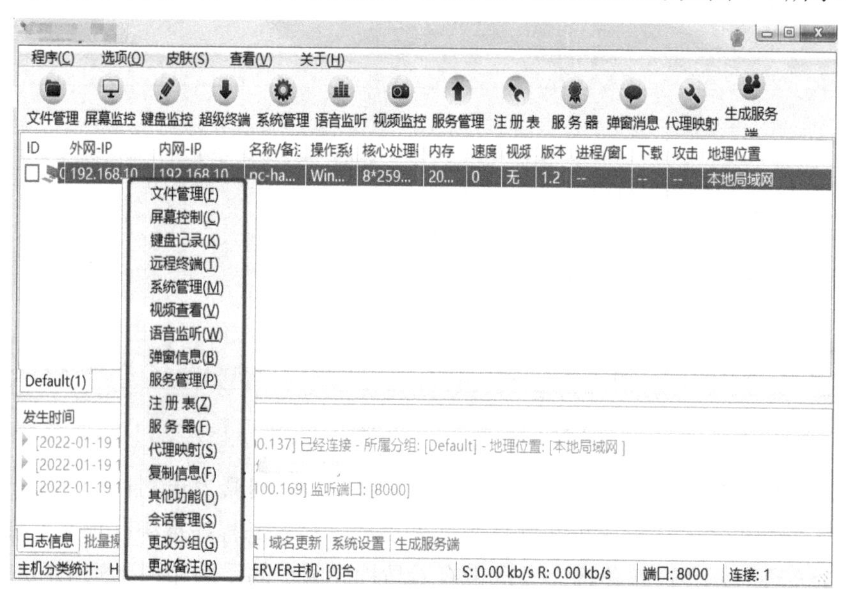

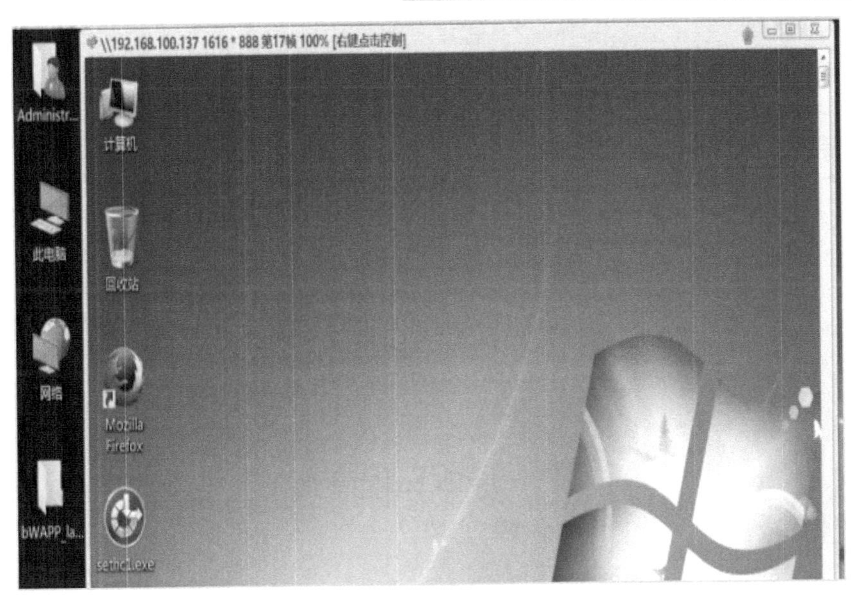

图 4-7　攻击者实施木马程序远程控制

案例

一部功能简单、价格实惠的老年手机竟然也会隐藏着危险。2020 年 11 月，浙江的小朱在给自己 80 多岁的奶奶买老年手机两个月之后，在一次查询话费的过程中发现了严重的问题，他发现该手机收不到验证码，最后选择报警。

警方经多方论证，确认奶奶的老人手机里自带木马程序。该程序能够识别、获取手机中的所有短信，并能够根据关键词进行屏蔽，最终将需要的短信上传至其所在的服务器。警方的侦查是根据被劫持验证码的短信流向进行的，最终确定犯罪嫌疑人。经过警方调查，老年手机受害人遍及全国各地，有超过 330 万台的老年手机被吴某的公司非法控制，犯罪嫌疑人吴某通过这些手机获取验证码 500 多万条，获利 790 多万元。警方透露，不仅仅是老人用的手机，一些带有通信功能的儿童手表也需要注意这类木马程序被植入的可能性。

问题：

1. 手机验证码被窃取会造成哪些危害？
2. 您认为老年机用户应该如何预防这类事件的发生？

病毒与木马程序伪装形式

4.2.2　病毒与木马程序伪装形式

病毒与木马程序为了躲避病毒扫描程序或防病毒软件的查杀，通常会使用一些诸如修改图标、捆绑文件等手段来伪装自己。

病毒与木马程序常见的伪装形式如下：

(1) 通过修改图标的手段伪装。对病毒或木马程序的图标进行修改，伪装成其他类型的文件，以达到欺骗用户的目的。一些木马程序生成工具可以将服务器端木马程序的图标改为 HTML、TXT、ZIP 等格式，具有相当的迷惑性。修改图标的示例如图 4-8 所示。

图 4-8　修改图标

(2) 通过捆绑文件的手段伪装。将病毒或木马程序捆绑到正常的安装程序中，当安装程序运行时，病毒或木马程序偷偷地植入系统中，而用户并不会察觉。也可以将病毒或木马程序和一张图片捆绑，当用户打开“图片”时，病毒或木马程序就会在后台不知不觉地运行。捆绑木马程序的文件的示例如图 4-9 所示。

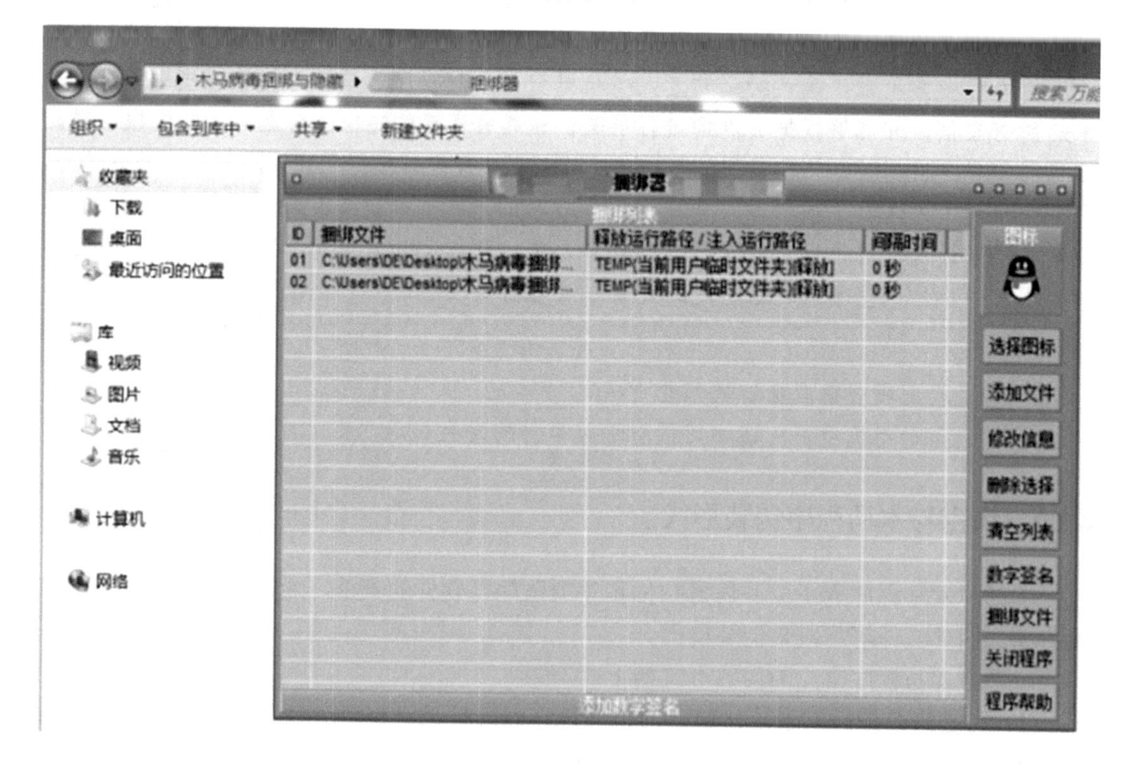

图 4-9　捆绑木马程序的文件

(3) 通过修改出错显示的手段伪装。大多数病毒与木马程序文件执行时，没有任何反应，有经验的用户容易判断出可能是病毒或木马程序。所以，病毒或木马程序设计者通常会在程序中添加出错显示的功能，当服务端用户打开病毒或木马程序时，会弹出由攻击者定义错误内容的错误提示框，这些错误内容多半会被定制成一些诸如“已被破坏的文件，无法打开！”等信息，当服务端用户信以为真时，系统后台就可以运行病毒或木马程序。病毒或木马程序修改出错显示后的提示情况如图 4-10 所示。

图 4-10　病毒或木马程序修改出错显示后的提示

(4) 通过定制端口的手段伪装。很多老式的病毒或木马程序端口都是固定的，这给判断文件或程序是否感染病毒或木马程序带来了便利，只要对特定端口进行检查即可知晓。因此，很多新型病毒或木马程序都加入了自定义端口的功能，控制端用户可以在 1024～65535 之间任意选择一个端口作为病毒或木马程序端口。(一般不选择 1024 以下的端口，因为这些端口都是不容易伪装的常用端口，会给判断所感染的病毒或木马程序类型造成困扰。) 病毒或木马程序定制端口的情况如图 4-11 所示。

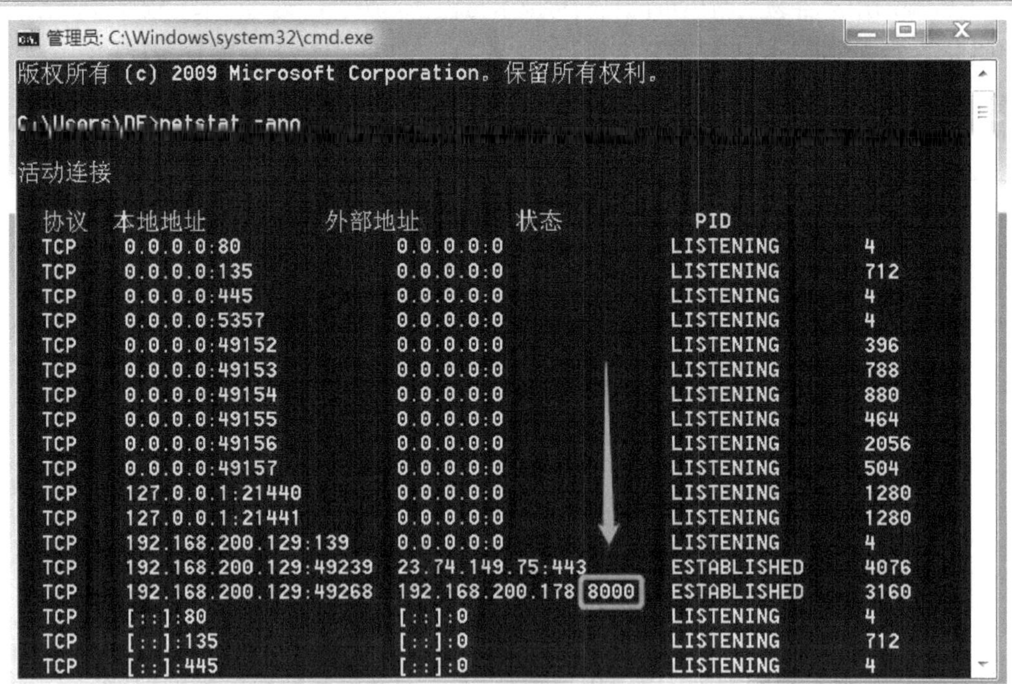

图 4-11　病毒或木马程序定制端口

(5) 通过自我销毁的手段伪装。执行木马程序后，该木马程序会将自己拷贝到 Windows 的系统文件夹中，使原木马程序文件与系统文件夹中的木马程序文件完全相同。自我销毁功能是指原木马程序文件在安装木马程序后会自动销毁，使得用户在没有工具帮助的情况下进行查杀。很难找到木马程序的来源。病毒或木马程序伪装成系统文件的情况如图 4-12 所示。

图 4-12　病毒或木马程序伪装成系统文件

(6) 通过病毒或木马程序更名的手段伪装。安装在系统文件夹中的木马程序或病毒的文件名一般都是固定不变的，用户可以在系统文件夹中根据一些查杀木马程序或病毒的资料查找具体的文件，从而对木马程序或病毒的种类进行判断。更名后的木马程序或病毒，用户很难依据文件名来判断。病毒或木马程序通过更名伪装的情况如图 4-13 所示。

图 4-13　病毒或木马程序更名

4.2.3 病毒与木马程序传播方式

病毒与木马程序传播方式

首先，我们通过一个案例来初步了解病毒或木马程序传播方式。

案例

2019 年 1 月，腾讯安全威胁情报中心通过监测数据发现，超过 10 万用户的计算机在两个小时内被植入了木马程序。该木马程序是利用了“永恒之蓝”高危漏洞，通过“驱动人生”升级通道进行传播的。经追溯病毒传播链，安全专家发现自 2018 年 12 月 14 日 14 时左右开始，该木马程序利用“驱动人生”“生命日历”等软件进行传播，传播源为该软件中的 dtlupg.exe(疑似升级程序)。

这个木马程序的传播方式除通过“驱动人生”的升级通道外，也利用“永恒之蓝”漏洞进行自我扩散。用户的计算机被入侵后，会自动下载执行云控木马程序，并在局域网中利用“永恒之蓝”漏洞进行主动扩散。

切断病毒传播路径，是预防病毒的重要手段。这就如同在近年新型冠状病毒流行期间，如果我们做到积极防护，戴口罩、勤洗手等，可以在一定程度上切断病毒传播路径，达到预防新型冠状病毒感染的目的一样。

病毒与木马程序亦是如此，传播是病毒与木马程序赖以生存与繁殖的基础。攻击者要想利用病毒或木马程序控制或破坏对方服务器，首先需要把病毒或木马程序上传到受害服务器对应的路径，因为病毒或木马程序只有将自身传播出去，才能在宿主计算机上实现自身功能。

一般而言，病毒与木马程序主要通过介质传播或网络传播这两种方式进行传播。

1. 介质传播

病毒与木马程序总是藏匿于某些移动存储介质当中。伴随着移动存储介质的使用，病毒与木马程序就会随之传播。常见的传播介质包括移动硬盘、U 盘和磁带等。当这些传播介质与计算机交换数据时，将病毒传染到计算机上，进而造成危害。

例如，U 盘中存在 autorun.inf 漏洞，黑客利用该漏洞制作 U 盘病毒，并且随着移动存储介质如 U 盘、移动硬盘、存储卡的大量使用而传播病毒，工作原理大致如下：

病毒向存储介质中植入病毒程序，然后修改 autorun.inf 文件，autorun.inf 文件的作用是允许指定的某个文件在双击磁盘时自动运行，用于记录用户打开 U 盘的程序方式。如果 autorun.inf 文件指向病毒程序，Windows 会自动运行该程序并触发该病毒。病毒也会对插入的 U 盘进行检测，并对其进行上述操作，从而催生出新的 U 盘病毒。

2. 网络传播

现代社会，互联网技术飞速发展，网络与网络的互联互通更加紧密。但是网络之间的紧密联系也为病毒或木马程序的传播提供了方便，成为病毒或木马程序传播蔓延的载体。凡是病毒或木马程序通过网络进入目标系统并执行的，都归类于网络传播。网络传播的主要方式如下：

1) 通过感染文件传播

病毒或木马程序可以隐藏在网络上的共享程序或者文件中，用户一旦下载了这种文件或者程序，且未经杀毒软件查杀，那么经由感染文件进而感染计算机的概率则会大大增加。病毒或木马程序通过网络上传到达目标系统当中，感染目标系统当中的文件。当这些文件被复制和执行时，病毒或木马程序也随之被复制和执行，并且先于正常程序执行，然后驻留在内存中，再伺机感染其他可执行程序，以达到传递的目的。病毒或木马程序感染文件的过程如图 4-14 所示。

图 4-14　病毒或木马程序感染文件

2) 通过网页挂马传播

网页挂马是指在一个网站中上传一个木马程序，且使该木马程序在打开网页的情况下运行。一般，通过在网页中设置病毒或木马程序(常见设置方式是将木马程序伪装成页面元素)，然后利用浏览器及组件的漏洞将病毒或木马程序传播到目标系统当中。网页挂马的过程如图 4-15 所示。

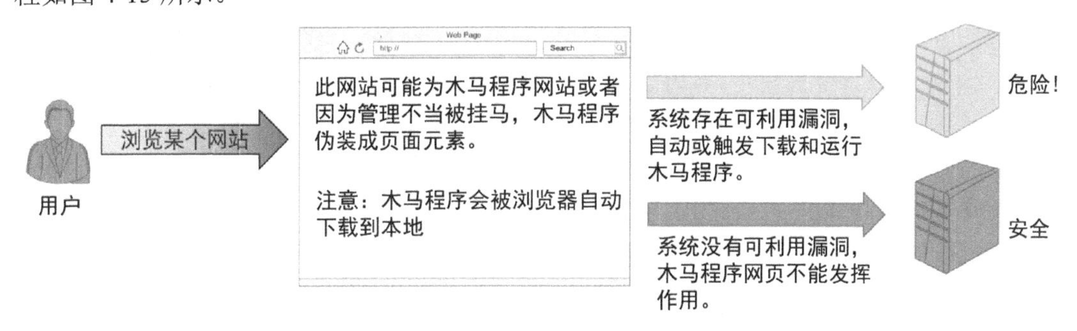

图 4-15　网页挂马

3) 通过垃圾邮件传播

Email 是病毒或木马程序通过网络进行传播的主要途径。通过发送携带病毒或木马程序的电子邮件给目标邮箱，采用社会工程学方式或者利用邮件客户端漏洞，将病毒或木马程序在目标系统中执行。通过垃圾邮件传播病毒或木马程序的情况如图 4-16 所示。

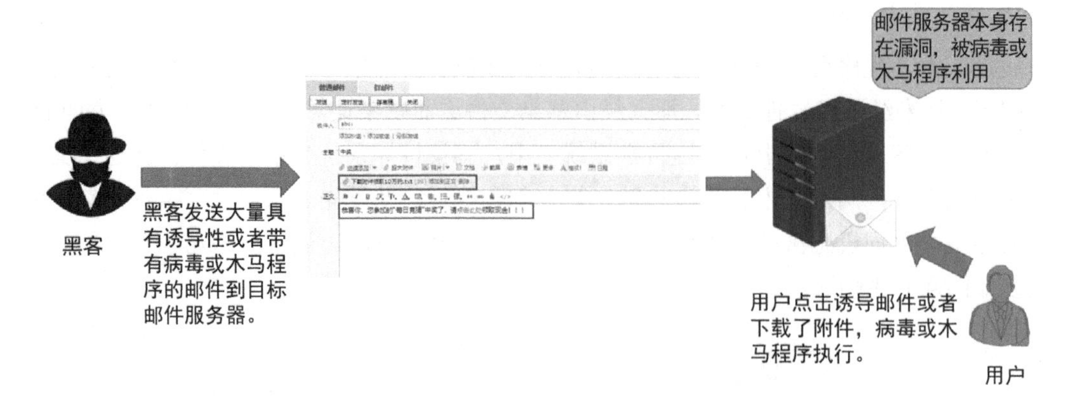

图 4-16 通过垃圾邮件传播病毒或木马程序

4) 通过即时通信工具传播

即时通信工具就是可以进行即时信息传递的网络工具。目前网络聊天工具盛行，如 QQ、ICQ、微信、MSN 等，文件传输功能是这些即时通信工具普遍具有的功能。由于文件传输基本是在好友之间进行，而即时通信工具本身的安全性能就不足，因此，容易被非法用户利用来进行木马程序或病毒文件的传播。通过即时通信工具来传播病毒或木马程序的情况如图 4-17 所示。

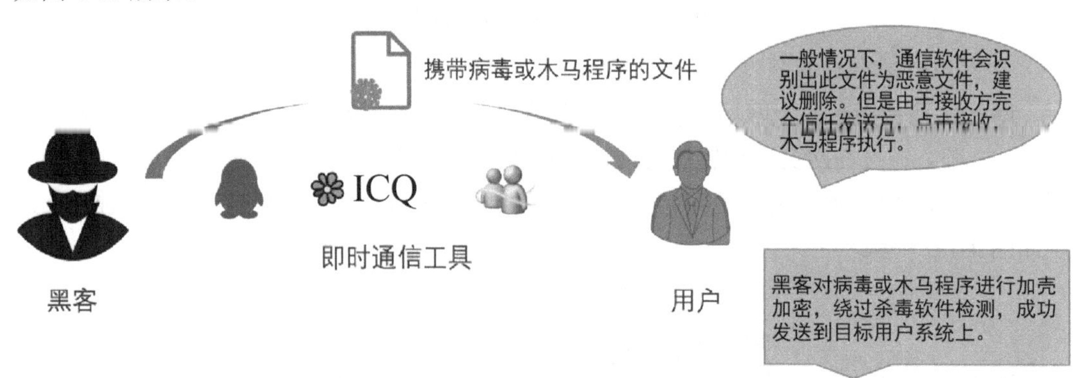

图 4-17 通过即时通信工具来传播病毒或木马程序

5) 通过漏洞传播

通过利用网站过滤不严、系统漏洞或者网站架构缺陷，将病毒或木马程序上传到目标服务器当中。网站存在注入、文件上传等漏洞，黑客通过技术手段入侵到服务器当中，然后将精心制作的病毒或木马程序上传到后台，达到传播的目的。或因系统老旧，没有及时更新，黑客会利用系统漏洞缺陷，通过入侵手段进入到系统后台，将病毒或木马程序放到对应路径。网站架构老旧，没有及时更新中间件、编译器等的版本。黑客会利用旧版中间件、编译器等的缺陷，将病毒或木马程序上传到目标服务器当中。

6) 通过资源下载传播

资源下载的传播方式一般分为两种。第一种是将下载链接直接指向木马程序，造成下载的文件是病毒或木马程序文件。通过下载来传播木马程序的情况如图 4-18 所示。另一种是将木马程序与下载的文件进行捆绑，我们称之为捆绑方式。当用户下载文件后，病毒或木马程序随之下载，进入到目标系统当中。通过捆绑来传播木马程序的情况如图 4-19 所示。

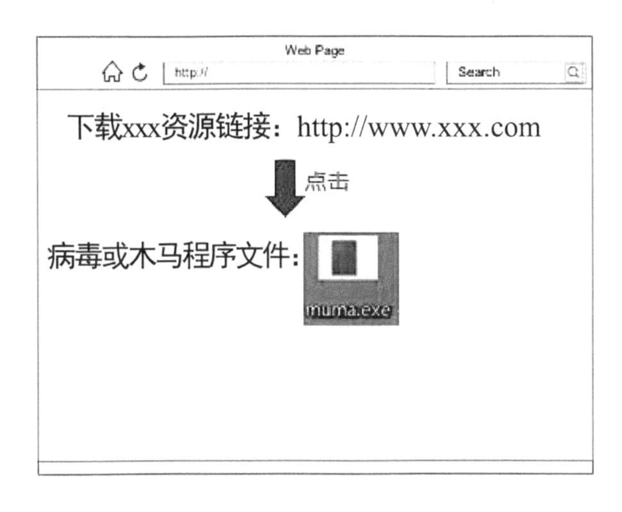

图 4-18　通过下载来传播木马程序

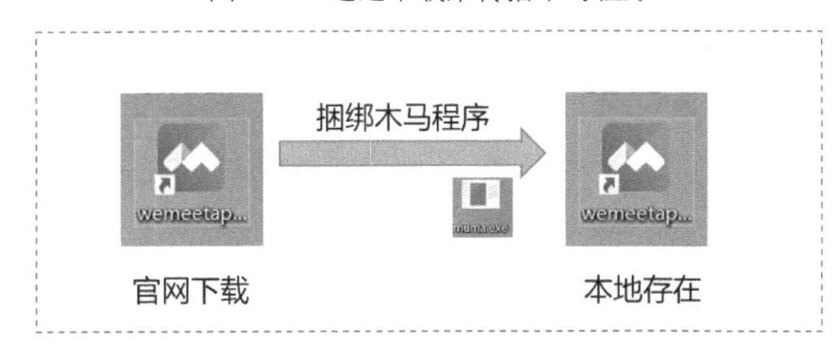

图 4-19　通过捆绑来传播木马程序

4.2.4　病毒与木马程序隐藏手段

病毒与木马程序是如何应对杀毒软件的查杀，或者它们是如何实现隐藏的。我们通过如下一个案例来初步了解。

案例

2018 年 12 月，腾讯安全与威胁情报中心全程监控到的信息显示，一盗号木马程序通过“酷玩游戏盒子”“轻桌面”等软件传播以盗取 Steam 游戏账号，该类软件运行后释放一个 DownLoader 木马程序。该木马程序伪装成 Adobe 文件，并假冒某公司申请到正规数字签名，以此来规避杀毒软件查杀。

腾讯安全与威胁情报中心提醒：请大家保持警惕，通过正规渠道下载软件，使用计算机管家可拦截查杀此类木马程序。

隐匿藏身是病毒与木马程序生存的根本。病毒与木马程序通过各种传播方式进入到目标系统当中之后，还需要进行隐藏，否则一旦被用户发现，容易被查杀。虽然各种病毒与木马程序隐藏的方法不一样，但是都有一个共同的特点，就是隐藏于系统配置文件、注册表、启动文件等用户很少接触的文件当中。病毒与木马程序的常见隐藏之地如图 4-20 所示。

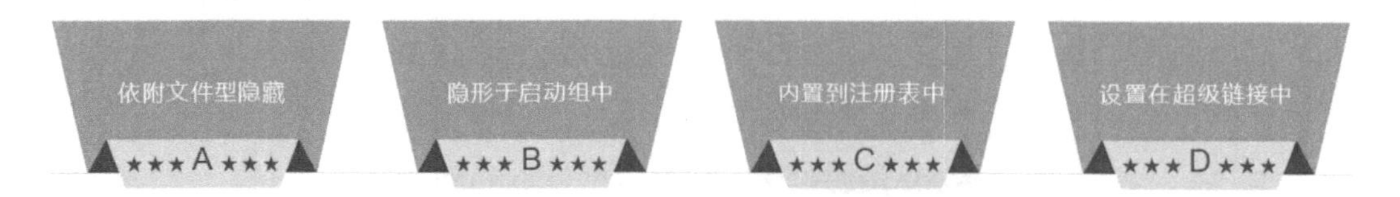

图 4-20　病毒与木马程序常见的隐藏之地

1. 隐藏在系统配置文件中

普通用户几乎不会查看系统配置文件，而这恰好给病毒与木马程序可乘之机。病毒与木马程序利用配置文件的特殊性，在计算机中运行起来很容易，从而进行窥视或监视。比如，病毒与木马程序命名为 system.ini 文件，一般很难被用户发现。病毒隐藏在系统配置文件中的情况如图 4-21 所示。

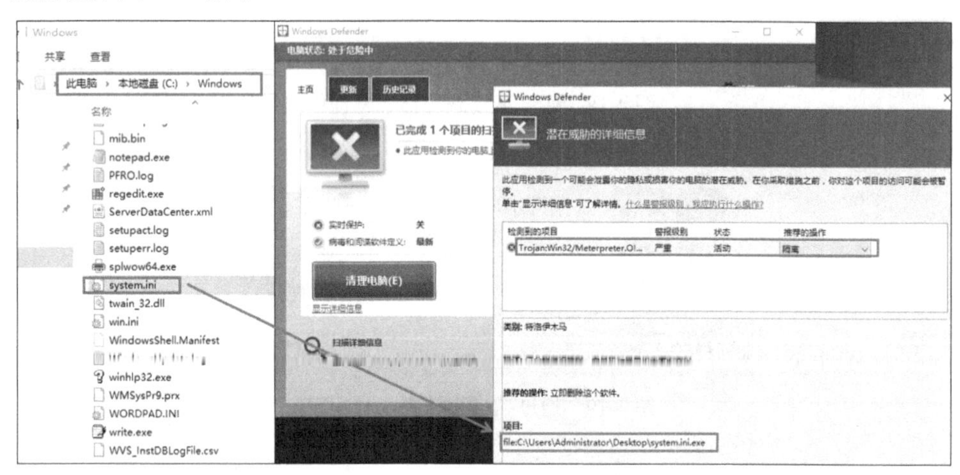

图 4-21　隐藏在系统配置文件中

2. 伪装在普通文件中

在普通文件中，伪装一般是将可执行文件伪装成图片或文字，通过在程序中将木马程序文件的图标改为 Windows 默认的图片图标，然后将文件名改为*.jpg.exe 来实现。有些用户关闭了显示后缀名，那么文件将会显示为*.jpg，用户点击该图标，即可中木马程序。木马程序文件伪装在普通文件中的情况如图 4-22 所示。

图 4-22　伪装在普通文件中

木马程序捆绑文件

3. 捆绑在应用程序启动文件中

攻击者将带有病毒或木马程序启动命令的程序文件设置为与服务器的应用程序同名，

上传到服务器并覆盖这些同名程序文件，这样就能偷梁换柱，隐藏自身。木马程序文件捆绑在应用程序启动文件中的情况如图 4-23 所示。

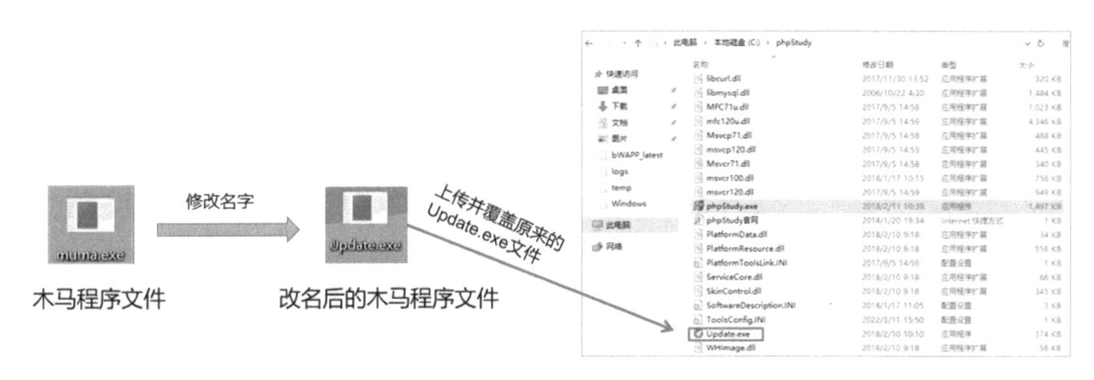

图 4-23　捆绑在应用程序启动文件中

4. 隐藏在 system.ini 文件中

在 system.ini 中的[386Enh]字段中，要注意检查这一段中的“drivers=路径程序名称”，也有被木马程序利用的可能。除此之外，在 system.ini 中的[mci]、[drivers]这两个字段也具有加载驱动程序的功能，但也是很好的木马程序隐藏的地方。病毒与木马程序隐藏在 system.ini 文件中的情况如图 4-24 所示。

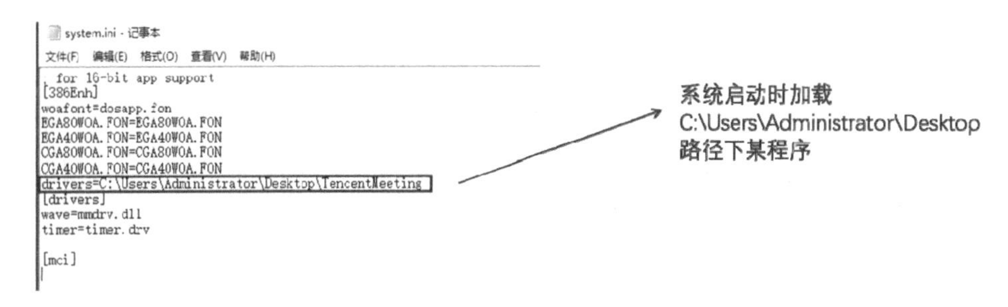

图 4-24　隐藏在 system.ini 文件中

5. 隐藏在 win.ini 文件中

潜伏在 win.ini 文件中是木马程序感觉相对安全的地方。打开 win.ini 文件，在它的[windows]字段中有启动命令“load=”和“run=”，一般情况下“=”后面是空白的，如果后面有程序，比如：run=c：windowsfile.exe；load=c:windowsfile.exe，这时就要小心了，这个 file.exe 很可能是木马程序。病毒与木马程序隐藏在 win.ini 文件中的情况如图 4-25 所示。

图 4-25　隐藏在 win.ini 文件中

6. 内置在注册表中

注册表比较复杂，一般用户很少去查看注册表的具体内容。病毒与木马程序经常隐藏在这里，不易察觉。病毒与木马程序内置在注册表中的情况如图 4-26 所示。

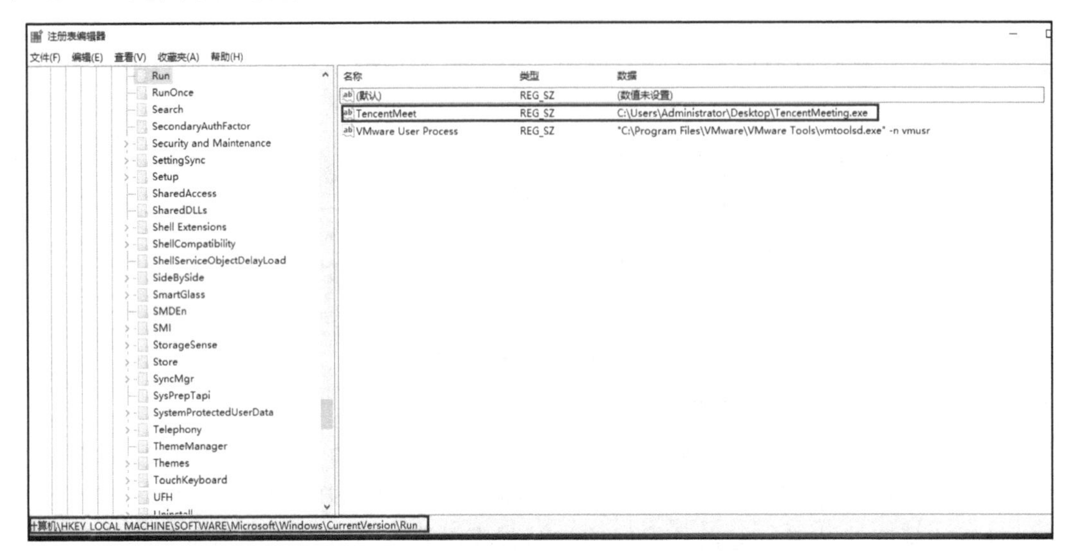

图 4-26　内置在注册表中

7. 内置在代码中

在计算机系统中，很多程序文件都有成千上万行代码，其数量庞大，病毒或木马程序隐藏在其中很难被注意和发现。同时，为了更好地躲避查杀，木马程序往往还会进行变形处理。例如，图 4-27 所示就是病毒或木马程序内置在代码中的情况，框 1 和框 2 中都是木马程序，框 2 中的木马程序是框 1 中的木马程序的变形，相比较而言，框 2 中的木马程序隐藏得更好。

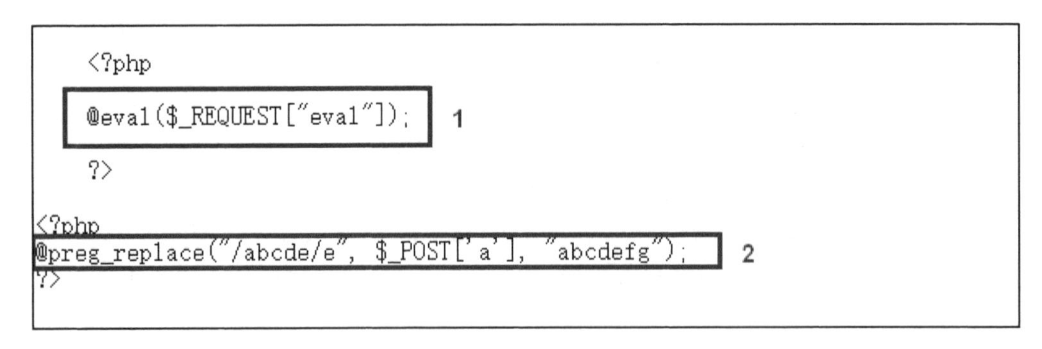

图 4-27　病毒或木马程序内置在代码中

8. 设置在超级链接中

黑客通过在网页上放置恶意链接诱骗用户点击的方式来达到攻击的目的。用户一旦点击链接，就会启动病毒或木马程序。所以网页上的链接不要随便点击，除非是有公信力的正规网站链接，并且自己信任它。攻击者将病毒与木马程序放置在超级链接的情况如图 4-28 所示，其中链接 http://www.xxx.com 并不真实存在。

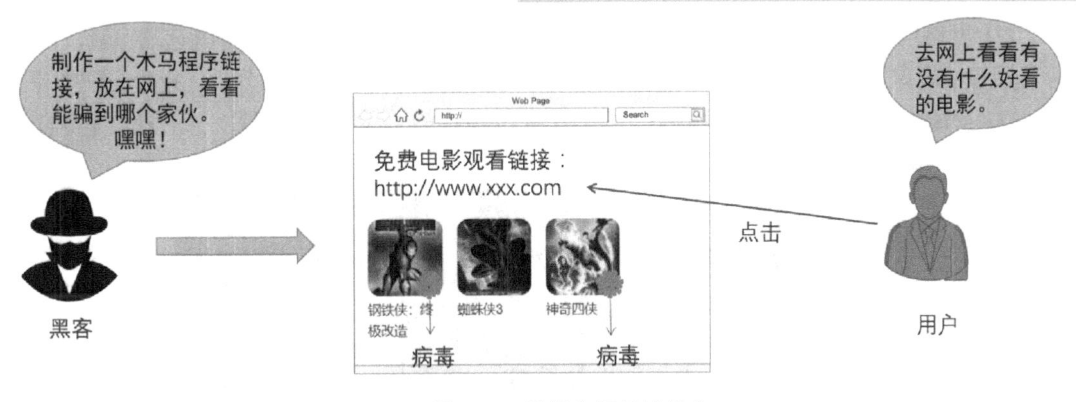

图 4-28　设置在超级链接中

4.3　病毒与木马程序防范

本节将探讨病毒与木马程序的检测、病毒与木马程序的防范方法以及病毒与木马程序的防范意识。

病毒与木马程序检测

4.3.1　病毒与木马程序检测

病毒与木马程序属于恶意程序，都有可能对计算机系统产生巨大的冲击，甚至造成重大经济损失。所以，我们需要定期检测与排查，落实相关防御措施，做好应急的准备，尽可能将病毒与木马程序的破坏程度降到最低。

病毒与木马程序常见的检测方式有以下几种：基本信息排查、进程分析、自启动项检查、自动化检测和日志分析等。

1. 基本信息排查

基本信息排查，主要包括网络排查、网络连接排查、定时作业排查、CPU 排查、内存排查等几个方向。

(1) 网络排查。网络排查主要排查可疑链接，检查目标系统中有无可疑环节。用户是否误点击了可疑链接，导致目标系统被植入了病毒或木马程序。排查 IP 地址，检查目标系统是否存留可疑 IP 地址，警惕外部 IP 远程登录或者控制本地目标系统。同时，还需要注意网站域名，警惕钓鱼环节。通过网络排查可疑链接的情况如图 4-29 所示。

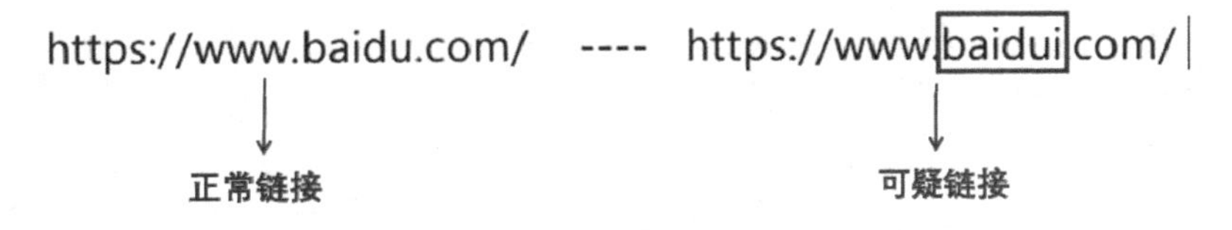

图 4-29　网络排查

(2) 网络连接排查。网络连接排查主要检查端口的接驳情况，判断是否有远端接驳，是否有可疑接驳现象。当发现可疑连接时，需对可疑连接或者进程做进一步分析，排查方法如下：

① netstat - ano 查看当前的网络连接，找到已确定的可疑目标。查看目标系统当前的网络连接情况如图 4-30 所示。

```
C:\Users\Administrator>netstat -ano

活动连接

  协议  本地地址              外部地址              状态           PID
  TCP    0.0.0.0:135            0.0.0.0:0              LISTENING       740
  TCP    0.0.0.0:445            0.0.0.0:0              LISTENING       4
  TCP    0.0.0.0:5985           0.0.0.0:0              LISTENING       4
  TCP    0.0.0.0:47001          0.0.0.0:0              LISTENING       4
  TCP    0.0.0.0:49664          0.0.0.0:0              LISTENING       460
  TCP    0.0.0.0:49665          0.0.0.0:0              LISTENING       936
  TCP    0.0.0.0:49666          0.0.0.0:0              LISTENING       1084
  TCP    0.0.0.0:49668          0.0.0.0:0              LISTENING       1592
  TCP    0.0.0.0:49669          0.0.0.0:0              LISTENING       1508
  TCP    0.0.0.0:49671          0.0.0.0:0              LISTENING       588
  TCP    0.0.0.0:49674          0.0.0.0:0              LISTENING       596
  TCP    127.0.0.1:8182         0.0.0.0:0              LISTENING       1620
  TCP    192.168.100.169:139    0.0.0.0:0              LISTENING       4
  TCP    192.168.100.169:49702  40.90.189.152:443      ESTABLISHED     1084
  TCP    192.168.100.169:49703  40.90.189.152:443      ESTABLISHED     3188
```

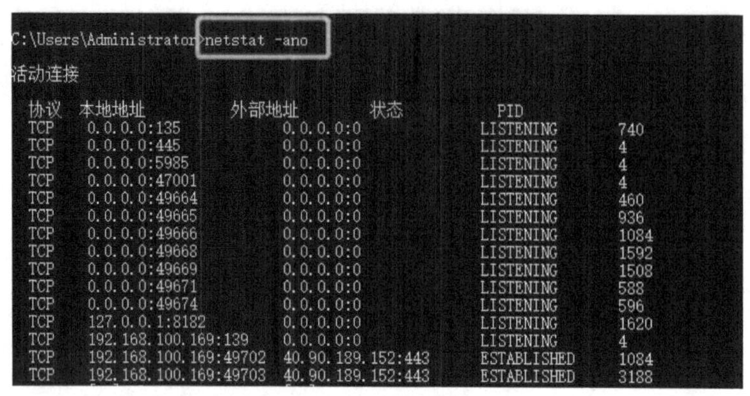

图 4-30　查看目标系统当前的网络连接

② 根据通过 netstat - ano 定位的 PID，然后使用 tasklist 命令进行进程定位 tasklist|findstr “PID”。进程定位连接的操作命令如图 4-31 所示。

```
C:\Users\Administrator>tasklist | findstr "460"
wininit.exe                    460 Services                   0      5,132 K

C:\Users\Administrator>tasklist | findstr "1084"
svchost.exe                   1084 Services                   0     52,320 K
```

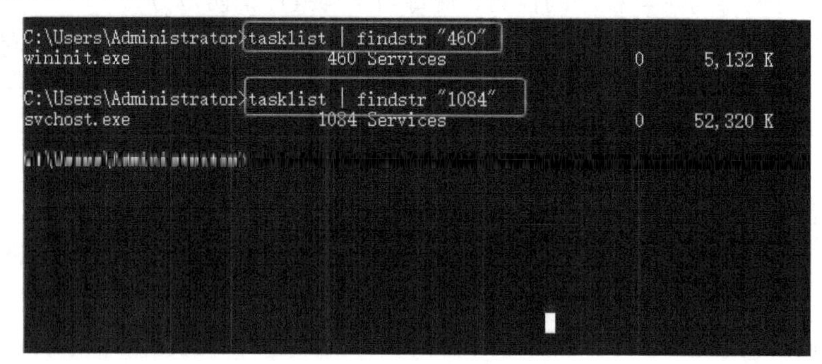

图 4-31　定位连接的操作命令

③ 获取当前的进程(某可疑进程)、进程路径、命令行、进程 ID 等信息。获取目标系统可疑进程情况如图 4-32 所示。

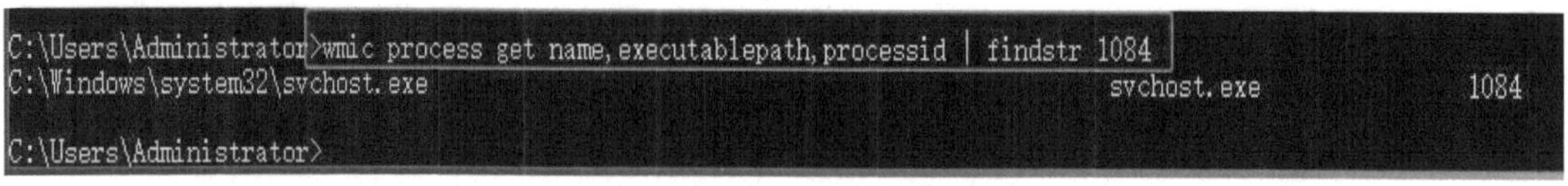

```
C:\Users\Administrator>wmic process get name,executablepath,processid | findstr 1084
C:\Windows\system32\svchost.exe                                svchost.exe          1084

C:\Users\Administrator>
```

图 4-32　获取目标系统可疑进程

④ 列出某进程的详细信息。列示目标系统的可疑进程信息如图 4-33 所示。

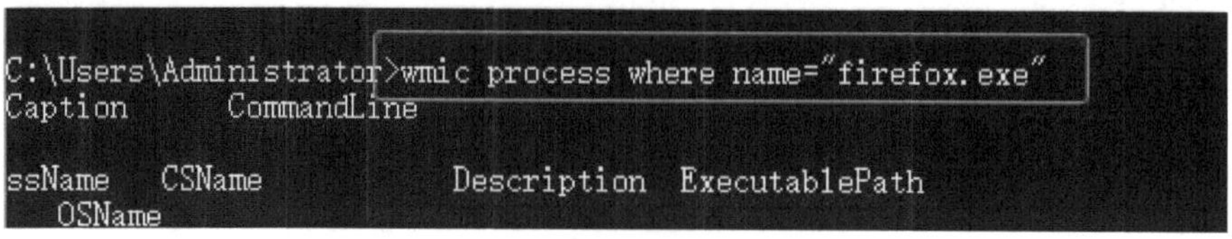

```
C:\Users\Administrator>wmic process where name="firefox.exe"
Caption       CommandLine

ssName   CSName            Description  ExecutablePath
  OSName
```

图 4-33　列出目标系统的可疑进程信息

(3) 定时作业排查。某些病毒或木马程序入侵系统之后，并不会马上去执行，而是选择隐藏于任务计划程序库中，等待特定的时间点去运行。检查方式为点击“开始”→“运行”。输入 control，选择“系统和安全”，在管理工具中打开“任务计划程序”。设置目标系统定时作业排查的操作界面如图 4-34 所示。

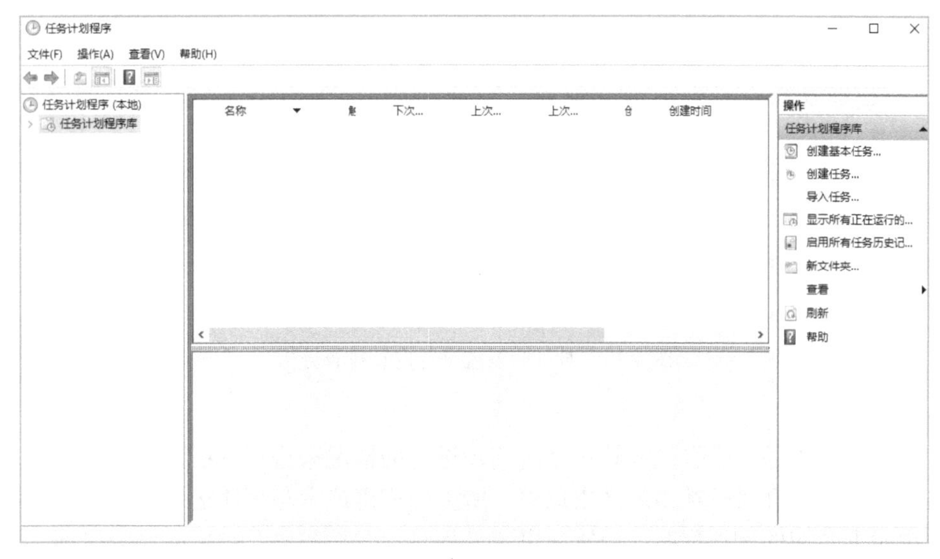

图 4-34　设置目标系统定时作业排查

(4) CPU 排查。有些病毒会通过抢占 CPU 的方式，对计算机正常程序的执行造成影响，故可采用 CPU 排查的手段检测病毒。查看 CPU 相关参数，比如利用率、速度、进程等。如果系统一开机，CPU 使用率就一直保持在 80%(或者某个高峰值)以上，那么就需要排查哪个程序占用资源。对目标系统 CPU 资源占用情况进行排查分析的界面如图 4-35 所示。

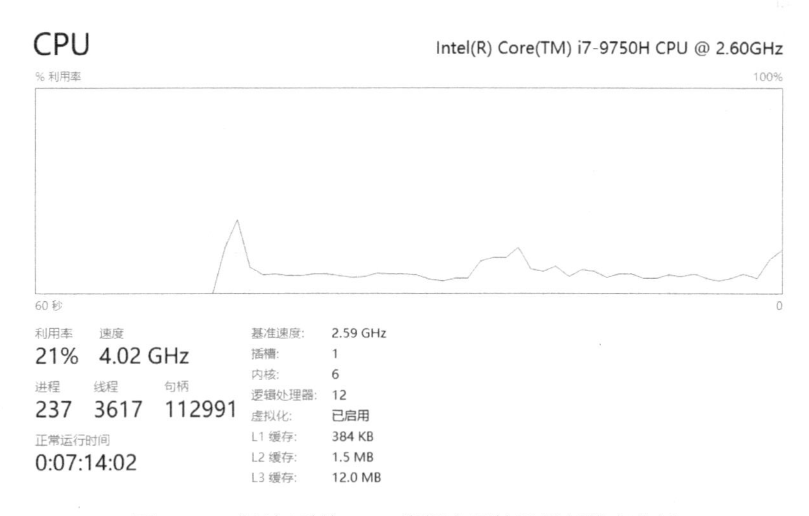

图 4-35　对目标系统 CPU 资源占用情况进行排查分析

(5) 内存排查。病毒与木马程序运行时，一般会自动打开系统当中某些服务，导致内存被占用。如果系统一启动，内存使用就保持在高峰值，那么就需要排查哪个进程占据内存资源。对目标系统进行内存排查分析的界面如图 4-36 所示。

内存
16.0 GB
内存使用量
15.9 GB
60 秒
0
内存组合
使用中(已压缩)
8.0 GB (805 MB)
可用
7.9 GB
速度:
2667 MHz
已使用的插槽:
2/2
外形规格:
SODIMM
为硬件保留的内存:
80.8 MB
已提交
13.5/18.3 GB
已缓存
7.9 GB
分页缓冲池
650 MB
非分页缓冲池
487 MB

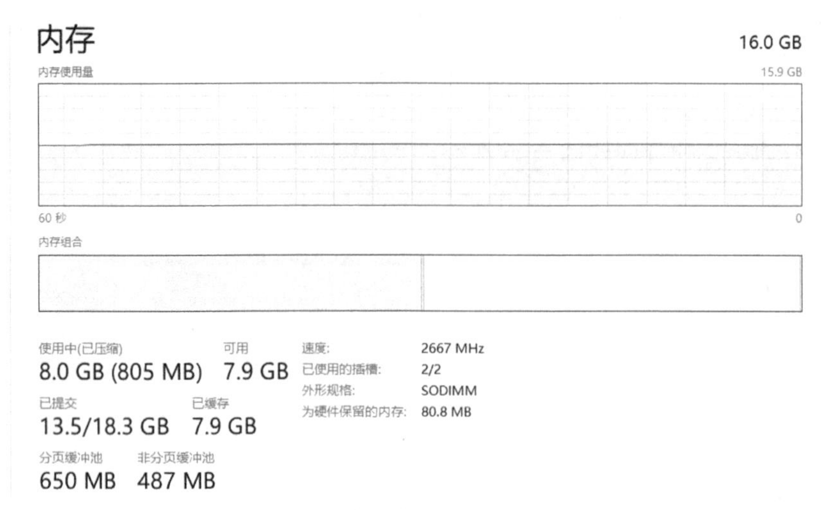

图 4-36 对目标系统进行内存排查分析

2. 进程分析

进程分析是指通过查看任务管理器所列示进程的情况来进行分析。由于病毒或木马程序只有运行后，才会对目标系统产生危害，所以当病毒或木马程序运行时，我们可以在进程列表中找到对应的运行程序。当发现可疑进程时，我们需要及时采取对应措施。进程排查与处理的一般步骤如下：

(1) 打开“任务管理器”。进入“任务管理器”的操作界面如图 4-37 所示。

并排显示窗口(I)
显示桌面(S)
任务管理器(K)
锁定任务栏(L)
任务栏设置(T)

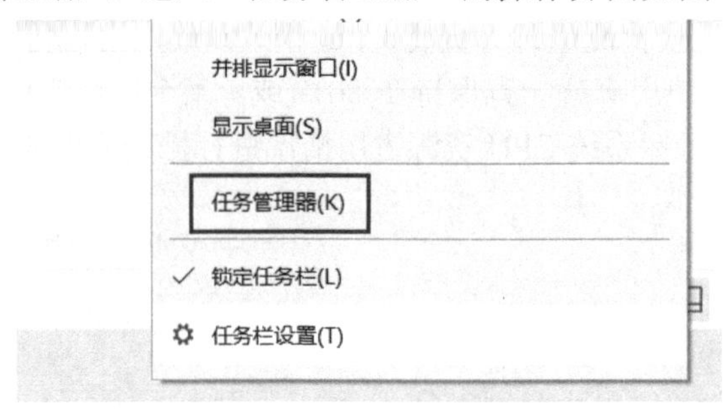

图 4-37 打开“任务管理器”

(2) 查看进程。查看目标系统的进程信息情况如图 4-38 所示。

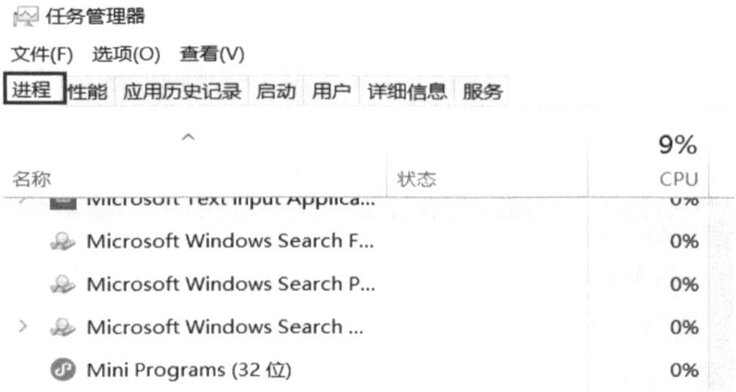

任务管理器
文件(F) 选项(O) 查看(V)
进程 性能 应用历史记录 启动 用户 详细信息 服务
9%
名称
状态
CPU
Microsoft Windows Search F...
0%
Microsoft Windows Search P...
0%
Microsoft Windows Search ...
0%
Mini Programs (32 位)
0%

图 4-38 查看目标系统的进程信息

(3) 删除可疑进程。删除目标系统中可疑进程的操作界面如图 4-39 所示。

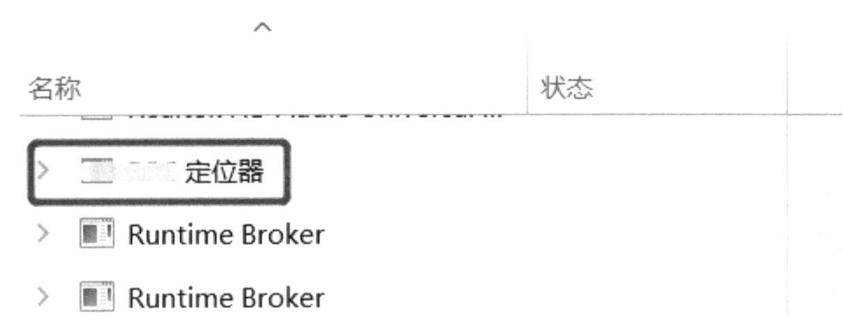

图 4-39　删除目标系统中可疑进程

可以通过使用专门的工具进行进程分析，如 ProcessHacker 和 Process Monitor。ProcessHacker 是系统进程管理工具，它具备多种功能，能够查看所有进程信息，包括打开进程的文件，进程加载的 DLL，读写进程的注册表等。用户通过使用这个工具能快捷地查看相关进程、内存和模块等方面的速度，同时也可以对相关的进程进行管理。使用 ProcessHacker 进行进程分析的界面如图 4-40 所示。

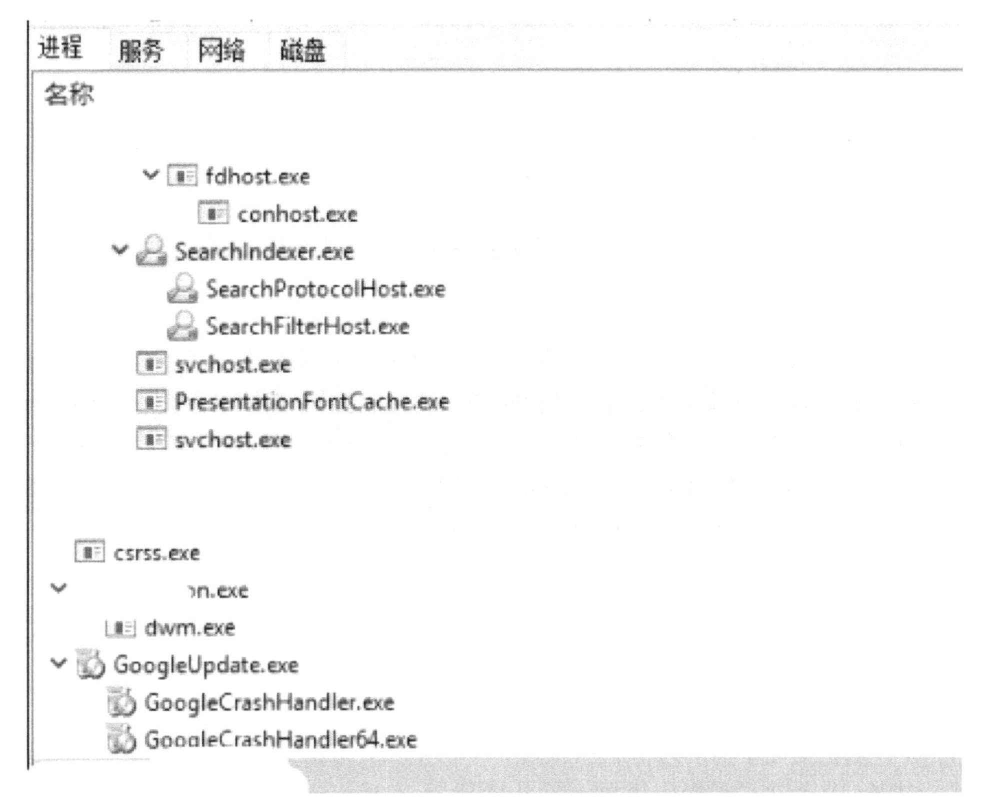

图 4-40　ProcessHacker 工具进行进程分析

Process Monitor 作为一款具备实时刷新功能的实用的进程信息监控工具，它的稳定性和兼容性在使用过程中都比较优秀，因此获得了微软官方的推荐。Process Monitor 展示的信息很全面，专门用于监视系统中任何文件的运行过程和注册表读写的运行过程。利用 Process Monitor 进行监视的结果如图 4-41 所示。

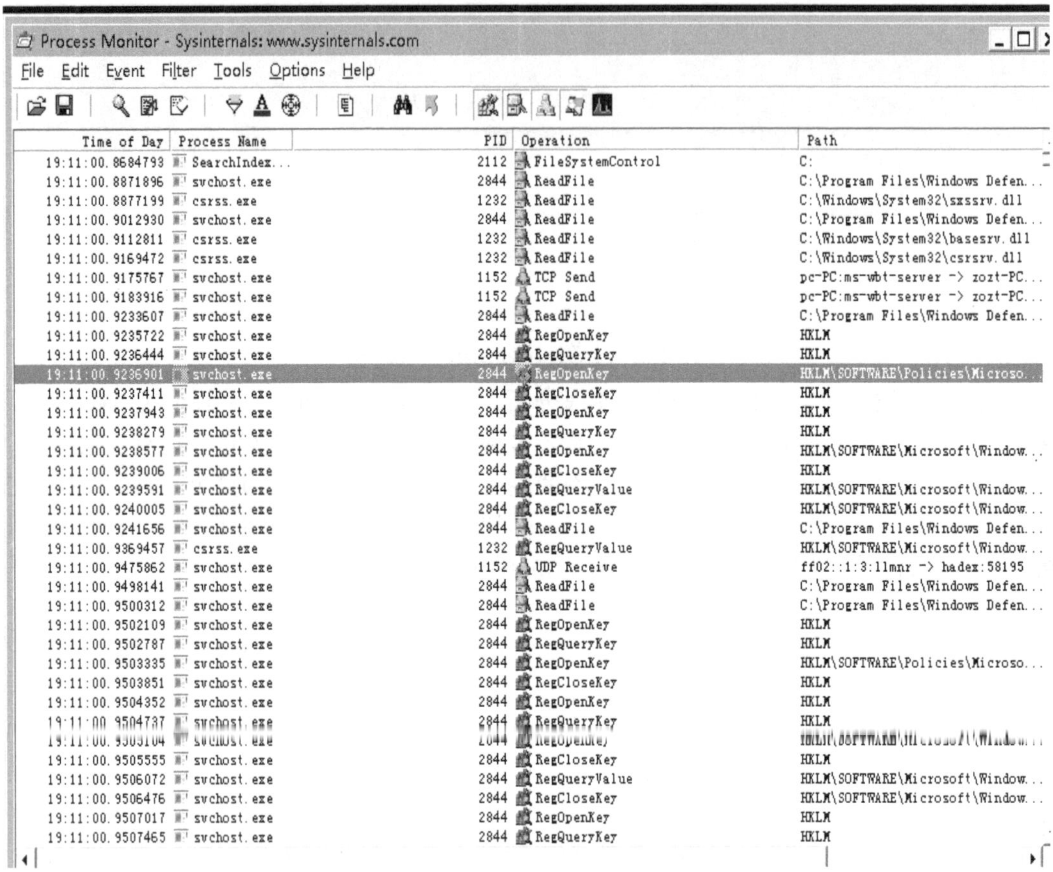

Process Monitor - Sysinternals: www.sysinternals.com

File Edit Event Filter Tools Options Help

Time of Day	Process Name	PID	Operation	Path
19:11:00.8684793	SearchIndex...	2112	FileSystemControl	C:
19:11:00.8871896	svchost.exe	2844	ReadFile	C:\Program Files\Windows Defen...
19:11:00.8877199	csrss.exe	1232	ReadFile	C:\Windows\System32\sxssrv.dll
19:11:00.9012930	svchost.exe	2844	ReadFile	C:\Program Files\Windows Defen...
19:11:00.9112811	csrss.exe	1232	ReadFile	C:\Windows\System32\basesrv.dll
19:11:00.9169472	csrss.exe	1232	ReadFile	C:\Windows\System32\csrsrv.dll
19:11:00.9175767	svchost.exe	1152	TCP Send	pc-PC:ms-wbt-server -> zozt-PC...
19:11:00.9183916	svchost.exe	1152	TCP Send	pc-PC:ms-wbt-server -> zozt-PC...
19:11:00.9233607	svchost.exe	2844	ReadFile	C:\Program Files\Windows Defen...
19:11:00.9235722	svchost.exe	2844	RegOpenKey	HKLM
19:11:00.9236444	svchost.exe	2844	RegQueryKey	HKLM
19:11:00.9236901	svchost.exe	2844	RegOpenKey	HKLM\SOFTWARE\Policies\Microso...
19:11:00.9237411	svchost.exe	2844	RegCloseKey	HKLM
19:11:00.9237943	svchost.exe	2844	RegOpenKey	HKLM
19:11:00.9238279	svchost.exe	2844	RegQueryKey	HKLM
19:11:00.9238577	svchost.exe	2844	RegOpenKey	HKLM\SOFTWARE\Microsoft\Window...
19:11:00.9239006	svchost.exe	2844	RegCloseKey	HKLM
19:11:00.9239591	svchost.exe	2844	RegQueryValue	HKLM\SOFTWARE\Microsoft\Window...
19:11:00.9240005	svchost.exe	2844	RegCloseKey	HKLM\SOFTWARE\Microsoft\Window...
19:11:00.9241656	svchost.exe	2844	ReadFile	C:\Program Files\Windows Defen...
19:11:00.9369457	csrss.exe	1232	RegQueryValue	HKLM\SOFTWARE\Microsoft\Window...
19:11:00.9475862	svchost.exe	1152	UDP Receive	ff02::1:3:llmnr -> hadez:58195
19:11:00.9498141	svchost.exe	2844	ReadFile	C:\Program Files\Windows Defen...
19:11:00.9500312	svchost.exe	2844	ReadFile	C:\Program Files\Windows Defen...
19:11:00.9502109	svchost.exe	2844	RegOpenKey	HKLM
19:11:00.9502787	svchost.exe	2844	RegQueryKey	HKLM
19:11:00.9503335	svchost.exe	2844	RegOpenKey	HKLM\SOFTWARE\Policies\Microso...
19:11:00.9503851	svchost.exe	2844	RegCloseKey	HKLM
19:11:00.9504352	svchost.exe	2844	RegOpenKey	HKLM
19:11:00.9504737	svchost.exe	2844	RegQueryKey	HKLM
19:11:00.9505104	svchost.exe	2844	RegOpenKey	HKLM\SOFTWARE\Microsoft\Window...
19:11:00.9505555	svchost.exe	2844	RegCloseKey	HKLM
19:11:00.9506072	svchost.exe	2844	RegQueryValue	HKLM\SOFTWARE\Microsoft\Window...
19:11:00.9506476	svchost.exe	2844	RegCloseKey	HKLM\SOFTWARE\Microsoft\Window...
19:11:00.9507017	svchost.exe	2844	RegOpenKey	HKLM
19:11:00.9507465	svchost.exe	2844	RegQueryKey	HKLM

图 4-41　Process Monitor 工具进行监视的结果

除了 ProcessHacker 和 Process Monitor 工具之外，常用的其他进程分析工具还包括 XueTr、PCHunter 以及 ProcessDump。XueTr 是一款 Windows 系统信息查看软件，可以辅助木马程序、后门等病毒的排查工作。PCHunter 是 XueTr 的增强版，功能和 XueTr 差不多。但是，可以减少出故障的概率。ProcessDump 可以对指定的进程，将其进程空间中的所有模块单独 Dump 出来，甚至可以将隐藏的模块 Dump 出来。

3. 自启动项检查

自启动项检查主要排查任务管理器中的相关服务，重点排查自启动服务，发现可疑服务，并及时处理。

一般有两种排查方式，第一种排查方式的步骤如下：

(1) 在计算机桌面下面的任务栏空白处，单击右键，在弹出的菜单中选择“任务管理器(K)”。打开任务管理器的操作界面如图 4-42 所示。

(2) 排查可疑服务。排查可疑服务的操作界面如图 4-43 所示。

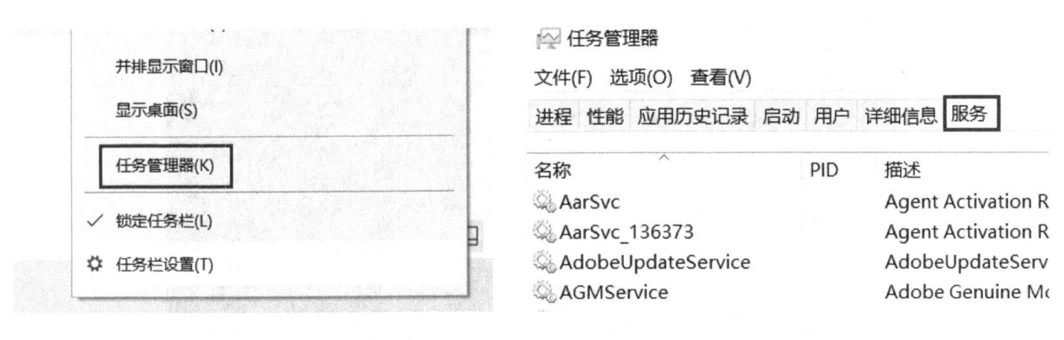

图 4-42　打开任务管理器　　　　图 4-43　排查可疑服务

(3) 删除可疑服务。删除可疑服务的操作界面如图 4-44 所示。

图 4-44　删除可疑服务

第二种排查方式的步骤如下：先单击“开始”→“运行”，在弹出的对话框中输入“services.msc”，排查有无系统服务异常，排查系统服务的操作界面如图 4-45 所示。也可以在 PowerShell 下输入“service”，获取服务内容的操作界面如图 4-46 所示。

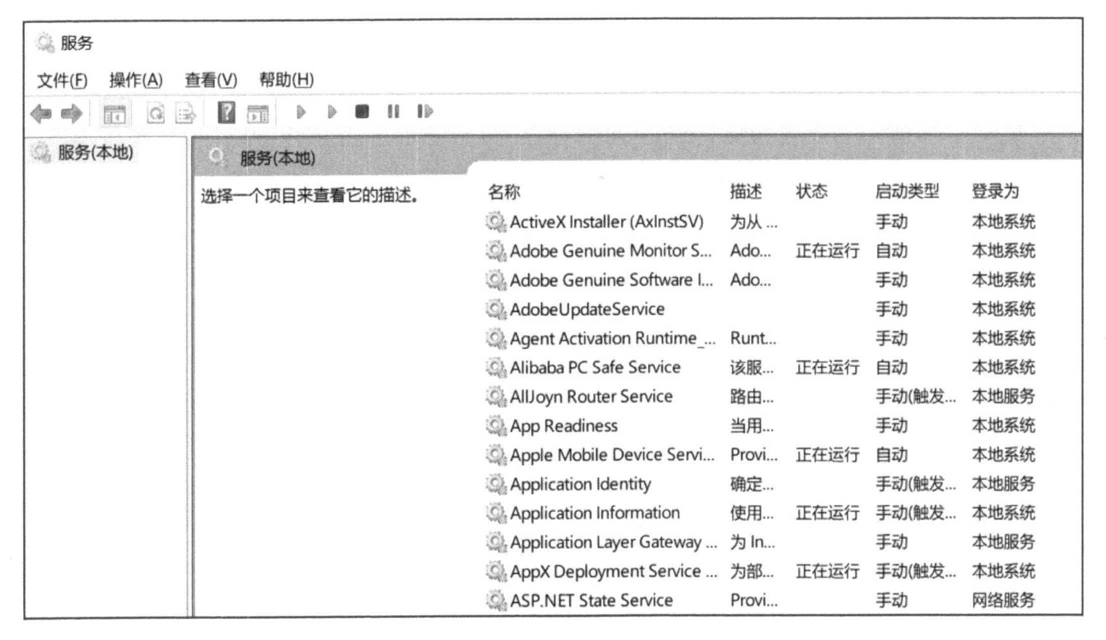

图 4-45　排查系统服务

```
PS C:\Users\Administrator> service

Status   Name               DisplayName
------   ----               -----------
Running  AcuWVSSchedulerv9  Acunetix WVS Scheduler v9
Stopped  AJRouter           AllJoyn Router Service
Stopped  ALG                Application Layer Gateway Service
Stopped  AppIDSvc           Application Identity
Stopped  Appinfo            Application Information
Stopped  AppMgmt            Application Management
Stopped  AppReadiness       App Readiness
Stopped  AppVClient         Microsoft App-V Client
Stopped  AppXSvc            AppX Deployment Service (AppXSVC)
Stopped  AudioEndpointBu... Windows Audio Endpoint Builder
Stopped  Audiosrv           Windows Audio
Stopped  AxInstSV           ActiveX Installer (AxInstSV)
Running  BFE                Base Filtering Engine
Stopped  BITS               Background Intelligent Transfer Ser...
Running  BrokerInfrastru... Background Tasks Infrastructure Ser...
```

图 4-46　获取服务内容

在进行自启动项检查的过程中，常用的工具是 AutoRuns，这是一款出色的启动项目管理工具。AutoRuns 作用是检查开机时自动加载的所有程序，例如硬件驱动程序、WindowsCore 启动器和应用程序。利用 AutoRuns 进行检查的结果如图 4-47 所示。

```
Autoruns [WIN-KSAJOITT62C\Administrator] - Sysinternals: www.sysinternals.com
File  Entry  Options  User  Help
Filter:
WMI                                                                      Sidebar Gadgets
Everything  Logon  Explorer  Internet Explorer  Scheduled Tasks  Services  Drivers  Codecs  Boot Execute  Image Hijacks
Autorun Entry   Description         Publisher              Image Path                 Timestamp         VirusTotal
HKLM\Software\Microsoft\Windows NT\CurrentVersion\Winlogon\AlternateShells\AvailableS 2016/7/16 21:24
HKLM\SOFTWARE\Microsoft\Windows\CurrentVersion\Run                                    2019/8/10 16:39
  VMware ...    VMware Tools Core S... VMware, Inc.          c:\program files\vmwa...  2015/8/12 10:36
HKLM\SOFTWARE\Microsoft\Active Setup\Installed Components                             2016/7/16 21:24
  Microsoft ... Windows Mail        Microsoft Corporation  c:\program files\windo...  2016/7/16 10:25
HKLM\SOFTWARE\Wow6432Node\Microsoft\Active Setup\Installed Components                 2016/7/16 21:24
  Microsoft ... Windows Mail        Microsoft Corporation  c:\program files (x86)\... 2016/7/16 9:41
HKLM\Software\Classes\*\ShellEx\ContextMenuHandlers                                   2016/7/16 21:24
  EPP           Microsoft Security Clie... Microsoft Corporation c:\program files\windo... 2016/7/16 10:24
HKLM\Software\Classes\Drive\ShellEx\ContextMenuHandlers                               2016/7/16 21:24
  EPP           Microsoft Security Clie... Microsoft Corporation c:\program files\windo... 2016/7/16 10:24
HKLM\Software\Classes\Directory\ShellEx\ContextMenuHandlers                           2016/7/16 21:24
  EPP           Microsoft Security Clie... Microsoft Corporation c:\program files\windo... 2016/7/16 10:24
Task Scheduler
  \Microsoft...                                            c:\windows\system32\...    2016/7/16 21:18
  \Microsoft...                                            c:\windows\system32\...    2016/7/16 21:19
  \Microsoft...                                            c:\windows\system32\...    2016/7/16 21:19
  \Microsoft...                                            c:\windows\system32\...    2016/7/16 21:19
  \Microsoft... Microsoft Malware Pro... Microsoft Corporation c:\program files\windo... 2016/7/16 10:23
  \Microsoft... Microsoft Malware Pro... Microsoft Corporation c:\program files\windo... 2016/7/16 10:23
  \Microsoft... Microsoft Malware Pro... Microsoft Corporation c:\program files\windo... 2016/7/16 10:23
  \Microsoft... Microsoft Malware Pro... Microsoft Corporation c:\program files\windo... 2016/7/16 10:23
HKLM\System\CurrentControlSet\Services                                                2023/4/13 8:32
  TPAutoC...    ThinPrint component f... Cortado AG          c:\program files\vmwa...  2015/1/8 23:09
  TPVCGat...    ThinPrint component t... Cortado AG          c:\program files\vmwa...  2014/10/29 21:52
  VGAuthS...    Alias Manager and Ti... VMware, Inc.         c:\program files\vmwa...  2015/8/12 7:45
  VMTools       可支持在主机和客...     VMware, Inc.          c:\program files\vmwa...  2015/8/12 10:36
  VMware ...    启用从物理磁盘分...     VMware, Inc.          c:\program files\vmwa...  2015/8/12 10:38
  WdNisSvc      帮助防止针对网络...     Microsoft Corporation c:\program files\windo... 2016/7/16 10:24
  WinDefend     帮助用户防止恶意...     Microsoft Corporation c:\program files\windo... 2016/7/16 10:27
HKLM\System\CurrentControlSet\Services                                                2023/4/13 8:32
```

图 4-47　利用 AutoRuns 进行检查的结果

4．自动化检测

在检测病毒与木马程序时，通过自动化工具可以事半功倍。D 盾是 WebShell 查杀工具。它使用自行研发的代码分析引擎，不分扩展名，可以分析出更隐蔽的 Web 后门行为。检测步骤如下：

D 盾查杀木马程序

(1) 选择“自定义扫描”，对应的操作界面如图 4-48 所示。

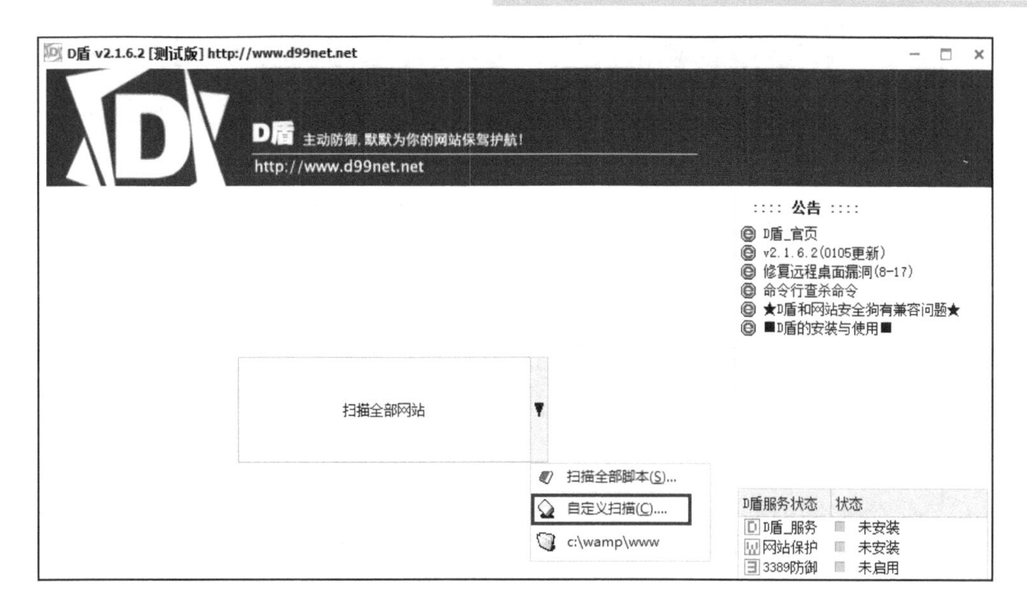

图 4-48　选择“自定义扫描”

(2) 选择可疑的文件或文件夹，对应的操作界面如图 4-49 所示。

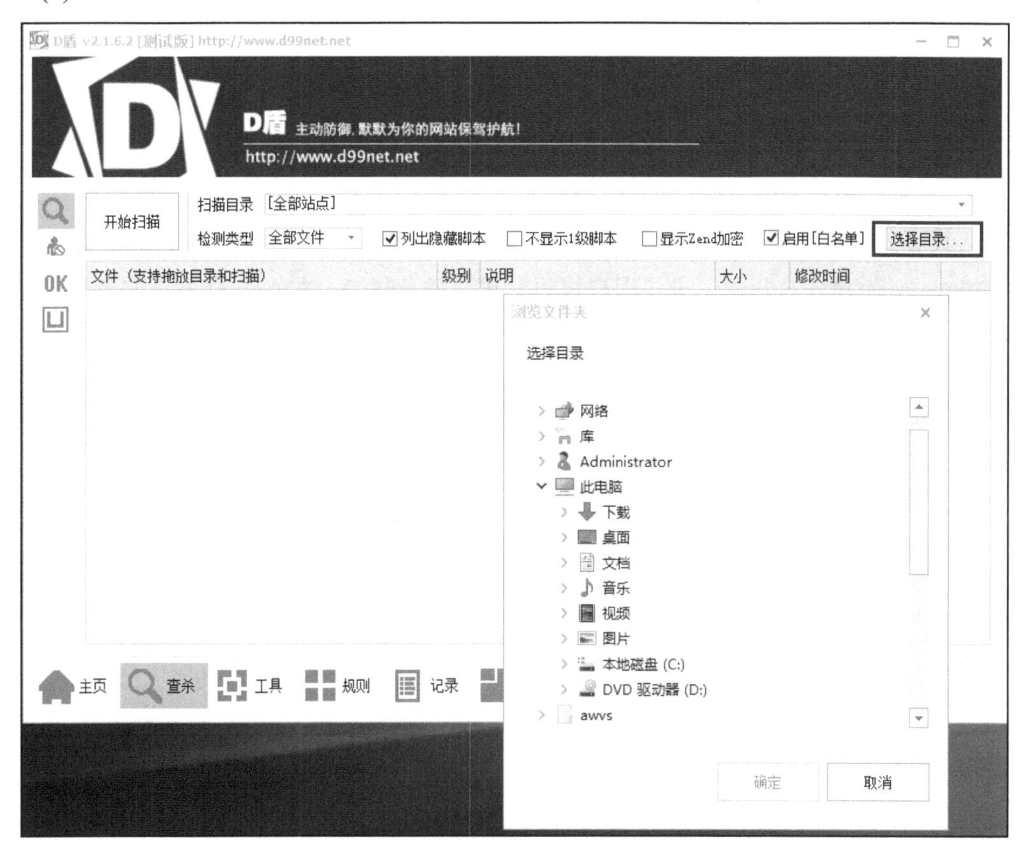

图 4-49　选择可疑的文件或文件夹

(3) 根据内容进行排查，对应的操作界面如图 4-50 所示。

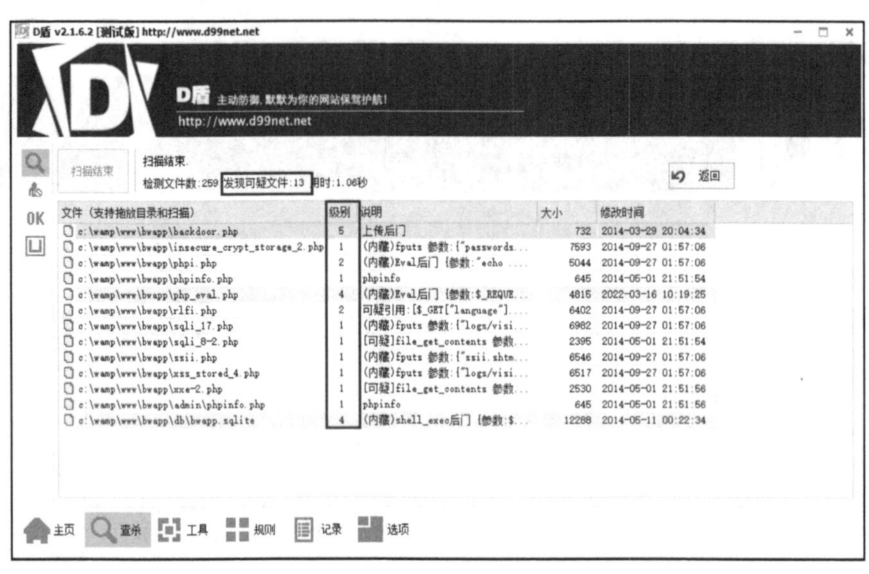

图 4-50　根据内容进行排查

此外，杀毒软件也可用于自动化检测。杀毒软件通常具有监控识别功能、病毒扫描清除功能、自动升级功能、主动防御功能等。部分杀毒软件还具有数据恢复、防止黑客入侵、网络流量控制等功能，是计算机防御系统(包括杀毒软件、防火墙、木马程序及恶意软件、入侵防护系统等)的重要组成部分。典型的杀毒软件有 360 安全管家、腾讯计算机管家和火绒安全软件等。

目前，市场上还有一些在线查杀工具，比如河马在线查杀、百度在线查杀、CHIP 在线查杀以及在线 WebShell 查杀-灭绝师太版。

5. 日志分析

Windows 系统安全日志记录了用户权限变更、登录注销、文件/文件夹存取等与安全有关的事件。日志管理工具提供了筛选功能，方便用户更迅速、更便捷地进行查看。Windows 系统安全日志的查看如图 4-51 所示。定期地进行日志排查，可以有效检查并防范非法攻击，提高计算机的安全性。

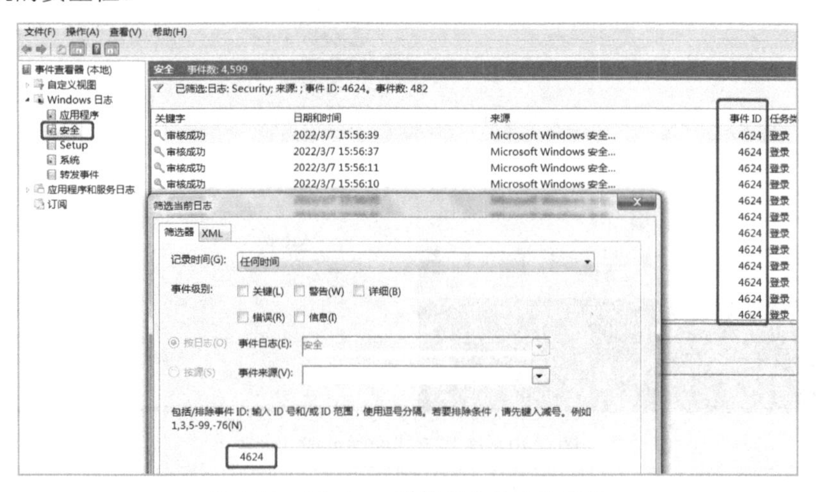

图 4-51　Windows 系统安全日志的查看

每一种操作都对应有不同的日志 ID。常见的操作日志 ID 如表 4-2 所示。

表 4-2　操作日志 ID

操　作	操作日志 ID
登录成功	4624
登录失败	4625
注销成功	4634
使用超级用户(管理员)进行登录	4672

系统日志记录了设备驱动不能正常启动或停止、硬件失效、IP 地址重复、系统进程启动、停止和停顿等情况。Windows 系统日志的查看如图 4-52 所示。

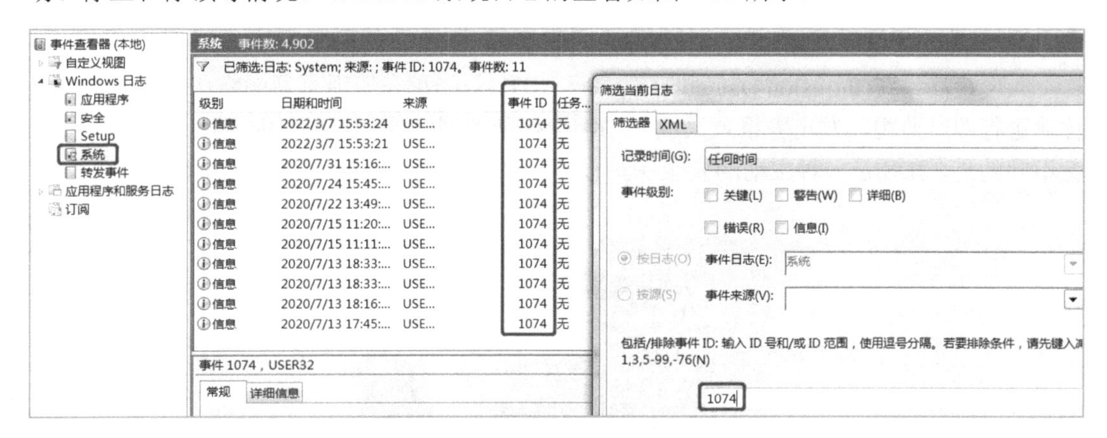

图 4-52　Windows 系统日志的查看

不同的系统事件类型的日志具有不同的日志 ID。常见的系统事件日志 ID 如表 4-3 所示。

表 4-3　系统事件日志 ID

事 件 类 型	系统事件日志 ID
查看计算机的开机、关机、重启的时间以及原因和注释	1074
表示日志服务已启动，用来判断正常开机进入系统	6005
表示日志服务已停止，用来判断系统关机	6006
表示非正常关机，按 Ctrl + Alt + Delete 键关机	6009
表示系统在未先正常关机的情况下重新启动	41
表示 TCP/IP 地址冲突	4119

4.3.2　病毒与木马程序防范

关于病毒与木马程序的防范，我们主要从软硬件的部署与应用、安全策略的制定与实施以及安全配置与加固这三个方面来考虑。

1. 安全软硬件的部署与应用

1) 部署病毒与木马程序防火墙

病毒防火墙有硬件防火墙和软件防火墙之分。病毒防火墙的主要作用是在内部网络和外部网络之间构筑起一道屏障，起到保护计算机的作用。隔离并及时查杀病毒与木马程序，从而实现对计算机不安全网络因素的阻断。

一般而言，病毒防火墙基本都具备保护网络安全、强化网络安全策略、监控审计、管理流量、防止内部信息的泄漏和记录日志与事件通知六大功能。因此，可以有效隔离并查杀部分病毒与木马程序，防范病毒与木马程序窃取数据等行为。但是需要注意，因包过滤防火墙在过滤数据包时仅检查数据包头部，并不检查数据部分，故无法彻底地防范基于病毒的攻击，并且病毒防火墙有个重要特点是“防外不防内”，即病毒防火墙对来自内部网络的攻击防不胜防。

2) 部署入侵检测系统

入侵检测系统(Intrusion Detection System，IDS)是一种在发现可疑网络传输时，对网络传输进行即时监视、发出警报或采取主动响应措施的网络安全设备。它与其他网络安全设备不同的是，IDS 是一种主动的安全保护设备。入侵检测系统的部署如图 4-53 所示。

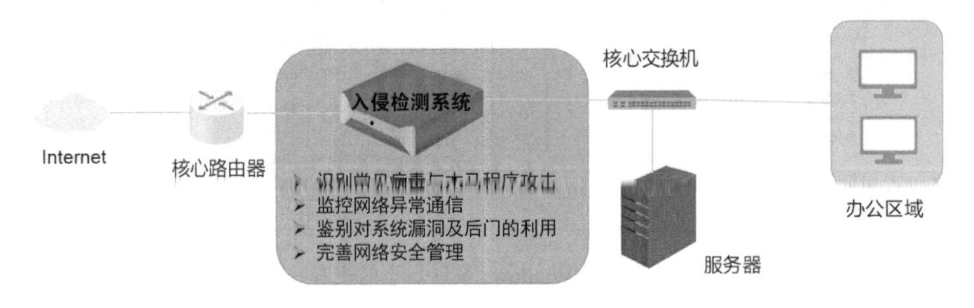

图 4-53　入侵检测系统的部署

3) 部署入侵防御系统

入侵防御系统(Intrusion Prevention System，IPS)是一种计算机网络安全设备。是对杀毒软件的补充，也是对防火墙的补充。入侵防御系统是一套能够监视网络变化的网络安全设备，同时对一些异常或携带病毒或木马程序的网络资料传输行为也能及时中断、调整或隔离。入侵防御系统的部署如图 4-54 所示。

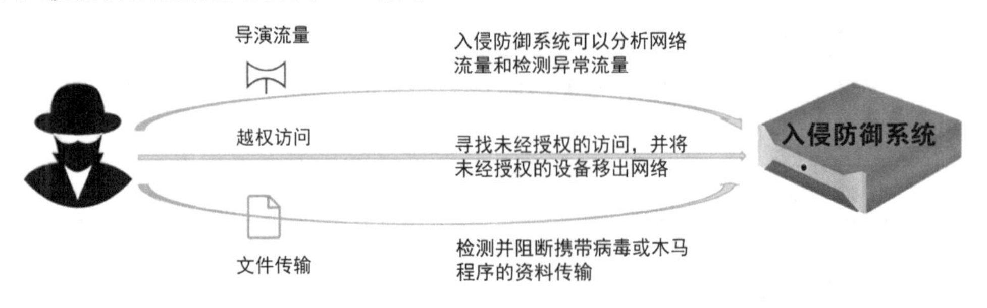

图 4-54　入侵防御系统的部署

值得注意的是，入侵防御系统与入侵检测系统不是一回事。入侵防御系统在检测入侵的基础上还添加了阻断功能，在一定程度上讲，IPS 相当于 IDS+防火墙。

4) 部署防病毒网关

防病毒网关是一种主要保护网络内(一般是局域网)数据出入安全的网络设备，主要有病毒或木马程序查杀功能、关键词过滤功能、垃圾邮件屏蔽功能，同时有些防病毒网关还有一定的防火墙功能。

防病毒网关能够对进出网络内部的数据进行检测，对 HTTP、FTP、SMTP、IMAP 四种协议的数据进行病毒或木马程序扫描，一旦发现病毒或木马程序就会采取相应的隔离或查杀手段，对病毒起到关键的防护作用。防病毒网关的作用如图 4-55 所示。

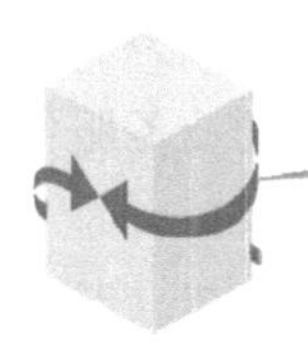

图 4-55　防病毒网关的作用

2. 安全策略的制定与实施

针对病毒与木马程序的防范，除了软硬件的部署与应用之外，还可以通过一系列的安全策略的制定与实施来保障计算机的安全，减少病毒或木马程序入侵带来的安全隐患。常见的安全策略如下：

(1) 密码策略：加强用户密码的管理和服务器密码的管理。可以对密码的复杂程度做要求，比如长度不能低于 8 位，第一位必须是英文大写，或必须是大小写和特殊字符混合等形式。

(2) 本地安全攻略：安全设置登陆系统的账号。如限制用户操作区域，对用户的权限进行权限管理等。

(3) 组策略：组策略意义上是控制用户能在计算机系统上做什么。比如允许或阻止某用户从远程计算机连接到网络共享，访问特定文件夹等。

(4) 病毒与木马程序防治策略：主要是检测病毒与木马程序，控制病毒与木马程序，清除病毒与木马程序。

(5) 权限策略：主要包括指派权限、分配权限等。

此外，安全策略的有效实施，离不开一个重要因素：“人”。在整个网络安全体系中，“人”是一个相对薄弱的环节。按照木桶理论，网络安全的整体水平是由最低木板决定的。我国从事安全专业的技术人员不多，半路转行人员占比大，所以，加大安全培训力度，增强人员安全防范意识，提高人员的安全防护能力非常重要。同时，安全技术人员不能只关注技术，还需要重视与安全有关的基础问题和法律法规，充分认识到自己的安全责任和义务。

一般而言，在人员因素上的改善，可以从以下三个方面着手进行：

(1) 开展安全意识培训：提升个人安全防范意识，警惕病毒与木马程序的攻击。

(2) 建立病毒与木马程序防范管理制度：完善病毒与木马程序防御技术与安全管理体系，强化管理人员的安全防范意识。

(3) 加强病毒与木马程序文件管理：发现病毒与木马程序后，应及时查杀并销毁，切勿私自利用。

3. 安全配置与加固

安全配置与加固，总体上属于被动防护。从安全配置方面入手，做好信息系统各个部分的安全加固，防微杜渐。

常见的安全配置与加固，可以分为补丁管理与系统加固两大类。

(1) 补丁管理。及时更新系统补丁，保障系统处于新版本状态，这也是防范病毒与木马程序的方法之一。更新补丁时，应该根据补丁管理相关策略来进行操作，注意防止引发新的问题。

补丁管理主要包括非重要服务器的管理和重点的业务服务器的管理两方面。对于非重要服务器可以按照不同操作系统，测试后再批量更新补丁。对于重要的业务服务器可以逐台测试，再逐台更新补丁。

(2) 系统加固。系统加固可以对病毒与木马程序攻击进行有效的防范。系统加固可以通过将设定好的系统锁定，变成可信系统。在可信系统下，非法程序、脚本都无法运行，而且不会影响数据正常进出。系统加固的作用如图 4-56 所示。

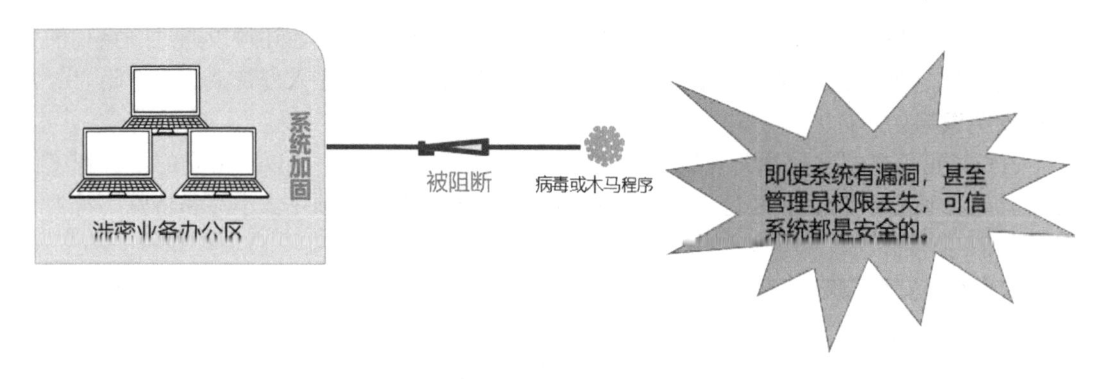

图 4-56　系统加固的作用

常见的系统安全加固方法，举例如下：

(1) 密码安全策略。首先，定位到加固位置：启动→管理工具→本地安全策略→账户策略→密码策略。其次，设置安全策略：开启密码复杂度，设置最短密码长度为 8 个字符，最短密码使用期为 30 天，最长密码使用期为 90 天等。

(2) 账户策略锁定。首先，定位到加固位置：开始→管理工具→本地安全策略→策略→锁定策略。其次，设置安全策略：设置 30 分钟账户锁定时间、5 次账户锁定阈值、10 分钟重置账户锁定计算器。

(3) 系统防火墙控制。首先，定位到加固位置：使用快捷键 Win+R 打开“运行”→输入“Firewall.Cpl”→打开 Windows Defender 防火墙。其次，设置安全策略：设置开启防火墙，在进阶设置入站规则中，设置了高风险端口的阻断，如 TCP：135，137，445，593，1025 端口和 UDP：135，137，138，445 端口。Windows 系统防火墙的配置界面如图 4-57 所示。

图 4-57　Windows 系统防火墙的配置

4.3.3　病毒与木马程序防范意识

人员是信息安全保障活动实施的主体，人员的安全意识水平在很大程度上也决定着信息安全防护活动的实施是否到位。

1. 树立安全防范意识

要防范病毒与木马程序，我们首先得认识病毒与木马程序。要提升病毒与木马程序的防护意识，就需要对病毒与木马程序进行全面了解，需要知道病毒与木马程序是什么，其传播方式有哪些，病毒与木马程序对系统的哪些部分会造成伤害等。

通过前面章节的学习，我们知道病毒与木马程序是隐藏在正常程序中的一段具有特殊功能的恶意代码，其传播方式主要是介质传播和网络传播，对计算机的主要危害是影响系统正常运行、破坏和删除文件、窃取密码和键盘记录等。

在日常工作和生活中，我们如何才能有效地防范病毒与木马程序呢？以下以两个场景为例，我们来探讨树立安全意识的重要性。

场景一：当收到邮件时，邮件中的附件可能捆绑病毒或木马程序，一旦点击容易使计算机系统感染病毒或木马程序。辨别钓鱼邮件的常规手段如图 4-58 所示。

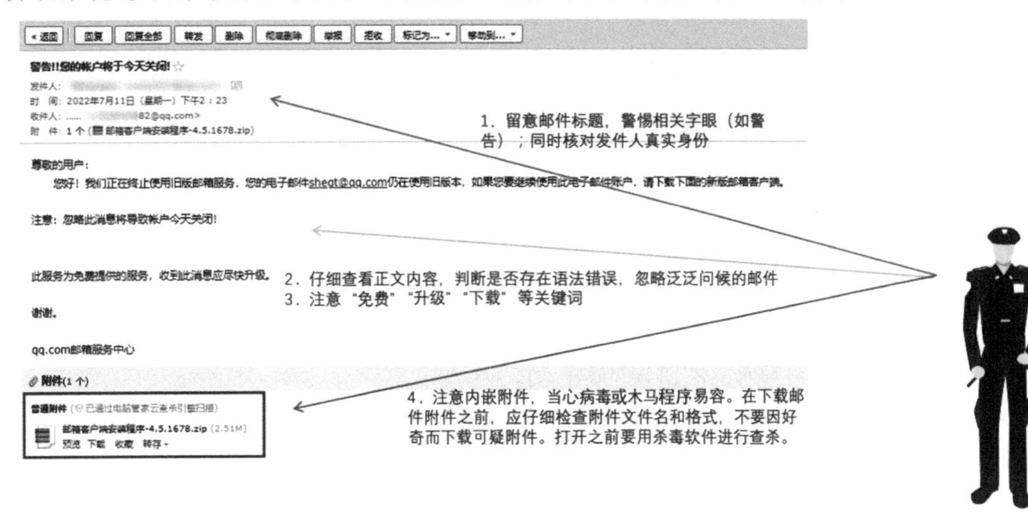

图 4-58　辨别钓鱼软件

场景二：网络刷单等高回报、高收益的信息泛滥，人们轻易相信网络招聘信息。网络诈骗的常见情况如图4-59所示。

图4-59　网络诈骗的常见情况

2. 掌握基本安全防范技巧

病毒与木马程序的常见防范技巧如下：

(1) 安装必要的杀毒软件，及时更新杀毒软件程序并保证随时开启。

(2) 不要打开来历不明的电子邮件或下载不明来源的文件。

(3) 切勿轻易下载或点击含有“冠状病毒”“中奖”“俄乌战争”等热点词汇的可执行文件，警惕不明来源的文档、邮件、压缩包等。

(4) 不要启用 Office 宏，除非文档来自可信来源。

(5) 对于公用的系统，做好权限分配、密码管理等保护措施。

(6) 下载软件最好通过官方渠道下载，切勿轻信网上下载链接。

课 后 习 题

一、选择题

1. 下列不属于病毒特性的是(　)。

A. 寄生性　　B. 感染性　　C. 潜伏性　　D. 永久性

2. (多选)在进行病毒与木马程序排查时，网络排查特别重要。下列属于网络排查内容的是(　)。

A. 排查可疑链接　　B. 排查IP地址

C. 网络连接排查　　D. 分析进程

3. 关于进程分析，下列说法错误的是(　)。

A. 不认识的进程都要删掉

B. ProcessDump 进程分析工具能指定特定进程

C. ProcessHacker 是一款进程分析工具

D. 当发现可疑进程时，要及时采取对应措施

4. 杀毒软件具有病毒扫描、清除和主动防御等功能。下列不属于我国国产的杀毒软件的是(　)。

A. 360安全管家　B. 腾讯计算机管家　C. 火绒安全　D. 卡巴斯基

5. 部署防火墙能实现对计算机不安全网络因素的阻断。下列不属于防火墙功能的是(　)。

A. 监控审计　B. 管理流量　C. 记录日志与事件通知　D. 修复漏洞

6. (多选)入侵检测系统是一种对网络传输进行即时监视的安全设备。下列关于入侵检测系统的描述，说法正确的是(　)。

A. 识别常见病毒与木马程序攻击　B. 监控网络异常通信

C. 鉴别对系统漏洞及后门的利用　D. 完善网络安全管理

7. 关于病毒的叙述中，正确的选项是(　)。

A. 病毒只感染*.exe或*.com文件

B. 病毒可以通过读写软盘、光盘或Internet网络进行传播

C. 病毒是通过电力网进行传播的

D. 病毒是由于软盘片表面不清洁而造成的

8. 下列关于补丁管理，说法错误的是(　)。

A. 及时更新系统补丁

B. 非重要服务器，按照不同操作系统，测试后再批量更新补丁

C. 重要的业务服务器，逐台测试，再逐台更新补丁

D. 系统要永远保持最新版本，新补丁都要更新

9. (多选)小明在学习病毒与木马程序防范知识之后进行总结。下列总结正确的是(　)。

A. 安装多款杀毒软件，越多越好

B. 下载软件最好通过官方渠道下载

C. 不要打开来历不明的电子邮件

D. 不要启用Office宏，除非文档来自可信来源

10. 病毒与木马程序利用网络进入目标系统并执行，都归类于网络传播。下列哪项描述不属于网络传播(　)。

A. 感染文件　B. 网页挂马

C. 利用系统漏洞或者网站设计缺陷　D. U盘感染

11. 下列关于常见的安全设备，说法错误的是(　)。

A. 入侵防御系统是一种被动的安全防护技术

B. 入侵检测系统简称“IDS”

C. 入侵防御系统简称“IPS”

D. 入侵检测系统是一种积极主动的安全防护技术

二、简答题

1. 某公司需要制定一份安全策略，您作为此公司的安全人员，觉得可以从哪些方面入手？

2. 病毒与木马程序通过网络传播的方式有哪些？

第5章　数据安全与隐私保护

数据作为新型生产要素，在传统生产方式的变革过程中扮演着重要的角色。对于任何一个组织机构来说，数据无疑是一笔重要的资产，一旦发生重大数据泄露、滥用等事件，给组织机构带来的损失将是难以估量的。因此，对数据安全的保障研究，已经成为信息时代的重要课题。本章从数据安全概述、数据库及安全问题、个人信息保护、大数据时代下的个人信息安全四个方面对数据安全与隐私保护进行介绍。

学习目标

1. 知识目标

了解数据安全的概念，常见的数据安全风险；了解数据库的工作原理、数据库安全的基本概念；了解个人信息的泄露途径，以及加强个人隐私保护意识；了解大数据的概念，以及防范大数据带来的威胁。

2. 能力目标

能够识别常见的数据安全风险；能针对具体案例做出简要安全分析，并给出基础数据安全防范建议；具备一定的个人信息保护能力，树立良好的信息安全防范意识。

5.1　数据安全概述

在信息技术高速发展的今天，数据已经成为信息化潮流真正的主题。在信息化环境下，数据安全已经涉及工业、电信、交通、金融、资源、医疗、教育、政务等关乎国计民生的领域，数据安全建设的价值正不断体现，因此，建立与完善各领域、各行业、各机构与组织的数据安全体系是非常有必要的。

5.1.1　数据安全基础

本节就数据与数据安全的概念、数据分类等基础知识做相关介绍。

1. 什么是数据？

根据《中华人民共和国数据安全法》第三条规定：“数据，是指任何以电子或者其他方式对信息的记录”。如“0，1，2……”“阴，雨，降，温”“学生档案记录、物品运输情况”等均为数据资料。经过加工后的数据就成了可供使用的信息。

因此，我们可以这样定义数据：

(1) 资料是指记录客观事物并能够识别的符号，是记录客观事物的性质、状态和相互关系的物理符号或这些物理符号的组合。

(2) 数据可以分为模拟数据和数字数据。模拟数据是指如声音、图像等的连续值数据；数字数据则具有离散性，如符号、文字等。

2. 数据的常见分类方式

个人数据、企业数据、国家数据，根据数据所属主体类型的不同将数据分为三类。

1) 个人数据

个人数据属于隐私信息，主要包括个人生活数据、工作数据、家庭数据、家庭财产数据。个人数据的分类具体如表 5-1 所示。个人信息的泄露，轻者会经常受到不必要的干扰，如收到垃圾邮件、垃圾短信、骚扰电话等；重者会造成财产损失，如被他人冒名办卡透支欠款、账户钱款被盗刷等，损害个人社会信用，甚至危及个人生命安全。

表 5-1　个人数据类型

数据类型	具 体 信 息
个人生活数据	个人的成长经历信息、毕业院校、电话号码、微信号等
工作数据	工作单位、工作岗位、工作任务、日程计划、通话记录、邮件、电子文档等
家庭数据	本人在家庭中的关系，家庭成员信息、伴侣信息等
家庭财产数据	不动产、金融性资产、保险、债权和债务、股票或者其他投资等

2) 企业数据

企业数据泛指所有与企业经营相关的信息、资料，包括公司概况、产品信息、经营数据、研究成果等，其中很多涉及商业机密。例如，一家软件技术开发公司的数据主要包括企业经营数据、技术数据、内部系统数据等，常见企业数据类型如表 5-2 所示。分析企业收集的数据，可以推测市场环境的现状、未来与发展趋势，并以此制定企业未来的发展目标与策略。SnapLogic(商业软件公司)的一项最新研究表明，数据是公司的命脉，有效地进行数据管理，可以提高企业的收益。

表 5-2　企业数据类型

数据类型	具 体 信 息
企业经营数据	客户数据、合作伙伴数据等
技术数据	源代码、核心技术、各类生产设备产生的数据
内部系统数据	OA 系统、ERP 系统、财务系统、HR 系统

3) 国家数据

国家数据，包括政治数据、民生数据、国防数据等。国家数据可以体现国民当前的生存现状，国际形势以及国家在国际中所处的地位。对国家数据进行系统的分析，得出结果，政府对国家的治理能够以此结果为基础，使国家的治理目标合理化，治理方式现代化，治理体系科学化，治理方式智能化。

根据我国相关保密政策规定，国家数据分为公开数据与秘密数据两大类：公开数据通常是指国家经济发展数据、货物进出口数据等；秘密数据包括但不限于国民经济和社会发展中的秘密、国家政治事务的重大决策、国防力量建设和武装活动中的秘密、外交或外交活动中的秘密事项、对外承担保密义务的秘密事项、重大科研项目中的秘密等关系到国家安全和利益的数据。国家数据一旦发生泄露，将会危害经济运行秩序，干扰市场公平竞争，危害政府的公信力，使国家的利益和人民的利益受到重创，后果十分严重。

根据《中华人民共和国保守国家秘密法》第十条规定，我国国家秘密的密级分为三个等级，国家秘密的密级分类具体如表 5-3 所示。

表 5-3 国家秘密的密级分类

密 级	说 明
绝密级	最重要的国家秘密，泄露会使国家安全和利益遭受特别严重的损害
机密级	重要的国家秘密，泄露会使国家安全和利益遭受严重的损害
秘密级	一般的国家秘密，泄露会使国家安全和利益遭受损害

3. 什么是数据安全？

《中华人民共和国数据安全法》第三条指出：“数据安全是指通过采取必要的措施，确保数据处于有效保护和合法利用的状态，以及具备保障持续安全状态的能力。”

数据安全包括数据处理安全、数据使用安全、数据存储安全等。保证数据在整个生命周期过程内的安全是数据安全的目标，提供全方位的安全防护包括：数据的收集、存储、使用、传输、加工、提供、公开等。

1) 数据安全的范畴

《中华人民共和国数据安全法》第二条规定了该法的适用范围，第三条规定了数据的定义。从“数据”的定义看，所有对信息进行记录的载体都认定为数据。而常见的纸质登记、其他小众的信息记录等数据保存形式，也都已经被纳入到数据安全管理范畴。也就是说，只要存在数据的地方就需要数据安全，各行各业已经将数据安全纳入其信息化建设中。

2) 数据安全的价值

数据安全威胁日益增多，作为一种驱动或鞭策，要进一步推动数字经济的发展，数据安全建设是不可或缺的环节，企业已经把关键数据的安全视为其正常运作的基石，可以说是数据安全价值的体现。

3) 数据安全的重要性

国家安全的重要保障之一是网络安全。国家层面的网络空间安全领域包括网络本身的安全，也包括如数据系统、信息系统、智能系统、信息物理融合系统等领域的安全。在新时代，政府部门和企事业单位对数据安全高度重视，作为重要的研究领域，国家也投入了大量的科研力量。数据安全对于国家安全的重要性也非常突出，它是网络空间安全中极其关键的组成部分。

5.1.2　数据安全风险

本节就数据面临的常见安全风险以及对应的数据安全防范策略做相关阐述。

1. 数据面临的常见安全风险

虽然防火墙、反病毒软件、入侵检测系统等安全软硬件都得到了广泛应用，安全技术以及相关应用得到了迅速发展，但由于数据安全问题具有多变性、突发性的特点，我们并不能杜绝各种数据安全事件的发生。

1) 数据存储媒介丢失或被盗

数据存储媒介种类繁多，包括 U 盘、移动硬盘以及其他的存储设备。常见的移动存储设备如图 5-1 所示。移动存储设备产生该风险的原因，有可能是员工在下班后忘记将移动存储设备带走，或者移动存储设备在员工出差、通勤的途中不小心掉落；也可能是因为相关部门监管不力，安保措施没有落实到位，导致移动存储设备失窃。如果丢失的移动存储设备中包含机密的数据，可能会被他人用于非法交易，从而造成数据泄露。我们通过一个案例来了解数据存储媒介被盗的风险。

图 5-1　常见的移动存储设备

案例

2021 年 3 月 17 日，杭州市富阳区某公司的员工汪先生因为监控设备异常，及时对位于消防控制室内的设备进行了检查维护，而当设备维护安装人员打开设备机柜时发现，原本应该插满硬盘的存储服务器，只剩下一块硬盘在运行，价值十多万的 180 多个硬盘不翼而飞。企业第一时间进行了报警，相关嫌疑人已被抓获。

2) 员工故意或无意泄露机密

某些企业员工的手上掌握有大量的机密信息，为了达到某种目的(例如谋取不当利益、对公司进行报复等)，可能会将手中的机密资料出售给企业竞争对手或黑客，这种属于员工故意行为。而由于安全意识淡薄，一些员工会不经意间将包含机密信息的电子邮件，在未经加密的情况下发送给一个非法用户，或者将企业的机密信息发布到个人博客、代码托管系统等公共平台中，导致数据泄露，则属于员工无意行为。员工故意或无意泄露机密的案例如下：

案例

2009 年，央视“3.15”晚会揭露了某些地方的移动公司员工将用户隐私信息出售的事件，就是一种典型的员工利用自身特权，违反企业数据保护条例的行为。

3) 黑客攻击

黑客利用社会工程学手段实施渗透，攻击目标，从而获取到目标的各种访问权限，进一步获取机密数据。例如，黑客通过使用网络嗅探、中间人攻击等方式，侵入企业内网，获取企业的机密数据，或者利用企业门户网站的一些漏洞，直接入侵网站后台，从而窃取数据。黑客攻击的案例如下：

案例

2021 年 8 月 16 日，广东某市中级人民法院曝光一起案件：一位 17 岁小伙利用黑客手段，导致为 5000 余万用户提供服务的航空系统“停摆”4 个小时，最终被判处有期徒刑四年。

4) 非法爬取

如今，爬虫技术愈发成熟，由此带来的数据安全风险和数据保护难度也在进一步加大。爬虫技术可以在未经目标授权的情况下，快速获取到大量数据。获取到的数据可能会包含个人信息，甚至是商业机密。非法爬取的案例如下：

案例

2022 年 7 月 8 日，艺恩星数、常州积奇等数家公司因为爬取小红书的数据，被小红书正式提起民事诉讼。小红书宣称，被提起诉讼的这些公司通过不正当技术手段，不仅爬取其平台信息内容和数据，并且非法对数据进行存储、加工，以及谋取商业利益。此举使得小红书公司以及其用户的合法权益受到严重侵害。小红书请求法院判令上述公司对经济损失进行赔偿，并立即停止爬取小红书的平台数据。

2. 数据安全防范策略

习近平总书记强调：“要切实保障国家数据安全。要加强关键信息基础设施安全保护，强化国家关键数据资源保护能力，增强数据安全预警和溯源能力”。数据安全所面临的风险，需要制定并实施一系列相应的防范策略予以应对。

1) 安全培训

安全培训有助于企业人员强化风险意识，知晓法律规定公民应享有的权益。企业应加强对员工进行电子邮件收发、文件使用等方面的安全培训，增强员工的数据安全意识。

2) 数据访问权限划分

建立完善的数据访问权限划分规则。明确数据访问边界，根据用户的身份对数据访问权限进行合理的分配，确保数据访问活动保持在可控范围之内。此外，还需要将数据访问活动记录到访问日志，以便日后在出现问题时能够进行追溯。

3) 物联网管理

采用物联网管理手段，可以对数据存储介质进行识别、跟踪、定位、监控。

4) 存储介质管理

做好移动存储介质(U 盘、光盘、移动硬盘等)的防盗窃、防损坏等工作，并落实到位。

加强对笔记本计算机、平板计算机等移动办公设备的管理，及时对涉密数据进行加密处理，并且定期进行安全检查。

5) 双因素身份验证

一般来说，证明一个人身份的因素有三种。他们分别是秘密信息(需要本人记忆，比如密码)、个人物品(可以说明本人身份，如USB加密狗)、生物特征(具有唯一性，例如指纹、虹膜)。每一种因素单独存在的时候都是脆弱的，而将两种因素结合以后，构建起可以大幅提升系统安全性的双因素认证。

双因素认证采用了一次性口令，它是基于时间、事件和Key三个变量产生的。解决了传统静态口令存在的口令欺诈、口令泄密等导致的入侵问题。重要业务系统应尽可能采取双因素认证的部署方式，提升业务系统的安全性。

对于文件资料的操作，需要制定文件资料相应的使用、存储、分发、销毁流程，并严格遵循流程，谨慎操作，最大程度上避免文件资料误操作所带来的安全问题。文件资料安全操作流程具体如表5-4所示。

表5-4 文件资料安全操作流程

操作流程	具体措施
使用	生产数据、重要资料、客户个人信息等数据需按照公司规定，经过审批，脱敏后才能使用
存储	日常工作与业务中的重要文件或资料，应尽可能将备份保存到公司业务平台中的指定位置；将纸质的敏感文件或内部资料存放在安全位置，例如将文件抽屉上锁，或者将文件存放在保险柜中
分发	公司资料传输给公司其他人员或公司外部人员，需按照公司的数据等级分发规定进行分发
销毁	办公计算机数据资料清除前，必须对数据进行备份和验证，方可进行清除操作。商业文件的多余副本或不再使用的文件，应按照相关规定进行处理，严防擅自偷窃或销毁

我们通过一个案例来了解数据安全防范的重要性。

案例

T-Mobile于2021年8月17日确认其系统在3月18日遭受网络犯罪攻击，因此泄露了数百万名客户、前客户以及潜在客户的资料。被泄露的信息包括姓名、驾驶证、身份证号、社保号、出生年月、T-Mobile充值卡PIN、住址、电话等。T-Mobile称，不法分子利用其技术系统缺陷，使用专门工具访问该公司测试环境，然后使用暴力破解等手段入侵其他IT服务器，这些服务器存有客户数据。T-Mobile还称，他们已经知道不法分子非法进入他们的服务器的手段，并已安排相关技术人员进行安全加固。该公司承诺，他们将免费向所有可能受到影响的人提供两年的身份保护服务(Michaffy身份盗用保护服务)。另一方面，对于后付费客户，T-Mobile表示会为他们提供账户接管保护服务，以降低客户账户信息外泄和被窃取的风险。

T-Mobile是一家跨国移动电话运营商，是德国电信的一家子公司，隶属于Freemove联盟。T-Mobile为西欧和美国地区提供GSM网络运营服务，并且通过金融投资参与东欧和东南亚地区的网络运营。从手机用户数量上来看，该公司拥有1.09亿手机用户。因此，该公司掌握大量的用户个人数据信息，具有较高的价值，极易被网络不法分子盯上。如果发生用户数据泄露事件，其破坏力和影响力将非常惊人。可见，保护客户信息、确保用户数据安全是通信公司要切实落实的重要方针。

5.2 数据库及安全问题

数据库诞生于20世纪60年代末70年代初，随着信息化技术的不断提升和市场需求的扩大，数据管理逐渐从传统的存储、管理数据向用户所需的多种数据管理方式进行转变。在信息化时代，数据库技术已经成为管理信息系统、办公自动化系统、决策支持系统等各类重要业务系统的核心部分。

5.2.1 数据库基础

本节对数据库的产生，数据库的基本概念及其工作原理做相关介绍。

1. 数据库的产生

人工管理，文件系统管理，数据库系统管理，是人们利用计算机技术管理生产数据的三个阶段。从图5-2可以看到，数据存储方式从早期的磁带、磁盘驱动器等形式的文件存储，向数据库服务器形式的存储方向发展。据不完全统计，全世界每天都会产生约5亿条推文、29亿封电子邮件、400万GB的Facebook数据、650亿条WhatsApp消息和72万个小时的YouTube新视频等各种数据。每天几何级数增长的数据，是互联网技术高速发展的时代产物，传统的数据管理方式已难以满足当今日益增长的业务需求，为了实现数据的高性能存取、高效率管理，数据库系统应运而生。

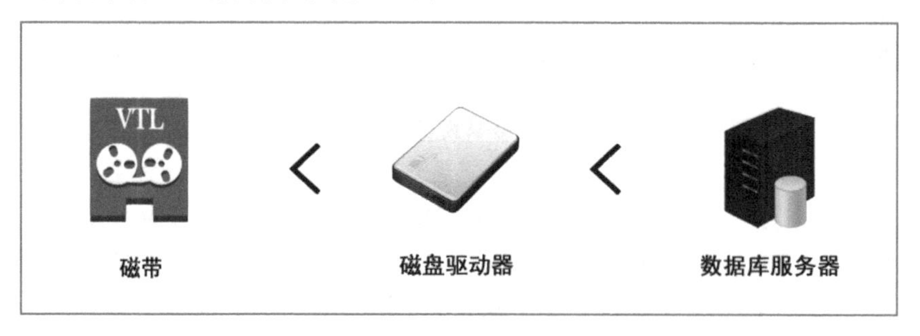

图5-2 数据存储方式的演变

2. 什么是数据库?

数据库是长期存储在计算机中的、有组织的、可共享的大量资料的集合。数据库管理系统(DBMS)是用于建立、使用和维护数据库，同时能够对数据库进行操纵和管理的大型软件。数据库管理系统位于用户和操作系统之间，根据数据结构对数据进行存储和管理，是一个大型、复杂的软件系统。通常情况下，我们平时所说的数据库(如MySQL)是指数据库管理系统，只不过我们习惯称之为数据库。也就是说，数据库包含着保管资料的“仓库”

和管理资料的方法、技术两种含义。

从 1964 年，全球第一个数据库系统 IDS(集成数据存储)诞生，数据库发展至今已经超过 60 年。近年来，数据模型与数据库技术架构都发生了很大改变，主要体现在：① 数据模型的演变，经历了层次模型→网状模型→关系模型→关系+非关系模型四次演变。② 数据库技术架构的变化，从磁盘数据库发展到内存数据库，从单机发展到集中分布式，从本地部署发展到云部署。

关系型数据库和非关系型数据库是数据库系统的两个主要类型。常见的数据库系统及其所对应的数据库类型和说明如表 5-5 所示。

表 5-5　常见的数据库系统及所对应的数据库类型和说明

数据库系统	数据库类型	说　明
关系型数据库	MySQL	由瑞典 MySQL AB 公司开发，是最流行的关系型数据库管理系统之一
	SQL Server	由 Microsoft 开发和推广的关系型数据库管理系统，具有图形化用户界面，使系统管理和数据库管理更加直观、简单
	Oracle Database	由甲骨文公司进行开发，系统可移植性好、使用方便、功能强，适用于各类大、中、小型微机环境，是一种高效率、高可靠性、高吞吐量的数据库系统解决方案
非关系型数据库	Redis	全称 Remote Dictionary Server，即远程字典服务，一个开源的使用 ANSI C 语言编写的开源数据库，支持基于网络、内存、可持久化的日志型、Key-Value 型数据存储
	MongoDB	著名的 NoSQL 数据库，它是一个面向文档的开源数据库，具有可伸缩、易安装、支持临时查询等特点
	Cassandra	Facebook 为收件箱搜索开发的分布式数据存储系统，用于处理大量结构化数据

关系型数据库是指采用关系模型来组织数据的数据库，它将数据以行、列的形式储存起来，便于用户理解，而一系列的行、列叫做表，一组表就构成了数据库。常见的关系型数据库系统如图 5-3 所示，主要有 Oracle Database、MySQL、Microsoft SQL Server 等。

图 5-3　常见的关系型数据库系统

非关系型数据库，与关系型数据库不同，它是数据结构化存储方式的集合。数据存储的形式可以是文档、键值对、图片等、优点是扩展简单、并发高、稳定性高、费用低。常见的非关系型数据库系统如图 5-4 所示，主要有 Redis、MongoDB、Cassandra 等。

图 5-4 常见的非关系型数据库系统

3. 数据库的工作原理

和普通程序软件一样，数据库本身是自主运营的软件。数据库系统的工作原理如图 5-5 所示。数据库使用时，数据的请求端需要与数据库建立连接。与数据库建立连接完成后，请求端就可以发送操作指令，对数据库进行数据库访问，操作指令一般包括 DDL 和 DML，DDL 代表数据定义语言，是一种创建数据库模式的 SQL 命令。而 DML 代表数据操作语言，是一种检索和管理关系数据库中数据的 SQL 命令。数据库解析操作指令，并对数据进行处理，处理完毕后，将数据处理结果返回到请求端。

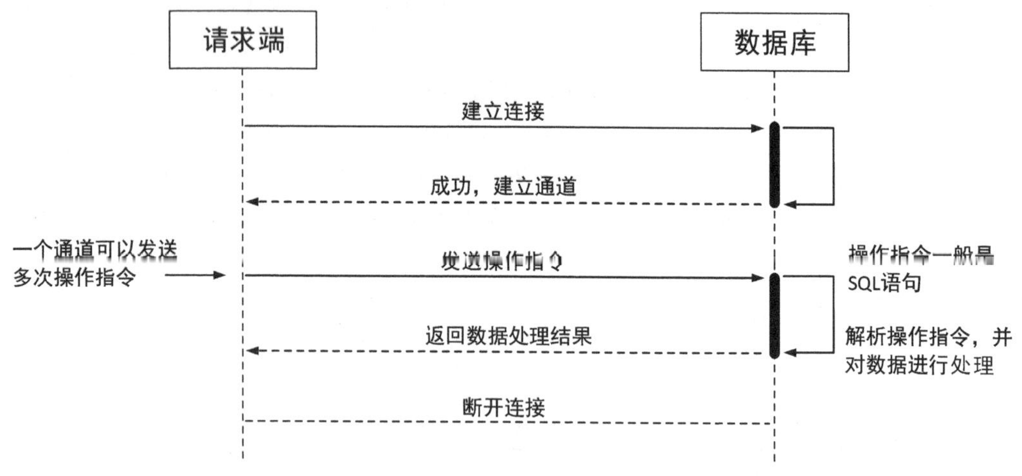

图 5-5 数据库系统的工作原理

数据库系统具有以下特点：

1) 数据结构化

数据结构化，就是让数据联系起来，相互关联。这就是数据库系统和档案系统的根本不同之处。数据库系统虽然也常常分成许多单独的数据文件，并且文件内部也具有完整的数据结构，但是它更注重同一数据库中各数据文件之间的相互联系。

2) 数据的共享性高，冗余度低且易扩充

数据库是面向整个系统的，数据具有公共性，结构具有综合性，没有一个数据是属于某个应用的。一个数据库可供多个用户和多个 APP 共享使用，能够极大地减少数据冗余，节省存储空间。数据之间的兼容性和一致性得到了保证。这就使得数据库中的数据能够适应各种合法用户的合理要求，能够适应各种应用程序，能够轻松拓展新的应用程序。

3) 数据独立性高

数据独立性包括两个方面：物理上的独立和逻辑上的独立。根据数据与应用的关联性决定数据的独立性。

用户的应用程序和数据库中的数据物理存储，二者关系是相互独立的，我们称之为物理独立。当数据库中数据的实际存储方式发生变化时，DBMS 只需要对数据的转换方式进行适当的改变，即可实现用户面对数据时的逻辑结构不变，使得处理数据的应用程序也能保持不变。

用户的应用程序与数据库的逻辑结构，二者关系是相互独立的，我们称之为逻辑独立。当数据库中数据的逻辑结构发生变化时，DBMS 只需要对数据的转换方式进行适当的改变，就可以实现用户面对数据时的逻辑结构不变。

4) 数据由数据库管理系统统一管理和控制

数据库管理系统是一种对数据库进行操纵和管理的软件，主要用于数据库的建立、使用和维护。数据库管理系统统一管理和控制数据库，确保数据库安全完整。一方面，用户通过 DBMS 访问数据库中的数据。另一方面，数据库管理员也通过 DBMS 维护数据库。

5.2.2 数据库安全基础

本节主要介绍数据库安全的基本概念，数据库常见安全问题及危害等知识。

1. 什么是数据库安全？

数据库系统的主要性能指标之一是数据库系统的安全保护措施是否有效。数据库安全是指在数据库访问与管理过程中，避免出现数据泄露、更改或破坏等行为，确保数据库的各个部分不受到侵害。常见数据库安全类型如表 5-6 所示，主要包括数据库系统安全、数据库数据安全、数据库管理安全等。

表 5-6　数据库安全类型

数据库安全类型	说　明
数据库系统安全	硬件运行安全、物理控制安全、操作系统安全、用户拥有可连接数据库的授权、灾害故障恢复
数据库数据安全	有效的用户名/口令鉴别、用户访问权限控制、数据存取权限、数据加密、防止电磁信息泄露
数据库管理安全	管理细分和委派原则、最小权限原则、账号安全原则、有效审计原则

2. 数据库常见安全问题及危害

1) 数据未备份

数据面临的风险无处不在，一旦发生安全事件，可能造成数据丢失，如果没有备份数据，就难以进行数据恢复。这类事件的发生，无论对个人还是企业，都可能是灾难性的打击。以下我们通过一则案例来了解数据未备份的危害。

案例

某制药公司运维人员张某某在 2021 年工作期间，由于自身工作失职，没有定期备份制药系统文件，因此，制药系统服务器缺乏有效备份，导致制药系统服务器被病毒攻击后无法恢复正常工作，张某某的失职行为造成公司经济损失近 100 万元。

2) 数据库遭删库

与“删库跑路”类似的事件几乎每年都有发生。发生此类事件，主要是由于数据库管理人员的权限分配不当，加上某些数据库管理人员缺乏良好的工作素养，因工作或其他原因产生怨恨心理，对数据库进行删表甚至是删库操作，导致业务系统崩溃，产生严重后果，图 5-6 为百度搜索关键字“删库跑路”得到的相关案例。

图 5-6　“删库跑路”事件(数据来自百度搜索)

3) 数据库瘫痪

数据库由于受到自身因素(网络中断，存储空间不足，设备损坏等)或外界因素(内部人员破坏，业务系统缺陷，黑客攻击等)的影响，出现数据库文件损坏、系统离线等故障，导致数据库陷入瘫痪状态。以下为数据库瘫痪的一个案例。

案例

2021 年 1 月，某公司由于 HP FC MSA 2000 存储故障，造成公司 Oracle 数据库系统离线。经分析，整个存储空间由 8 块硬盘组成，其中 7 块硬盘组成一个 RAID 5 阵列，剩余的 1 块为热备盘。由于 RAID 5 阵列中有 2 个硬盘损坏。而此时只有一块热备盘成功激活，因此导致 RAID 5 阵列瘫痪，上层 LUN 无法正常使用，Oracle 数据库瘫痪了。

4) 数据泄露

由于管理人员操作不当、遭受外部攻击、数据库系统自身漏洞等原因，数据库可能会出现数据泄露问题，泄露的数据可能包含有机密数据(如相关部门的详细资料)，严重威胁到数据库使用方的安全。以下为数据泄露的一个案例。

案例

2022 年 6 月，M78Sec 安全团队率先披露出某教学辅助软件的信息泄露事件。该团队发现某教学辅助软件的数据正在被黑客兜售，于是进行仔细查证，经多人验证发现社工库(黑客将泄漏的用户数据集中归档的数据库)中泄露的个别信息与该软件的信息高度一致。

5.2.3 数据库安全防护

本节主要介绍数据库安全防护要求与方法、防护策略以及第三方数据安全服务等内容。

1. 数据库安全防护要求与方法

数据库作为应用系统的数据存储后端，是整个系统的核心和运行支撑，是信息安全的重点防护对象。数据库安全涉及数字资产的安全存储和安全访问，其安全要求包括以下四个方面：

(1) 向合法用户提供可以信赖的资讯服务。

(2) 拒绝执行不正确的数据操作。

(3) 拒绝非法用户对数据库的访问。

(4) 能跟踪记录，以便为合规性检查、安全责任审查等提供证据和迹象等。

现在，为了满足不断增长的业务需求，数据库系统已经不再像早期那样只部署在单台服务器上，而是通常会采用多节点、分布式、高可用等方式进行部署，为与其连接的各类信息系统提供数据服务。所以，针对现在环境下的数据库安全，不仅需要在数据库层面进行考虑，还需要在数据库运行环境、人员管理、实时监控、审计等多方面进行综合考虑。由于采用了新型的数据库部署方式，防护技术和防护过程也需要相应地进行调整，常见的数据库安全防护方法如表 5-7 所示。

表 5-7 数据库安全防护方法

防护方法	说 明
密码保护、数据加密	对访问的数据库设置密码，访问时需要输入密码才能打开受密码保护的数据库；将数据库敏感数据由明文存储改为密文存储，防范内部高权限用户的数据被盗窃
数据库安全策略	包括系统安全性策略，数据安全性策略，用户安全性策略，DBA 安全性策略等，在数据库系统中，针对不同账号的角色给予相对应的访问、增加、删除等权限
运行环境检测与实时监控	使用数据库监控系统对数据库各种运行指标进行全方位实时监控。系统应能够发现和识别数据库异常以及潜在的性能问题，并及时将数据库异常报告给管理员
及时修复软件漏洞及配置缺陷	对于已发现的数据库及应用程序的漏洞和配置缺陷，应及时进行修复，避免攻击者利用已知的漏洞和缺陷对数据进行窃取，或对数据库系统进行攻击
安全审计，日志分析	数据库审计主要用于监视并记录对数据库服务器的各类操作行为，并记入审计日志或数据库中以便日后进行跟踪、查询、分析，以实现对用户操作的监控和审计

2. 数据库安全防护策略

实施数据库安全防护，分为数据库运行前与运行过程中。针对两个不同阶段，采取的防护策略也不尽相同。

1) 安全检测

数据库系统运行前，对数据库系统的安全检测是必要的。通常包括对数据库系统运行环境的安全检测，以及对数据库系统自身缺陷的安全检测。通过安全检测，能够尽早发现数据库存在的安全缺陷(包括软件漏洞及配置缺陷)。通过安装补丁、调整安全设置、制定安全策略等方法进行安全加固，根据数据库业务的需要，完善防护技术体系。

2) 安全监控与审计

在数据库系统运行过程中，通过实时监控数据库用户活动 (应用程序对于数据库的访问行为)和数据库的运行状态，尽早发现影响数据库稳定运行的问题，对可疑的用户活动进行报警，及时采取适当的防护措施(例如中断连接、用户冻结等)，保证数据库安全稳定地运行下去。进行安全审计，主要是针对数据库运行期间产生的各种日志，通过多维度进行综合分析，从而发现影响数据库安全运行的因素并采取相应的应对措施。

3. 第三方数据安全服务

各大企业越来越重视数据库安全，积极与各大安全厂商合作，打造适合自己的数据库安全防护。各种新技术的应用(如基于联邦学习、多方安全计算、机密计算、数据沙箱等主流隐私计算技术)能全方位地为数据库提供安全服务。

以百度点石平台为例，它是一个基于联邦学习、多方安全计算、机密计算、数据沙箱等主流隐私计算技术的隐私计算平台。它具有突出的大数据核心技术能力，能够高效实现数据安全流通与数据赋能，提供数据安全融合与应用服务，提供安全可靠的数据开放与共享服务。以下为一个第三方数据库安全服务的案例。

案例

2020 年 2 月 23 日晚，某电商公司的 SaaS 业务突然崩溃，基于该电商的商户小程序全部宕机。300 万商户的业务基本停止。经过调查发现，事情的起因是人为恶意破坏，数据库内部数据被故意删除。根据官方发布的公告，这个人就是该公司的员工贺某，研发中心运维事业部的核心运维人员。目前，他已被所在地公安局刑事拘留，对自己的犯罪事实供认不讳。

5.3　个人信息保护

随着网络的普及，以及人们对网络的依赖，网络中的安全问题越来越突出。流氓软件、木马程序、黑客攻击、电信诈骗等安全问题时有发生，个人信息泄露、财产损失的事件有增无减。

5.3.1　个人信息泄露的途径

个人信息泄露途径

以下我们通过两个案例来初步了解个人信息泄露的相关问题。

案例

1. 在我国，公民姓名、身份证号码、手机号码、银行卡号这四种公民个人信息(简称“四要素信息”)是非常重要的隐私信息。2020年2月至12月，被告人姚某以10万余元的价格通过网络购买大量的个人隐私信息，以35万余元的价格出售这些信息以从中获利。案发后，姚某受到法律制裁，非法财产被全部没收。

2. 2021年12月，被告人何某欢为获取非法利益，伙同李某、董某选、董某翔、董某利等人通过互联网采集公民四要素信息，以招聘兼职人员、做促销为名，向其在线发送信息，获利25万余元。李某等人按信息量向何某欢索取费用，经过此番操作，李某获利1.1万余元，董某选获利1.39万余元，董某翔获利0.5万余元，董某利获利0.89万余元。案发后，法院依法判处被告人姚某、何某欢等人拘役1个月至有期徒刑3年不等，依法分别适用缓刑，并分别处罚金人民币8000元至35万元不等。

通过上述两个案例可以知道，个人信息的贩卖形成了一条黑色产业链。非法者可以通过各种途径获取到个人信息，然后打包整理，最终以高价售卖给他人。个人信息泄露主要有两个途径，一是本人泄露，二是他人泄露。

1. 本人泄露

以下我们通过四个案例来了解本人泄露个人信息的常见途径与危害。

案例

1. 2021年11月，浙江省嘉善县检察院在对顾某、胡某侵犯公民个人信息提起刑事附带民事公益诉讼案中发现，顾某等人买卖的部分公民个人信息就是通过快递行业或者个人丢弃的快递单据获取的，二人的聊天记录中有多张快递单的图片，图片中清晰记载了收件人、寄件人的姓名、联系方式、住址等公民个人信息。

2. 2019年11月，《我是怎样推理出明星住址的》推文火了。凭借某明星在网上公开的信息，19岁的大学生小罗(化名)不到40分钟就找到了这位明星的住址。同样的故事，也发生在日本某偶像明星身上，平时爱分享动态的她就爱上社交软件。可她万万没想到，一张普通的自拍照差点引来杀身之祸。事后研究发现，是她的狂热粉丝们通过将照片中她的瞳孔放大，推断出了大致拍摄地点的街景轮廓。

3. 据台湾《东森新闻》报道，就读台湾某大学的女生小君(化名)，2021年7月到闹市逛街时，帮一个男子阿临(化名)做了问卷调查，留下了真实的姓名和联络方式，不料被对方一直搭讪。某日，阿临问小君“我没地方住，可不可以借我住一晚”，女方好心收留却变成了引狼入室。

4. 2022年3月25日，四川某市公安局接事主郑某报警称，郑某在国内某大型招聘网站将求职简历投递到某公司。此后，郑某连续接到多家公司打来的骚扰电话，甚至还接到大量推销电话，这些公司对他求职简历上填写的信息都很熟悉，郑某怀疑是个人信息泄露，于是报警处理。

个人信息的泄露通常是在不经意间发生的。个人信息泄露，通常会伴随着大量的骚扰电话、诈骗电话、钓鱼短信等垃圾信息，对个人生活造成较大的影响。常见的因本人而发生的个人信息泄露的途径，主要包括各类单据、社交软件分享、问卷调查、网上投放简历等，各类因本人而发生的个人信息泄露的途径如表 5-8 所示。

表 5-8 因本人而发生的个人信息泄露的途径

泄露途径	说　明
单据	各类单据包括快递单、外卖单、购物小票等等。这些单据通常会包含有姓名、电话、住址等信息，如果处理不当，将单据随意丢弃，很容易会导致信息泄露
社交软件分享	使用微信、QQ 等社交工具与他人进行线上互动时，由于安全意识不高，透露了自己的姓名、职务、单位、住址、家庭成员等信息，造成信息泄露，使不法分子有机可乘
问卷调查	在外有时会遇到商家邀请参加问卷调查、购物抽奖或者申请免费邮寄会员卡等活动，一般需要填写详细姓名、联系方式等信息，这相当于把自己的个人信息主动提供给了他人
网上投放简历	网上投放简历方便快捷，深受求职者的青睐。然而，简历中通常也会包含有个人信息，如果将个人简历投放到了非正规平台，个人信息很可能会被不法分子利用，造成信息泄露

2. 他人泄露

以下我们通过三个案例来初步了解个人信息被他人泄露的情况。

案例

1. 2022 年 7 月，连锁酒店巨头万豪国际集团已经证实，该集团又发生了一起数据泄露事件，黑客们声称窃取了 20 GB 的敏感数据。对这次攻击负责的组织称，被盗的数据包括客人的信用卡信息及客人和员工的机密信息。让人担心的是，万豪国际集团已经不是第一次被黑客窃取数据。

2. 2021 年 11 月，在上海市某区某快递物流公司担任仓库管理员的石沐阳，与好友朱松盼里应外合，石沐阳利用职务之便，通过将公司系统内的公民个人信息扫描向朱松盼出售，短短 7 个月时间，两人交易 5000 多条公民信息，石沐阳从中获利 2.7 万多元。上海市青浦区人民检察院依据被告人的犯罪事实提起公诉，同时提起刑事附带民事公益诉讼，法院判处石沐阳公开赔礼道歉，并处以有期徒刑。

3. 2020 年 11 月，日本某家游戏公司破产后，剩下一大堆纸质文件和电子资料。他们在离开之前，不愿继续花时间去安全处理这些数据，而是裸露在办公场所。同时，还任由清洁人员随意翻阅各种文件，其中就包括某款游戏的用户资料。

在某些情况下，由于外部因素的影响，个人信息泄露难以避免。此时，只能通过及时更新个人账号密码，降低个人信息泄露风险。常见的因他人而发生的个人信息泄露的途径，主要包括黑客窃取、内部人员售卖、数据无人管理等，各类因他人而发生的个人信息泄露的途径的具体信息如表 5-9 所示。

表 5-9　因他人而发生的个人信息泄露的途径

泄露途径	说　明
黑客窃取	黑客团队为了某种利益，通过多种技术手段，入侵各类机构的服务器，从而获取到海量用户数据
内部人员售卖	掌握公民数据的行业内部人员，为了谋取利益，利用职务之便，将信息出售给从事黑色产业链的公司和人员，这也是个人信息泄露的途径之一
数据无人管理	一些公司由于经营不善导致破产，管理、技术人员相继离职后，用户数据得不到安全、有效的维护和管理，从而给了不法分子可乘之机

5.3.2　个人隐私保护意识

个人隐私是指自然人享有的不被他人非法侵扰、知悉、收集、利用和公开的私人信息秘密。在《中华人民共和国个人信息保护法》中明确了对个人信息的保护的立法宗旨，即为了保护个人信息权益，规范个人信息处理活动，促进个人信息合理利用。与此同时，个人也需要强化安全意识，避免个人信息在日常生活中泄露。加强个人隐私保护意识的途径有以下三种：

1) 增强数字化节制意识

数字化节制意识，即理性使用社交网站和移动社交 APP，需要权衡使用社交网站的得失，有节制意识地将真实照片、个人行踪、即时位置等信息分享到网络中。例如，不随意对外展示车票、电影票等容易暴露自己的姓名和地址等详细信息的票据，不随意对外展示小区、个人住宅等容易暴露个人地理位置的视频或照片。

2) 降低账户信息的可理解度

第一，账户应尽量避免使用真实姓名。在注册账号时，不随意使用真实姓名，强制实名认证需核实软件、平台的真实性。

第二，账户密码应尽可能提高复杂度。口令尽量采用“大小写字母+数字+专用符号”的组合方式。提高密码复杂度，加大密码被破解的难度。此外，不同的软件或平台应尽可能避免使用相同的密码，切忌“一密到底”。

第三，账号关联支付信息时需谨慎。切勿轻易地将普通账号与支付信息进行关联。绑定支付信息时，应核实个人账号所属平台的安全性、合规性。

3) 积极参加信息安全教育

积极参加信息安全教育，提升个人对网络安全的整体理解，增强网络安全意识，加深对网络安全知识的了解，使个人信息安全意识整体提高。积极学习国家安全知识，了解国家有关安全方面的法律法规和方针政策。必要时参与国家安全知识宣传。关注国内外信息安全事件，并进行分析、总结。

5.3.3 合法维护个人信息安全

我国及时制定并颁布《中华人民共和国个人信息保护法》，对个人信息权益的保护，对个人信息处理活动的规范，对个人信息合理利用的促进，有着非常重要的监督与指导作用。在个人信息受到侵犯时，要善于运用维护自身合法权益的法律手段，常见手段有：

1) 收集证据线索

在个人信息泄露后，通常会收到各种骚扰短信、垃圾邮件、来自全国各地或者无归属地的骚扰电话。这时候需要将对方的邮箱、电话号码等联系信息进行记录，对通话记录、邮件或短信内容进行保存，以便作为信息泄露的证据。

2) 向相关部门报案

一旦发生个人信息泄露事件，个人合法权益将会受到侵害，可向当地公安、网监、工商、消协、行业管理等相关机构投诉举报。

3) 提醒身边的亲朋好友防止被骗

发现个人信息泄露后，需要第一时间告知朋友和家人，说明相关情况，防止不法分子利用本人账号对身边的亲朋好友实施诈骗。

4) 委托律师维权

如果个人信息遭到泄露，并且知道个人信息已经被非法利用，可以向律师咨询，运用法律手段进行维权，要求侵权人消除影响，恢复自己的名誉，赔偿自己受到的损失，等等。我们通过如下一个案例来了解个人信息遭到泄露的危害。

案例

2021 年 4 月 22 日，最高检发布检察机关个人信息保护公益诉讼典型案例。其中，包括江苏省无锡市人民检察院督促保护学生个人信息行政公益诉讼案等 11 件。最高检察院指出，校外培训机构利用营销招生非法获取学生个人信息的行为，侵害的不仅是公民个人信息安全，而且易引发电信诈骗等多种关联犯罪，给学生和家长造成了重大的人身和财产安全威胁，损害了社会公共利益。随后，无锡市中级人民法院通过走访市、区教育行政部门以及跟各位家长了解情况，全面了解校外机构违法事实，督促无锡市教育局重视对校外培训机构的监管，对学生的个人信息做好保护。收到检察建议后，无锡市教育局成立调查组对此进行全面排查和整治。

5.4 大数据时代下的个人信息安全

随着大数据时代的来临，个人日常生活的细节、兴趣、消费习惯等信息都更加容易地被收集。大数据技术在改善客户体验、为个人提供更多个性化服务的同时，也在威胁着个人信息安全。

5.4.1　大数据侵犯个人隐私

本节对大数据技术的概述，大数据技术的法律法规，以及大数据技术侵犯个人信息的方式与危害做相关阐述。

1. 大数据技术概述

1) 大数据的概念

大数据技术是指能够快速地从各种类型的数据中获取宝贵信息，是一套“数据+业务+需求”的解决方案。大数据技术主要包括数据采集技术、数据存取技术、数据处理技术、数据挖掘技术。大数据技术分类具体如表 5-10 所示。

表 5-10　大数据技术分类

大数据技术分类	说　明
数据采集	通过专业工具获取各种类型的海量数据，来源广泛，数据量巨大，有商业数据、互联网数据、传感器数据等
数据存取	大数据存储类型丰富，包括结构化、半结构化、非结构化等不同类型的数据，采用分布式数据库存储。大数据的存储技术就是对不同类型，存储于不同地点和系统中的数据进行集中管理的技术
数据处理	初步对数据进行清洗，将不同类型的数据进行集中。对于收集的数据进行检查，发现不准确、不完整或不合理数据，并对这些数据进行修补或移除以提高数据质量
数据挖掘	核心就是挖掘算法，快速挖掘数据价值。大数据的挖掘是从海量的、不完全的、有噪声的、模糊的、随机的大型数据库中发现隐含在其中的、有价值的、潜在有用的信息和知识的过程，也是一种决策支持过程

2) 大数据的特点

大数据技术在信息时代的作用越来越突出，引起了众多公司的关注。如今大数据技术也被称为“数字生产力”，这与大数据技术的四个特点密不可分：

(1) 大数据技术可以存储海量数据。大数据技术利用芯片存储技术，所能存储的数据是宇宙天体数量的 3 倍以上。从数据内容的角度，1.68 亿张 DVD 的内容量相当于互联网一天产生的内容量。而芯片存储技术所能存储的数据，可以达到千万亿(PB)字节、百亿亿(EB)字节甚至十万亿亿(ZB)字节这样的量级。

(2) 大数据技术可以抓取、收集类型复杂的数据。这些数据包括各种各样的语音、非结构化数据、图像、文本信息、地理位置信息、网络文章等。

(3) 大数据技术具有较高的商业价值和应用价值。从巨大的数据中挖掘企业所需的信息，这需要借助大数据分析技术。利用大数据分析结果可以为企业进行业务决策提供科学的依据。

(4) 大数据技术计算速度比传统数据处理技术快。大数据技术采用非关系型数据库技术(NoSQL)和数据库集群技术(MPP NewSQL)快速处理非结构化以及半结构化的数据，在处理方法与处理速度上，与传统数据处理技术有着本质的区别。

2. 大数据技术的法律法规

大数据技术愈发成熟，能快速处理与筛选出高价值数据，为企业和机构未来业务发展方向提供了参考依据。然而，大数据技术如果缺乏合理利用和法律监管，将会严重威胁到个人数据安全。

大数据技术相关法律法规的出现，能够指引大数据技术在合法范围内发展，确保数据安全，促进合理开发利用数据，维护国家主权、安全和发展利益，保护个人和组织的合法权益。自 2017 年《中华人民共和国网络安全法》施行以来，信息安全立法进程越来越紧凑，国家在积极推动大数据产业发展的过程中，也对大数据安全问题持续关注，大数据产业发展及安全保护相关的一系列法律法规和政策也相继出台。

除了国家层面的大数据安全政策管理外，全国首部地方大数据法规——《贵州省大数据安全管理条例》，分别从大数据安全定义、风险防范安全保障措施、监测预警和应急处置、投诉举报等多个方面进行了规范，并于 2019 年 10 月 1 日正式施行，相关新闻如图 5-7 所示。

图 5-7 贵州省大数据安全保障条例(数据来自贵州综合信息网)

3. 大数据技术侵犯个人隐私的方式

1) 个人隐私被过度收集

在互联网大数据面前，个人隐私受到了前所未有的威胁。如今，手机 APP 的流行，大数据技术的发展进一步推进。与此同时，个人隐私将更容易地被 APP 收集，如个人的购物记录、视频观看记录、导航记录等。

2) 个人隐私被滥用

一些互联网公司利用大数据分析相关技术，分析消费偏好、消费习惯、消费能力、消费频次，将相同的商品以不同的价格在不同的时间呈现给不同的人。例如：根据用户使用设备的差异而差异化定价；根据用户消费时所处地点的不同而差异化定价；根据用户消费频率的不同而差异化定价。

4. 大数据技术侵犯个人隐私的危害

首先，我们通过两个案例来了解大数据技术被滥用侵犯个人隐私的情况。

案例

1. 2019 年 7 月，小明打开某购物软件想买一件衣服，当他打开购物软件时，发现软件弹出一个广告，内容为：XX 衣服连锁店。当广告结束后，他都没有进行搜索，产品列表就出现一排卖衣服的商家。小明纳闷了，这个购物软件为何如此“懂他”？

2. 2020 年 8 月，某外卖平台骑手王某在送餐时，突然发现相同的配送路线时间变短了，由之前的 10 分钟变成了 3 分钟。这下他急坏了，只给 3 分钟那绝对不够，一定超时。但平台为什么会缩短时间呢？

大数据技术的滥用导致个人信息几乎以“裸奔”的状态存在于互联网中，各个行业(例如外卖商家、广告商等)都能通过大数据技术，对用户数据进行分析，严重威胁到个人数据安全。大数据技术被滥用产生的危害包括侵犯个人隐私、大数据杀熟、影响社会安全三个方面，具体分析如下：

1) 侵犯个人隐私

由于大数据技术能够近乎精准地了解个人的生活习惯、需求等信息，成为商家营销、推广、诱导消费的参照，其危害有：

(1) 接到大量推销、骚扰电话，正常生活受到影响。

(2) 个人信息遭到盗卖，威胁财产安全。

(3) 各类账号密码被泄露。

2) 大数据杀熟

大数据杀熟是指互联网厂商利用大数据所掌握的用户信息，对老用户实行价格歧视的行为(例如同一商家的外卖，老客户所需支付的费用却高于新客户)，其危害有：

(1) 损害消费者合法权益。

(2) 扰乱市场秩序。

(3) 消费用户信任，殃及社会诚信。

(4) 达到一定规模时，将会危及国家经济和金融的稳定。

3) 影响社会安全

中国网民已经接近 6 亿，互联网每时每刻都在产生大量的数据。在大数据技术的背景下，用户数据如果被滥用，将容易导致社会各行业出现大幅度波动，恶性群体事件不断发生，其危害有：

(1) 对国民经济造成威胁。

(2) 引发社会矛盾，影响社会稳定性。

(3) 影响政府公信力。

5.4.2　防范大数据带来的安全威胁

首先，我们通过两个案例来初步了解大数据所带来的安全威胁。

案例

1. 网友“阿童木”:“我有个同学想找工作，于 2021 年 9 月给一家公司投了简历，她各方面的能力都挺好，就是人长得胖，不怎么化妆，当天被用人单位拒录之后，第二天竟然收到了一家整容公司的广告短信，这可把她气坏了。”

2. 网友“深海的鱼”说:“2022 年 7 月，我在某游戏平台注册账号，注册完当天就收到了好几个贷款电话。我觉得不对劲，因为以前几乎没有收到过类似的电话。现在我就比较注重隐私，比如申请账户、填写个人信息的时候，一定要看机构是否权威，不要使用那种从未听过的购物 APP 或者平台。”

大数据时代，我们如何保护隐私？要解决个人信息安全在大数据时代所面临的问题，我们需要从三个层面，即个人、企业和国家多管齐下。

1) 个人层面

日常生活中，我们应该从注意隐私的保护、谨防各种软件 APP、防范大数据“杀熟”以及防止摄像头“偷窥”四个方面采取个人隐私保护措施。常见的个人隐私保护具体措施如表 5-11 所示。

表 5-11　常见的个人隐私保护具体措施

要　点	具体措施
注意隐私的保护	例如，将相机的定位功能关闭，不要为了贪图小利办理打折卡和会员积分卡，而将个人信息随意透露给商家，身份证、银行卡丢失时应及时挂失、补办，车票、机票等出行票据集中保管或销毁
谨防各种软件 APP	定期清理不常用的 APP 软件，注销不常用平台的个人账号。不要轻易为 APP 授予定位、麦克风、摄像头等系统敏感权限，防止 APP 在后台通过相关权限获取到个人信息。定期检查各类支付软件的授权信息，解除不必要的授权
防范大数据“杀熟”	购买各类商品或者经常购买的商品时，应货比三家，多平台同时使用，降低在各平台使用的频次，避免大数据“杀熟”
防止摄像头“偷窥”	购买摄像头要选择正规渠道，摄像头初次使用需及时修改初始密码，摄像头在不用时可以使用物品遮盖。在酒店、公寓、出租屋等场所，应防范针孔摄像头偷拍

2) 企业层面

在生活中，用户与各大商家的联系日益紧密。比如，在手机上使用企业运营的平台，登录后要求进行实名认证。在我们填写完身份信息之后，对于用户的个人信息，企业应该如何保护呢？

第一，通过建立严格的获取、使用和保护用户隐私的制度，确保法律义务和道德义务得到切实履行。

第二，严格限制信息收集的范围，即仅收集与提供产品或服务有关的必要信息，且在信息收集之前和收集过程中，说明收集目的，在用户知情同意与自愿的情况下进行。

第三，建立和完善用户隐私保护体系。采取严密的控制措施，避免不经用户本人同意擅自使用用户信息。避免将用户隐私用于营销目的。

第四，通过提升软、硬件质量，加强设备保护能力，加强网络信息安全建设，重点防范，主动保护，并对企业用户信息保护情况进行定期检查，确保相关的信息保护政策和制度落实到位。

3) *国家层面*

国家对个人信息安全非常重视，对个人隐私的保护也很重视。国家先后出台了《中华人民共和国数据安全法》《中华人民共和国个人信息保护法》等相关法律文件，重点从以下几个方面来保护个人隐私：

(1) 加强实地调研，继续完善法律法规立法内容。

(2) 加快“标准+法规”监管制度建设，全方面保护个人隐私。

(3) 建立公益诉讼制度，保护个人隐私。

(4) 依法实施常态化监管，主动健全执法规章。

2020 年 3 月 6 日，由国家市场监督管理总局、国家标准化管理委员会发布的《中华人民共和国国家标准公告(2020 年第 1 号)》，全国信息安全标准化技术委员会制定的《信息安全技术个人信息安全规范》(GB/T 35273—2020)正式发布，2020 年 10 月 1 日起执行，其主要的变化有：

(1) 删除了原有的“个人信息，法律法规明令禁止采集的一律不得采集”的规定。

(2) 选择同意原则下，新增“多项业务功能的自主选择”要求。

(3) 修改了“征得授权同意的例外”。

(4) 增加了“用户画像的使用限制”。

大数据技术的滥用带来了一系列的安全问题。防范大数据技术滥用，不仅需要政策、技术层面的支持，更需要个人养成良好的安全意识。

课 后 习 题

一、选择题

1. 关于数据的基本概述，说法错误的是(　)。

A. 数据就是信息

B. 数据是指对客观事件进行记录并可以鉴别的符号

C. 数据是指任何以电子或者其他方式对信息的记录

D. 声音、图像可以称为模拟数据

2. 下列属于非恶意人员造成的威胁是(　)。

A. 不满的或有预谋的内部人员对信息系统进行破坏

B. 内部人员没有遵循规章制度和操作流程而导致故障或信息损坏

C. 内外勾结的方式盗窃机密信息或进行篡改

D. 黑客攻击

3. 下列不属于关系型数据库管理系统的是( )。

A. Redis　　B. SQL Server

C. MySQL　　D. Oracle Database

4. 下列个人信息泄露途径，不属于本人泄露类型的是( )。

A. 黑客窃取　　B. 快递单随意丢弃

C. 在社交平台分享个人信息　　D. 填写问卷

5. 下列个人信息泄露途径，不属于他人泄露类型的是( )。

A. 黑客窃取　　B. 内部人员售卖

C. 数据无人管理　　D. 个人随意丢弃外卖单

6. 关于大数据技术的基本概述，说法错误的是( )。

A. 大数据技术包括数据采集、数据存取、数据处理、数据挖掘等处理环节

B. 大数据技术，是指从各种各样类型的数据中，快速获取有价值信息的技术

C. 大数据技术是指大数据的应用技术

D. 大数据技术的战略意义在于掌握庞大的数据信息

7. 大数据“杀熟”一直处在风口浪尖。下列不属于大数据“杀熟”危害的是( )。

A. 精准为客户提供所需服务　　B. 损害消费者合法权益

C. 破坏市场定价　　D. 大肆消耗用户的信任，更会殃及社会诚信

8. (多选)从大国博弈的层面来看，数据安全战略意义在于( )。

A. 保护国家数据不轻易为他国获取

B. 数据安全保障能力是国家竞争力的直接体现

C. 数据安全就是国家安全

D. 没有数据安全，就没有国家安全

9. (多选)以下属于数据面临的安全风险的是( )。

A. 数据存储媒介丢失或被盗　　B. 员工故意或无意泄露

C. 黑客攻击　　D. 非法爬取

10. (多选)以下属于数据库安全内容的是( )。

A. 数据库系统安全　　B. 数据库数据安全

C. 数据库物理环境安全　　D. 数据库安全管理原则

二、简答题

1. 数据面临的风险有哪些？

2. 如何保护个人数据安全？

3. 个人信息遭受侵犯时，如何维护个人合法权益？

4. 大数据时代，如何保护个人信息安全？

5. 如何避免大数据“杀熟”？

第 6 章　信息安全合规性

现代信息科技发达，信息安全也日益受到国家和社会的高度关注，从战略层面，国家对信息安全的建设提出了规范性的指导要求。本章从信息安全合规性概述、网络安全法、数据安全法、个人信息保护法、信息安全等级保护五个方面对信息安全合规性进行介绍。

学习目标

1. 知识目标

了解本章信息安全合规性的概念；熟悉网络安全法；了解数据安全法的要求；熟悉个人信息保护法；熟悉信息安全等级保护。

2. 能力目标

能对各种信息安全合规性要求有清晰的认知；熟悉我国目前实施的网络安全法律法规；树立对信息安全的法律意识和合规性意识；建立良好的信息安全职业道德和团队合作精神。

6.1　合规性概述

信息安全合规性是指政府、企业、机构等实体，在实施信息安全相关活动或者信息安全建设时，除了符合行业标准和公司规章制度准则外，还要遵循国家信息安全法律法规，政策和信息安全标准体系等规范性、基准性框架的要求。

6.1.1　信息安全合规性的概念与范畴

我国近年来制定出台了一系列法律法规，如《中华人民共和国网络安全法》(以下简称《网络安全法》)、《中华人民共和国数据安全法》(以下简称《数据安全法》)、《中华人民共和国个人信息保护法》(以下简称《个人信息保护法》)等。从国家法律的层面规范政府、企业、机构等实体在从事信息收集、存储、使用等方面的活动。

在信息安全技术标准层面，我国设立了专门机构，针对基础标准、技术与机制标准、管理标准、测评标准、密码技术标准、保密技术标准和通信安全标准七个领域制定了信息安全标准体系，从而规范各个实体的信息安全建设。

随着全球信息化的发展，信息安全合规性建设进入了强监管时代。高标准、高要求的信息安全建设对于国家和社会尤为重要。我国各个方面的建设如火如荼，数字化、网络化和智能化都在高速发展，为了让各政府部门、组织、企业等在实际操作中有法可依，有章可循，对网络安全、数据安全和个人信息保护等领域的法律法规制度在不断完善之中。各行业、各领域(如政府、银行、电商、金融、媒体等)在实施信息安全建设时，必须满足合规性的相关要求。

6.1.2 信息安全责任与义务

信息安全责任与义务是指个人或组织必须采取适当的措施来保护其所拥有或处理的信息，防止受到未经授权的访问、使用、泄露、修改、破坏等的威胁。在信息时代，信息安全已经成为企业、政府等各类组织管理的重要组成部分。

1. 法律规定的责任与义务

根据《网络安全法》第九条规定：网络运营者开展经营和服务活动(公民、法人、社会团体等在各自领域开展信息安全建设，从事信息安全相关工作，实施信息安全相关服务与活动的过程中)，必须遵守法律、行政法规，尊重社会公德，遵守商业道德，诚实信用，履行网络安全保护义务，接受政府和社会的监督，承担社会责任。《网络安全法》第二十一条和《数据安全法》第四章都详细地阐明了信息安全的责任和义务，相关条文规定节选如下：

《中华人民共和国网络安全法》第二十一条 国家实行网络安全等级保护制度。网络运营者应当按照网络安全等级保护制度的要求，履行下列安全保护义务，保障网络免受干扰、破坏或者未经授权的访问，防止网络数据泄露或者被窃取、篡改：

(一) 制定内部安全管理制度和操作规程，确定网络安全负责人，落实网络安全保护责任；

(二) 采取防范计算机病毒和网络攻击、网络侵入等危害网络安全行为的技术措施；

(三) 采取监测、记录网络运行状态、网络安全事件的技术措施，并按照规定留存相关的网络日志不少于六个月；

(四) 采取数据分类、重要数据备份和加密等措施；

(五) 法律、行政法规规定的其他义务。

《中华人民共和国数据安全法》第四章　数据安全保护义务

第二十七条　开展数据处理活动应当依照法律、法规的规定，建立健全全流程数据安全管理制度，组织开展数据安全教育培训，采取相应的技术措施和其他必要措施，保障数据安全。利用互联网等信息网络开展数据处理活动，应当在网络安全等级保护制度的基础上，履行上述数据安全保护义务。重要数据的处理者应当明确数据安全负责人和管理机构，落实数据安全保护责任。

具体的信息安全责任与义务要求，包括但不限于如下的法律法规、政策所给出的相关规定：《网络安全法》《数据安全法》《个人信息保护法》《关键信息基础设施安全保护条例》，刑法与治安管理处罚条例相关规定、信息安全等级保护相关规定、计算机信息系统安全保护条例要求、其他行业与主管部门的相关规定等。

2. 责任与义务具有强制性

信息安全责任与义务具有相关法律依据，不能因个人意志予以变更和排除，行为主体必须按行为指示作为或不作为，没有自行选择的余地，具体法律条文规定节选如下：

《中华人民共和国网络安全法》第六章　法律责任

第五十九条　网络运营者不履行本法第二十一条、第二十五条规定的网络安全保护义务的，由有关主管部门责令改正，给予警告；拒不改正或者导致危害网络安全等后果的，处一万元以上十万元以下罚款，对直接负责的主管人员处五千元以上五万元以下罚款。

《中华人民共和国数据安全法》第六章　法律责任

第四十四条　有关主管部门在履行数据安全监管职责中，发现数据处理活动存在较大安全风险的，可以按照规定的权限和程序对有关组织、个人进行约谈，并要求有关组织、个人采取措施进行整改，消除隐患。

第四十五条　开展数据处理活动的组织、个人不履行本法第二十七条、第二十九条、第三十条规定的数据安全保护义务的，由有关主管部门责令改正，给予警告，可以并处五万元以上五十万元以下罚款，对直接负责的主管人员和其他直接责任人员可以处一万元以上十万元以下罚款；拒不改正或者造成大量数据泄露等严重后果的，处五十万元以上二百万元以下罚款，并可以责令暂停相关业务、停业整顿、吊销相关业务许可证或者吊销营业执照，对直接负责的主管人员和其他直接责任人员处五万元以上二十万元以下罚款。

《中华人民共和国个人信息保护法》第七章　法律责任

第六十六条　违反本法规定处理个人信息，或者处理个人信息未履行本法规定的个人信息保护义务的，由履行个人信息保护职责的部门责令改正，给予警告，没收违法所得，对违法处理个人信息的应用程序，责令暂停或者终止提供服务；拒不改正的，并处一百万元以下罚款；对直接负责的主管人员和其他直接责任人员处一万元以上十万元以下罚款。

有前款规定的违法行为，情节严重的，由省级以上履行个人信息保护职责的部门责令改正，没收违法所得，并处五千万元以下或者上一年度营业额百分之五以下罚款，并可以责令暂停相关业务或者停业整顿、通报有关主管部门吊销相关业务许可或者吊销营业执照；对直接负责的主管人员和其他直接责任人员处十万元以上一百万元以下罚款，并可以决定禁止其在一定期限内担任相关企业的董事、监事、高级管理人员和个人信息保护负责人。

第六十七条　有本法规定的违法行为的，依照有关法律、行政法规的规定记入信用档案，并予以公示。

第六十八条　国家机关不履行本法规定的个人信息保护义务的，由其上级机关或者履行个人信息保护职责的部门责令改正；对直接负责的主管人员和其他直接责任人员依法给予处分。

履行个人信息保护职责的部门的工作人员玩忽职守、滥用职权、徇私舞弊，尚不构成犯罪的，依法给予处分。

第六十九条　处理个人信息侵害个人信息权益造成损害，个人信息处理者不能证明自己没有过错的，应当承担损害赔偿等侵权责任。

前款规定的损害赔偿责任按照个人因此受到的损失或者个人信息处理者因此获得的利益确定；个人因此受到的损失和个人信息处理者因此获得的利益难以确定的，根据实际情况确定赔偿数额。

第七十条 个人信息处理者违反本法规定处理个人信息，侵害众多个人的权益的，人民检察院、法律规定的消费者组织和由国家网信部门确定的组织可以依法向人民法院提起诉讼。

第七十一条 违反本法规定，构成违反治安管理行为的，依法给予治安管理处罚；构成犯罪的，依法追究刑事责任。

3. 开展信息安全建设需求

有效地开展信息安全建设，可降低因信息资产被故意或者意外的非授权访问导致泄露、篡改、破坏等风险，从而保证了资料的完整性、可用性和保密性。有序地开展信息安全建设、积极落实安全责任与义务，不仅是法律的要求，也是各行业、各领域保障信息安全的实际需求。

1) 电商行业信息安全建设需求

在电子商务行业中，信息安全建设对维持平台稳定性、保障平台账号安全、降低商品交易风险具有重要意义。① 电商平台是使用计算机技术在计算机网络中构建的商务平台，减少计算机网络本身可能出现的安全问题，有助于巩固平台的稳定性与可用性。② 电子商务作为商业手段，平台中的信息包含个人、商业甚至国家机密，在信息安全建设时应当加强对重要信息数据的保护。③ 电子商务中的信息可能被进行篡改和伪造，影响交易行为和交易结果的安全性，必须通过加强信息安全认证、数据加密等手段来降低商品交易风险。

2) 金融行业信息安全建设需求

在金融行业，信息安全建设可以按照信息安全等级保护的相关要求提升安全风险监测能力，建设针对金融领域的业务应用、数据运维及安全管理等一体化的信息安全风险感知体系。有必要依照网上银行系统信息安全通用规范等系列标准以及一系列的等级保护测评和渗透性检测，提高金融业务的风险控制水平。信息安全建设有利于防范恶意贷款和降低业务风险。在信息安全建设中，有必要通过对银行主机机房加强物理保护措施、保证网络通信安全、保护数据存储安全、病毒防范等安全建设工作，降低金融平台的业务风险。

3) 游戏行业信息安全建设需求

在“互联网+”时代，我国的游戏行业进入了快速发展期，游戏行业也面对诸多信息安全的挑战。有必要通过硬件、软件构建信息安全升级体系，预防网络攻击、黑客入侵，实现对游戏平台账号、虚拟资产、充值余额的保护，是保障游戏平台持续不间断地提供服务，解决游戏中的资产被盗、虚拟交易纠纷等安全问题的必然要求。

4) 政府信息安全建设需求

信息安全建设与管理涉及众多政府部门，要保证各职能部门业务的顺利开展离不开信息安全建设的保驾护航，同时重要的政府业务系统和数据涉及国家机密，一旦遭到破坏和利用，存在危及国家安全的可能性。因此，提升政府部门的信息安全技术能力和应用水平具有现实的紧迫性和重要性。

5) 个人信息安全保护的需求

互联网与大数据时代，个人信息的整理、收集、传递变得更为简便。利用个人信息侵扰群众生活的现象也屡见不鲜。保护个人信息安全需要网络监管部门加强对网络环境的管理，对危害个人信息安全的行为进行处罚。个人信息负责人在处理信息时要按照法律流程合法使用个人信息进行活动，同时要加强民众的个人信息安全保护意识和法律意识，学会用法律保护个人信息安全。

6.1.3　信息安全建设标准

信息安全建设标准是指对于信息系统或信息管理过程中的安全控制、技术和管理措施进行规范和制定的一系列标准，这些标准可以是国家标准、国际标准、行业标准、企业内部标准或政府法规标准等。

1. 国家标准

《国家信息安全标准》是我国信息安全保障制度的重要内容，是政府宏观管理的重要依据。2002 年 4 月 15 日在北京正式成立的全国信息安全标准化技术委员会(简称 TC260)，是网络安全专业领域从事标准化工作的技术组织。我国国内信息安全相关标准化技术工作的组织和实施是通过该委员会负责落实的。已发布的部分国家信息安全标准如表 6-1 所示。

表 6-1　已发布的国家信息安全标准(部分)

标 准 号	中 文 名 称	工作组
GB 17859—1999	计算机信息系统　安全保护等级划分准则	WG5
GB/T 35273—2020	信息安全技术　个人信息安全规范	WG3
GB/T 17964—2021	信息安全技术　分组密码算法的工作模式	WG3
GB/T 30276—2020	信息安全技术　网络安全漏洞管理规范	WG3
GB/T 17901.1—2020	信息技术　安全技术　密钥管理　第 1 部分：框架	WG3
GB/T 39205—2020	信息安全技术　轻量级鉴别与访问控制机制	WG4
GB/Z 24364—2009	信息安全技术　信息安全风险管理指南	WG7

国标编号由国标代号、国标发布顺序号、国标发布年号(发布年度)三部分组成。国家标准代号分为 GB、GB/T、GB/Z 三种，其中，GB 为强制性国家标准，GB/T 为推荐性国家标准，GB/Z 为指导性的国家标准化技术文件。

1) 强制性国家标准

强制性国家标准(GB)具有法律属性，是通过法律、行政法规等强制性手段在一定范围内强制执行的标准。我们必须贯彻执行国家颁布的强制性标准，对造成恶劣后果和重大损失的单位和个人，给予经济处罚或承担法律责任。我国标准化法规定，行政法规规定的保障人体健康和人身财产安全以及强制执行的标准属于强制性标准。GB 强制性国家标准文档封面如图 6-1 所示。

ICS 35.020
L 09

GB

中华人民共和国国家标准

GB 17859—1999

计算机信息系统
安全保护等级划分准则

Classified criteria for security protection of
computer information system

1999-09-13 发布　　2001-01-01 实施

国家质量技术监督局 发布

图 6-1　GB 强制性国家标准文档封面

2) 推荐性国家标准

推荐性国家标准(GB/T)是非强制性的国家标准，也可以称为自愿制定性标准。是指通过经济手段或市场调节，在生产、交换、使用等其他方面，厂商和用户自愿采用推荐性标准的一类标准。推荐性标准不具有强制性，各单位有权决定是否采用推荐性标准，没有符合此类标准，并不构成经济或法律上的责任。但是，一旦该推荐性标准被引用并实施，或者各方同意将该标准明确到经济合同，则在法律上具有约束性，各方在履行合同的过程中必须严格遵守。GB/T 推荐性国家标准文档封面如图 6-2 所示。

ICS 35.040
L 80

GB

中华人民共和国国家标准

GB/T 17901.1—2020
代替 GB/T 17901.1—1999

信息技术　安全技术　密钥管理
第 1 部分：框架

Information technology—Security techniques—Key management—
Part 1: Framework

(ISO/IEC 11770-1:2010, MOD)

2020-03-06 发布　　2020-10-01 实施

国家市场监督管理总局
国家标准化管理委员会 发布

图 6-2　GB/T 推荐性国家标准文档封面

3) 国家标准化指导性技术文件

国家标准化指导性技术文件(GB/Z)，是为仍处于技术发展过程中(如变化快的技术领域)的标准化工作提供指南或信息，供科研、设计、生产、使用和管理等有关人员参考使用而制定的标准文件，GB/Z 国家标准化指导性技术文件文档封面如图 6-3 所示。

ICS 35.040
L 80

GB

中华人民共和国国家标准化指导性技术文件

GB/Z 29830.1—2013/ISO/IEC TR 15443-1:2005

信息技术　安全技术
信息技术安全保障框架
第 1 部分：综述和框架

Information technology—Security technology—A framework for
IT security assurance—Part 1:Overview and framework

(ISO/IEC TR 15443-1:2005,IDT)

2013-11-12 发布　　2014-02-01 实施

中华人民共和国国家质量监督检验检疫总局
中国国家标准化管理委员会　发布

图 6-3　GB/Z 国家标准化指导性技术文件文档封面

2. 信息安全基础标准

《全国信息安全标准化技术委员会信息安全标准体系》为技术文件，用于指导信息安全标准制定和信息安全标准实施，与国际接轨的同时又能体现全国信息安全标准化技术委员会的工作特点，既能反映标准体系的共性，又能体现信息安全标准化的特征。信息安全体系由基础标准、技术与机制标准、管理标准、测评标准、密码技术标准、保密技术标准和通信安全标准七个体系组成。其中，信息安全基础标准包含有安全术语类标准、测评基础类标准、管理基础类标准、物理安全类标准、安全模型类标准和安全体系架构类标准六个方面。信息安全基础标准的具体内容如表 6-2 所示。

表 6-2　信息安全基础标准

信息安全基础标准	内　容
安全术语类标准	本标准主要适用于信息和数据安全保护方面的有关标准及国内外交流 例如：《信息技术　词汇　第 8 部分：安全》(GB/T 5271.8—2001)
测评基础类标准	标准适用于计算机信息系统安全保护技术能力等级的划分 例如：《计算机信息系统　安全保护等级划分准则》(GB17859—1999)

续表

信息安全基础标准	内　容
管理基础类标准	标准规定了在组织环境下建立、实现、维护和持续改进信息安全管理体系的要求。例如：《信息技术　安全技术　信息安全管理体系　要求》(GB/T 22080—2016)
物理安全类标准	标准规定了计算站场地的安全要求 例如：《计算机场地安全要求》(GB/T 9361—2011)
安全模型类标准	标准定义一个体系结构模型，以此为基础开发开放系统互联高层独立于应用的安全服务和协议 例如：《信息技术　开放系统互连　高层安全模型》(GB/T 17965—2000)
安全体系架构类	描述了安全服务、特定的普遍性的安全机制，以及安全服务与安全机制之间的关系 例如：《信息处理系统　开放系统互连　基本参考模型　第 2 部分：安全体系结构》(GB/T 9387.2—1995)

3. 信息安全管理体系

《信息安全管理体系标准》(ISO/IEC 27001)，这是国际上被广泛接纳、采用和公认的对信息资产和知识产权保护的优秀管理标准，已经在许多国家得到实践和认可。ISO/IEC 27001 一直在适应信息安全业务发展的需要，截至目前已经历了多个版本。ISO/IEC 27001 的发展历程如图 6-4 所示。

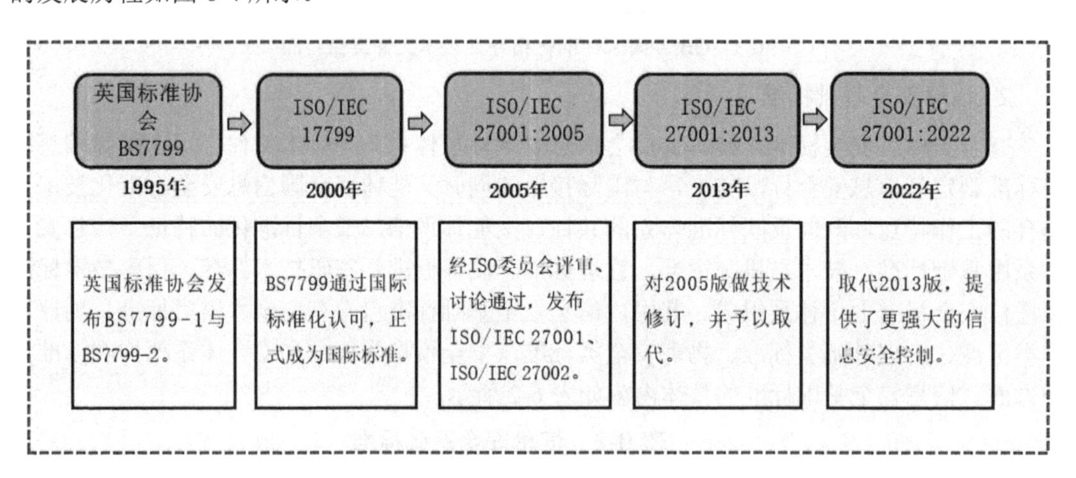

图 6-4　ISO/IEC 27001 的发展历程

目前，ISO/IEC 27000 系列标准日益完善，已经开发和计划开发的标准有 60 余项，其中，较为常用的是 ISO/IEC 27000～ISO/IEC 27008。ISO/IEC 27000 系列主要标准及作用如表 6-3 所示。

表 6-3　ISO/IEC 27000 系列主要标准及作用

标　准	名　称	说　明
ISO/IEC 27000	信息安全管理体系-概述和术语	提供了信息安全管理体系(ISMS)标准族中所涉及的通用术语及基本原则，以及实现不同标准间定义与术语协调
ISO/IEC 27001	信息安全管理体系要求	说明了建立、实施和文件化信息安全管理体系的要求，规定了根据独立组织的需要应实施安全控制的要求
ISO/IEC 27002	信息安全控制措施实用规则	对信息安全管理给出建议，供在组织内负责内启动、实施或维护安全的人员使用
ISO/IEC 27003	信息安全管理体系实施指南	为建立、实施、监视、评审、保持和改进符合 ISO/IEC 27001 的 ISMS 提供了实施指南和进一步的信息，使用者主要为组织内负责实施 ISMS 的人员
ISO/IEC 27004	信息安全管理测量	该标准主要为组织测量信息安全控制措施和 ISMS 过程的有效性提供指南
ISO/IEC 27005	信息安全风险管理	该标准给出了信息安全风险管理的指南，其中所描述的技术遵循 ISO/IEC 27001 中的通用概念、模型和过程
ISO/IEC 27006	信息安全管理体系审核	提供信息安全管理体系审核和认证机构的要求，该标准的主要内容是对从事 ISMS 认证的机构提出了要求和规范
ISO/IEC 27007	信息安全管理体系审核指南	信息安全管理体系审核指南，为经认证的认证机构，内部审核员，外部/第三方审核员提供工作指南
ISO/IEC 27008	信息安全管理体系-信息安全控制评估指南	为信息安全审计师提供工作指导，是 ISO/IEC 27007 的补充，它着重于审核信息安全控制或者技术控制(如网络安全控制)，而 ISO/IEC 27007 着重于信息安全管理体系元素的审核

ISO/IEC 27001 是 ISO/IEC 27000 系列标准族群中的主要标准，各类组织可根据 ISO/IEC 27001 的要求建立自己的信息安全管理体系，并通过相关认证。《信息安全管理体系认证标准》(ISO/IEC 27001：2022)在 2022 年 10 月正式发布，新标准下的信息安全控制更加强有力。帮助组织解决日益复杂的安全风险及应对全球网络安全挑战，提高数字信任确保业务连续性。鉴于 ISO/IEC 27001 的主要标准地位与重要性，本文重点介绍如下：

(1) ISO/IEC 27001—2022 的内容分析。该标准分为十章，重点内容为第 4～10 章，其简要描述如表 6-4 所示。

表 6-4 ISO/IEC 27001—2022 内容说明

内　容	描　述
范　围	明确本标准的适应范围
规范性引用文件	本标准中引用的其他文件
术语和定义	所有 ISO/IEC 27000 的术语和定义
组织环境	主要是针对组织的要求，包括理解与明确组织的现状与背景；信息安全管理体系相关方的需求与期望；确定信息安全管理体系的范围；按照本文件的要求，建立、实施、保护并持续改进信息安全管理体系，包括所需的过程及相互作用
领　导	主要是针对高层管理者的要求，包括从哪些方面展示领导的作用与承诺；如何制定并确保实施信息安全方针；做好信息安全角色的分配，并明确各个角色的职责与权限
规　划	主要描述应对风险与机遇的相关措施，包括总的原则以及风险评估与风险处置的相关要求；要求在相关职能与级别建立信息安全目标以及实现目标的方法；信息安全管理体系发生变更时，处理的流程
支　持	主要体现为 5 个方面：① 资源保证：确定并提供建立、实施、保持和持续改进信息安全管理体系的资源。② 能力支持：包括人员的能力，以及确保人员能胜任信息安全绩效工作的配套措施。③ 意识：加强人员对信息安全方针、信息安全管理体系的益处、不符合安全管理体系要求的影响等的认识。④ 沟通：确定有关信息安全内部与外部进行沟通的需求。⑤ 文件化：明确组织的信息安全管理体系的文件化信息，以及文件化信息的管理与控制要求
运　行	要求明确组织策划、实施与控制满足要求所需的过程，做好运行的规划与控制；组织按照计划时间间隔实施风险评估与风险处置的要求
绩效评价	明确组织要监视与测量的内容，以及分析与评价的方法；实施内部审核、管理评审的方法与流程
改　进	明确组织持续改进信息安全管理体系的适宜性、充分性与有效性，以及发生不符合时，予以纠正的措施

(2) 建立 ISMS 的过程要求。采用 PDCA(戴明环)方法来建立、实施和运行、监视和评审、保持和改进组织的 ISMS，这是 ISO/IEC 27001 在指导企业建立 ISMS 的过程中的核心要求。这是按照 PDCA 循环理念运行的信息安全管理体系的优越性所决定的，ISMS 的有效性可以从过程上得到严格保证。具有信息安全管理体系持续改进能力的 PDCA 循环过程如图 6-5 所示。

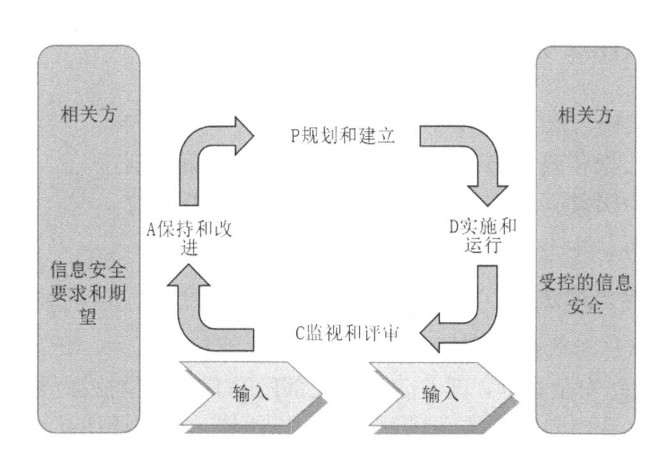

图 6-5　具有信息安全管理体系持续改进能力的 PDCA 循环过程

在图 6-5 中，在构建或完善 ISMS 的 PDCA 循环的每个阶段，都各自对应有相关的信息安全管理活动要求，这是一种基于过程管理模型的应用。在应用过程中，一定要按照 P—D—C—A 的顺序进行，不可以跳过某个阶段。一个完整的 P—D—C—A 周期可以看作是一个组织的管理的提升循环，每一次 P—D—C—A 之后，组织的管理系统都会得到一定程度的提升，同时进入下一个更高级的管理周期，组织的管理系统可以通过持续的 P—D—C—A 周期不断提升。

(3) 建立 ISMS 的流程。一个信息安全管理体系建立的完整流程，可以划分为 5 个阶段：准备阶段、风险评估阶段、信息安全管理体系文件建立阶段、运行与完善阶段、认证审核阶段。建立信息安全管理体系的每个阶段的任务及活动如图 6-6 所示。

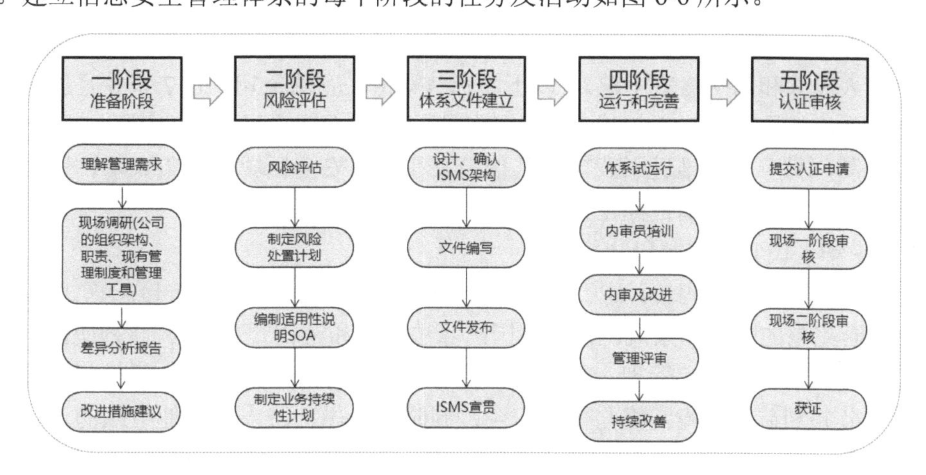

图 6-6　信息安全管理体系的每个阶段的任务及活动

值得注意的是，ISO/IEC 27000 系列标准与我国的信息安全等级保护是不同的，它所体现的是企业的合理性安全需求，而我国的信息安全等级保护更多地体现为符合性安全要求。例如在 ISO/IEC 27002—2022 标准中，将控制措施分配到组织、人员、物理、技术四大主题，93 个控制项。所有这些安全控制措施，是企业良好安全实践的总结，可以为广大企业建立与完善信息安全管理体系提供参考与建议，但非强制。

6.1.4　信息安全法律法规与政策

信息安全法律法规与政策是指国家制定和实施的一系列关于信息安全的法律法规和政策措施。这些法律法规和政策的制定和实施，旨在保护国家、组织和个人的信息安全，防范和打击各类信息安全威胁。

《数据安全》法律法规

1. 国家信息安全法律法规

为保障计算机信息系统在我国信息化发展背景下的总体安全，在全面提高信息安全水平的同时，为规范信息安全管理，国务院和公安部门等有关单位在20世纪互联网进入我国初期，制定出台了一系列信息系统安全方面的法律法规。这些法律法规是指导我们进行信息安全工作的重要依据，具体的法律法规如表6-5所示。

表6-5　初期发布的国家信息安全法律法规(部分)

日　期	法 律 法 规
1994年2月18日	颁发《中华人民共和国计算机信息系统安全保护条例》
1996年2月1日	颁发《中华人民共和国计算机信息网络国际联网管理暂行规定》
1997年12月11日	颁发《计算机信息网络国际联网安全保护管理办法》
2000年1月1日	颁发《计算机信息系统国际联网保密管理规定》

近年来，随着如云技术、大数据、人工智能等信息化技术的高速发展，为体现进一步强化信息安全的国家战略，我国进一步制定了信息安全的法律法规，从法律的层面上肯定信息安全的重要性，具体有如下几部：

(1) 《中华人民共和国网络安全法》。

《中华人民共和国网络安全法》(以下简称《网络安全法》)于2017年6月1日起正式实施，该法为维护国家网络主权提供了法律依据，一方面明确了提升我国自身网络安全能力的战略意图，另一方面推进了我国与其他国家在网络安全领域的战略竞争。这套法律的出台为信息安全树立了明确目标，也理清了行为准则。

(2) 《中华人民共和国密码法》。

《中华人民共和国密码法》(以下简称《密码法》)于2020年1月1日起正式施行。《密码法》是一套完整的密码体系规范，包括国产算法体系和密钥管理体系。《密码法》施行的目的是为了规范密码应用和管理，推动密码技术进步，促进行业发展。同时坚决维护国家安全和社会公共利益、保障网络与信息安全，同时让公民、法人和其他组织的正当权益得到有效保障。

(3) 《中华人民共和国数据安全法》。

《中华人民共和国数据安全法》(以下简称《数据安全法》)于2021年9月1日起正式施行，它进一步提升了国家数据安全保障能力，使得我国更有能力应对数据引发的国家安全风险，以及维护国家主权、安全和利益。《数据安全法》对违法处理数据的法律责任进行了明确，能有效防止数据大规模泄露、数据非法买卖、数据非法爬虫、数据不正当竞争行为，数据相关主体合法权益得到了保障。《数据安全法》对数据安全以及数据安全建设做出了全面规范，并进一步明确了数据分类分级管理、数据安全风险评估、监测预警、应急处置、以及数据安全审查等基本制度。

(4) 《中华人民共和国个人信息保护法》。

《中华人民共和国个人信息保护法》(以下简称《个人信息保护法》)于 2021 年 11 月 1 日起正式执行。《个人信息保护法》为信息处理者的工作提供了明确的方向性要求。公民的个人信息被纳入《个人信息保护法》的保护范围，包括：自然人姓名、出生年月、身份证件号码、生物识别信息、住址、电话、电子邮箱、健康信息，行踪信息等。《个人信息保护法》的颁布和施行标志着我国步入“以人为本”的数字社会，并与国际通用规则充分接轨。

2. 国外信息安全合规性概况

信息安全是国家安全的重要保障，已成为世界各国的共识。针对本国国情与信息安全建设的实际需要，各个国家纷纷建立起了信息安全保障组织机构，及时推进信息安全立法工作，制定和发布国家信息安全相关的法律法规，构建更加完善的信息安全标准体系。以下对国外信息安全合规性的建设情况，进行简要介绍。

1) 信息安全法律法规

以美国为例，20 世纪 90 年代，国家制定并颁布了一系列信息安全相关的法律法规，几部较为经典的信息安全法律及说明如表 6-6 所示。

表 6-6　美国经典的信息安全法律及说明(部分)

法　律	发布时间	说　　明
信息自由法	1996 年	该法案主要是保障公民的个人自由，但也需要保障国家的安全，因此该法利用“例外”的立法方式，将需要保护的信息加以列举
		《信息自由法》是美国最重要的信息法律，构成了其他信息安全保护法律的基础
爱国者法	2001 年	该法案是“9·11”事件以后，美国为保障国家安全颁布的最为重要的一部法律，也是目前争议最大的一部法律
		它从法律上授予美国国内执法机构和国际情报机构非常广泛的权力，以防止、侦破和打击恐怖主义活动，使美国人民能够生活在安全的环境中
联邦信息安全管理法案	2002 年	该法案给出信息安全的明确定义为：“保护信息和信息系统以避免未授权的访问、使用、泄露、破坏、修改或者销毁，以确保信息的完整性、保密性和可用性”
		明确了对国家信息安全管理职责的授权，管理与预算办公室(OMB)主任对安全政策、原则、标准、指南等的制定、执行(包括遵守)情况进行监督

2) 信息安全政策

从 20 世纪 90 年代后期，美国政府逐渐开始关注关键基础设施所面临的来自网络空间的威胁，并制定了《网络空间安全国家战略》《网络空间国际战略》和《网络空间行动战略》三大战略文件。进入 21 世纪后，美国的信息安全政策密集出台，比较典型的如 2000 年发布的首次将信息安全列入其中的《总统国家安全战略报告》，2002 年制定并发布的《信息安全保障技术框架(V3.1 版本)》，以及 2003 年发布的《网络空间安全国家战略规划》，2009

年发布的《美国网络安全评估政策》。2018 年，美国政府出台《国家网络战略》(National Cyber Strategy)、《国防部网络战略》(Department of Defense Cyber Strategy)，并于 2020 年 3 月发布了《国家 5G 安全战略》《安全可信通信网络法案》等。

欧洲方面，欧盟委员会于 2013 年公布新的网络安全战略。新的战略指出欧盟在网络安全方面需要优先开展五项重要的任务，包括：增强网络的抗打击能力，大幅减少网络犯罪，在欧盟共同防御框架下制定网络防御政策和发展防御能力，发展网络安全方面的工业和技术，为欧盟制定国际网络空间政策。

3) 信息安全标准

在国际通用的信息安全标准体系中，基于 ISO/IEC 27001 的信息安全管理标准体系，以及用于信息技术安全评估的标准 ISO/IEC 15408(简称 CC)应用最为广泛。上文中已经详细介绍了 ISO/IEC 27001，这里主要介绍基于 ISO/IEC 15408 的安全评价准则体系。

信息安全评估体系经历了数个版本的演变发展历程。自 1985 年美国国防部发布《可信计算机系统评估准则》(TCSEC)以来，到 1991 年欧洲在此基础上提出《信息技术安全评估准则》(ITSEC)，以及 1996—1998 年，美国和其他几个国家先后发布 CC 1.0 与 2.0 版本，一直到 1999 年，CC 正式被列为 ISO/IEC 国际标准 ISO/IEC 15408(依旧简称为 CC)，共经历了 5 个版本。

CC 主要应用于信息系统安全测评业务，其主要作用是：① 有助于通过评测增强用户对 IT 产品的安全信息。② 推动 IT 产品和系统的安全性建设。③ 对重复的评估进行消除。

为了便于用户理解，CC 采用通用的表达方式，同时因其评价准则较为全面，采用 CC 评估方法得到的结果可以国际互认，所以 CC 在全球范围内的应用非常广泛。在我国，CC 对标的是 GB/T 18336 标准，二者可以等同使用。

在内容与架构方面，CC 基于风险管理理论，对安全模型、安全概念和安全功能进行了全面系统描绘，并强化了保证评估。

CC 内容分为三部分：第一部分为简介和一般模型，主要对 IT 安全评估的一般概念、原理进行了定义，提出了评估的一般模型。CC 标准第一部分的掌握程度，对于标准后续部分的认识和理解是必不可少的。安全概念与关系的模型如图 6-7 所示。

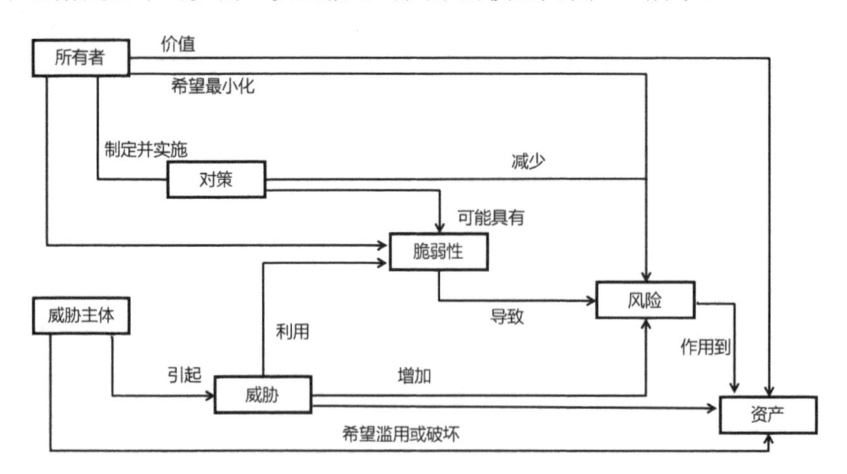

图 6-7 安全概念与关系的模型

图 6-7 模型的说明如下：威胁主体为了达到滥用或破坏资产的目的，利用资产的脆弱性实施威胁行为，可能增加风险；而资产所有者为了最小化安全风险，通过制定并实施安全对策，减少资产脆弱性，达到降低风险的目的。

第二部分是安全功能要求，规定了一系列功能组件族和类，作为表达评估对象(TOE)功能要求的标准方法。CC 的安全功能要求分为 11 类，包括：审计(FAU)，密码支持(FCS)，通信(FCO)，用户收据保护(FDP)，识别和鉴权(FIA)，安全管理(FMT)，隐私(FPR)，TSF 保护(FPT)，资源利用(FRU)，TOE 访问(FTA)，可信路径和通道(FTP)。CC 的安全功能分为 11 个大类、66 个子类、135 个组件，具体如图 6-8 所示。

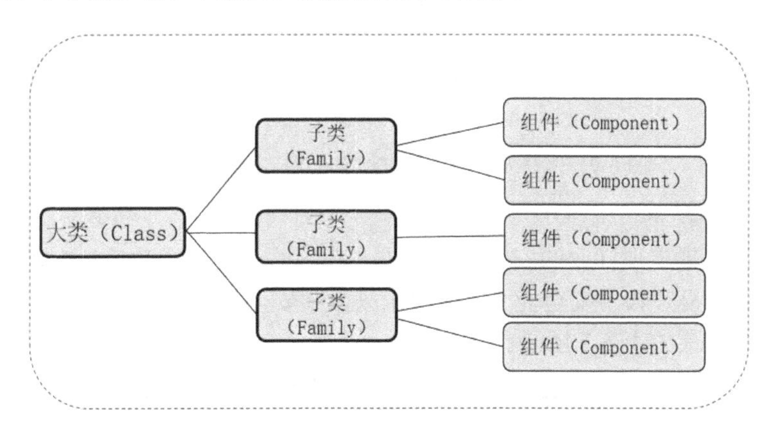

图 6-8　CC 安全功能要求的分类与组件

第三部分为安全保障要求，规定了一系列的保障组件族和类，作为表达 TOE 保证要求的标准方法，同时定义了保护轮廓(PP)和安全目标(ST)的评估准则，提出了 7 个评估保证级别(Evaluation Assurance Level)：EAL1～EAL7。

CC 的 10 类安全保障要求具体为：保护轮廓评估(APE)，安全目标评估(ASE)，配置管理(ACM)，交付和运行(ADO)，开发(ADV)，指导文档(AGD)，生命周期支持(ALC)，测试(ATE)，脆弱性评估(AVA)，保障维护(AMA)。

3. 我国的信息安全政策

我国的信息安全政策包括一系列的法律法规、政策文件和标准规范等，以下介绍国家信息安全等级保护制度和其他合规性政策的相关内容。

1) 国家信息安全等级保护制度

信息安全等级保护是根据其重要性针对保护信息和信息载体进行等级划分，依据相应的等级标准实行分级保护。信息安全等级保护工作包括六个阶段，即定级、建档、差距分析、安全建设与整改、信息安全等级评估、信息安监部门定期地开展监督检查。信息安全等级保护制度，依据《网络安全法》等有关法律法规，是为保障信息安全推出的一项基础性制度。国家根据等级标准对信息系统和设备的网络安全实行相应的等级保护和监管。

2019 年 12 月 1 日开始，我国正式实施网络安全等级保护制度 2.0 标准(以下简称等保 2.0)，根据最新标准的要求，自 2008 年起我国实施的新等级保护制度 1.0(以下简称等保 1.0)进入 2.0 时代。网络安全等级保护制度 2.0 标准保护的对象如图 6-9 所示。各类重要信息系统和政府网站是等保 1.0 主要针对的保护对象，保护方式主要是定级建档、等级评定、施工整改、督促检查等制度。等保 2.0 在此基础上，扩大了保护对象的范围，丰富了保护方法，提高了技术标准。等保 2.0 将技术标准建设重点放在全方位主动防御、安全可信、动态感知、综合审计上，全面覆盖了传统信息系统、网络基础设施、大数据、云计算、物联网、移动互联、工控信息系统等对象。

图 6-9　网络安全等级保护制度 2.0 标准保护的对象

2) 其他合规性政策

随着国家越来越重视行业的安全合规要求。我国的信息安全政策还在不断地出台和更新，助力各行各业提升数字安全能力，应对未来数字安全挑战，2022 年上半年以来推出的信息安全合规性政策如表 6-7 所示。

表 6-7　2022 年上半年信息安全合规性政策(部分)

时　间	出 台 政 策
1 月	《“十四五”数字经济发展规划》《关于推动平台经济规范健康持续发展的若干意见》《要素市场化配置综合改革试点总体方案》《“十四五”市场监管现代化规划》
2 月	《网络安全审查办法》《互联网信息服务深度合成管理规定(征求意见稿)》《关于进一步规范移动智能终端应用软件预置行为的通告(征求意见稿)》《关于加快推进电子证照扩大应用领域和全国互通互认的意见》
3 月	《2022 年政府工作报告》《2022 年提升全民数字素养与技能工作要点》《互联网信息服务算法推荐管理规定》
4 月	《关于加快建设全国统一大市场的意见》《中央全面深化改革委员会第十五次会议》《移动互联网应用程序个人信息保护管理暂行规定(征求意见稿)》
5 月	《关于推进实施国家文化数字化战略的意见》
6 月	《数据安全管理认证实施规则》《“中国+中亚五国”数据安全合作倡议》《移动互联网应用程序信息服务管理规定》《反电信网络诈骗法(草案二次审议稿)》《关于构建数据基础制度更好发挥数据要素作用的意见》《关于加强数字政府建设的指导意见》《互联网用户账号信息管理规定》

6.2 网络安全法

《网络安全法》是我国于 2016 年 11 月 7 日颁布的，正式施行开始于 2017 年 6 月 1 日。

作为国家层面的网络安全基本法律，《网络安全法》对网络安全的保障将发挥重大的作用，它的颁布和施行使得网络安全领域进入有法可依的依法治国时代。

6.2.1　概述与发展

《网络安全法》主要规定了网络安全的基本要求、网络安全的保护措施、网络安全监管和处罚等方面的内容。《网络安全法》的推出，旨在保障网络安全、维护网络秩序、促进网络健康发展。

1. 《网络安全法》时代背景

近年来，世界各地重大网络安全事件频发，部分安全问题危及全球。然而，针对日趋增长的网络安全犯罪，很多国家出现了无法可依的问题。就我国而言，在《网络安全法》推出之前，主要还是依照《刑法》、《治安管理处罚条例》以及部分中央与地方性法规来实施相关的裁定，这远远不能满足实际工作的需求。

1) 美国国家安全局(NSA)核武工具“永恒之蓝”与蠕虫恶意代码抢劫全球

在全球范围内从 2017 年 5 月 12 日起，在改造此前在 NSA 黑客武器库泄露的“永恒之蓝”攻击程序的基础上，不法分子利用通过 Windows 网络共享协议进行攻击传播的蠕虫恶意代码发起网络攻击。在不到 5 个小时的时间里，包括整个欧洲以及中国在内的范围里，多个大学的校内网、大型企业内网、政府机构专网都遭到了勒索，要求在解密和恢复文件前支付高额赎金，此次攻击造成了重要数据的严重损失。

2) 震网病毒(攻击伊朗核设施)

作为世界上首个网络超级破坏性武器，震网病毒已经感染了全球超过 45 000 个网络，伊朗受到的攻击最为严重，超过百分之六十的个人计算机感染了这种病毒。在蠕虫病毒的发展历史里，震网病毒的程序相对而言是比较具有先进性的。

3) 黑客攻击教育网站篡改成绩

黑客攻击入侵教育网站，将网站中的考试成绩数据进行篡改，伪造英文、计算机等级证书或学历证书，然后贩卖，以牟取利益，对社会造成极大的危害性。

中国幅员辽阔、人口众多，经过多年的建设发展，已经成了网络应用的大国，因此我国面临的网络安全威胁也是巨大的。网络安全基于信息时代社会和经济对网络技术的依赖性，是社会和经济稳定发展的基础条件，同时也是对公民权益的有效保障。国家的当务之急是将全社会网络安全意识和保障水平进行提高，同时配套建立起网络安全的法制体系。

加强网络安全工作是党中央从十八大以来一直强调的需要重点开展的工作之一，在党的领导下我国从国家层面上对网络安全观念、网络法制建设等均作了明确的指示和工作部署。《网络安全法》的制定是体现我国网络安全进入法治化建设的重要标志，对于我国互联网技术的进步起了保驾护航的作用，这是适应信息时代的发展，落实国家安全规划的重要举措。

2. 《网络安全法》发展历程

《网络安全法》作为我国第一部专门针对信息安全领域的法律法规，在国家对于网络安全的体系规划中，它的出台包含了以下目标：首先是为了保障公民、法人和其他组织能够拥有健康的网络环境，其合法权益能够得到保护；其次是为了与信息时代接轨，通过网络技术发展大力推动经济社会健康发展，更进一步是为了维护社会公共利益，维护网络空间主权和国家安全。

2016 年 11 月 7 日第十二届全国人民代表大会常务委员会第二十四次会议通过《网络安全法》，该法从 2017 年 6 月 1 日开始执行。我国《网络安全法》的发展过程如表 6-8 所示。

表 6-8 《网络安全法》的发展过程

日 期	发 展 过 程
2014 年 4 月	全国人大常委会年度立法计划正式将《网络安全法》列为立法预备项目，由此开启我国国家网络安全立法的新进程
2015 年 6 月	第十二届全国人大常委会第十五次会议初次审议《网络安全法(草案)》
2015 年 7 月 6 日	《网络安全法(草案)》向社会公开征求意见。之后，根据全国人大常委会组成人员和各方面的意见，对草案作了修改，形成《网络安全法(草案二次审议稿)》
2016 年 6 月	第十二届全国人大常委会第二十一次会议对草案二次审议稿进行了审议
2016 年 7 月 5 日	2016 年 7 月 5 日，《网络安全法(草案二次审议稿)》发布，向社会公开征求意见
2016 年 10 月 31 日	2016 年 10 月 31 日，《网络安全法(草案三次审议稿)》提请全国人大常委会审议
2016 年 11 月 7 日	2016 年 11 月 7 日，第十二届全国人民代表大会常务委员会第二十四次会议正式表决通过《网络安全法》，并于 2017 年 6 月 1 日正式施行

3. 《网络安全法》施行意义

随着网络全球化的发展，网络安全已上升到与政治安全、经济安全、领土安全等并驾齐驱的战略高度，是国家安全的重要组成部分。《网络安全法》的出台，从法律制度层面给予网络安全保障，维护我国网络空间主权，是我国网络战略的重要组成部分。《网络安全法》的严格实施使我国在互联网建设大潮中对于网络安全真正做到有法可依，信息安全产业将由合规拉动型向合规与强制拉动型并重过渡。以下五个方面的内容体现了《网络安全法》出台的重大意义：

1) 构建我国首部网络空间管辖基本法

《网络安全法》是我国在信息时代构建网络安全法律体系的重要基石，它是第一部从国家层面上对网络空间管辖的针对性立法。该法的主要内容包括：规定《网络安全法》的总体目标；规范不同主体在网络社会中享有的权利义务及其所处的地位；建立网站身份认证系统，实行后台实名制度；建立维护网络主体隐私的信息安全保密制度；建立行政机关加强网络信息安全监管的程序和制度，规定对网络信息安全犯罪的惩治和打击，规定诉讼救济的具体程序等。

2) 提供维护国家网络主权的法律依据

根据突尼西亚协议会所提出的共识，各国对互联网的治理具有自主性。出于对网络空间主权的认知和保护，很多西方国家在比较早的时候就开启了网络安全相关法律法规的体系建设，网络安全战略在现阶段都已经正式地纳入各个国家的安全战略之中。我国“信息主权”的观念是国家主席习近平于 2014 年 7 月在巴西发表的讲话中首次提出并强调的。他强调在互联网领域，信息技术的高速发展，体现了非常高的全球化程度，国家与国家之间在这样的趋势下更需要秉承互相尊重的原则，不应对信息领域的主权做出侵犯行为。“网络空间的国家主权得到维护”的理念，是在《网络安全法》中首次以法律条文的形式明确提出的，为我国在互联网空间的主权建设提供了法律依据。

3) 能够服务于国家网络安全战略和网络强国建设

当前，网络空间在信息时代技术发展的推动下，已经成为全球主要国家竞相竞争的重要领域。我国也处于全球化竞争的前沿阵地，建立网络空间行为规范和模式已经成为中国继续稳步向前发展的核心目标之一。依法治国是我国国家治理的基本理念，网络行为规范一定要通过法律来确定。国家网络空间安全战略、网络重要领域安全规划等问题的法律准绳在《网络安全法》中做了明确的描述和规定，这有助于我国在国家网络安全领域建设过程中明确战略目标、明确行为规范、完善网络安全机制、提升保障网络安全的能力。

4) 在网络空间领域贯彻落实依法治国精神

在网络空间领域，互联网的发展也不过短短二十余年，很多监督和治理手段都是根据已经出现的问题不断改进的。《网络安全法》在法治的顶层设计下，成为共建共享的一种路径实践。历史实践证明，只有以法律为准绳对网络空间开展有效治理，才能谋求国家网络空间的长治久安。在对外关系处理上，网络的开放性和互联性也是《网络安全法》考虑的重点内容。在全球化趋势下，新时代国际合作和协调工作也要纳入到法治化轨道。

5) 作为网络参与者普遍遵守的法律准则和依据

《网络安全法》是针对各个领域的互联网活动参与方制定的重要行为准则，网络行为主体要在明确的法律准则之下，自觉地对自己的行为进行规范。《网络安全法》明确规定了网络产品和服务提供者的安全义务，将目前的安全认证和安全检测体系上升为强化安全审查的法律制度体系。通过在法律层面的明确规定，让一切网络行为有法可依，任何触及法律底线的行为都会受到法律制裁。

6.2.2 相关制度

《网络安全法》是我国网络空间法治建设的重要里程碑，是保障互联网文明、健康运行的重要基石。有法可依、依法治网是我国网络空间发展管理的核心方向。

1. 《网络安全法》总体框架

《网络安全法》对近年来一些比较成熟的做法进行了制度化，对根据发展趋势进行的制度创新作出了原则性的规定，使网络安全工作在法律层面上有了切实的保障。《网络安全法》共 7 章，法律条文 79 条。《网络安全法》的总体框架如表 6-9 所示。

表 6-9 《网络安全法》总体框架

章节名称	法律条文	内容提要
第一章 总则	14 条规定	简述法律目的、范围、总则、部门职责、总体要求
第二章 网络安全支持与促进	6 条规定	定义国家直属部门、政府在推动网络安全工作上的职责
第三章 网络运行安全	19 条规定	定义网络运营者与关键信息基础设施的运行安全规定
第三章 第一节 一般规定	10 条规定	针对网络运营者的网络运行安全要求与职责规定
第三章 第二节 关键信息基础设施的运行安全	9 条规定	针对关键信息基础设施的安全规定与保护措施要求
第四章 网络信息安全	11 条规定	定义个人信息保护的保护规定
第五章 监测预警与应急处置	8 条规定	定义国家网络安全检测、预警与汇报机制
第六章 法律责任	17 条规定	定义处罚规定
第七章 附则	4 条规定	相关名词释义与其他附则

2. 《网络安全法》内容解读

根据《网络安全法》的内容，可以将该法分成总则、网络安全支持与促进、网络运行安全、网络信息安全、监测预警与应急处置、法律责任六个部分。

1) 总则

《网络安全法》第一章总则法律条文及内容提要如表 6-10 所示。明确了法律制度的目的和适用范围，确定了国家网络安全顶层设计战略原则和方针，明确了有关部门的职责和任务要求，提出对各行业组织的要求和希望。

表 6-10 《网络安全法》总则法律条文内容

法律条文	内 容 提 要
第一、二条	明确法律制定的目的和适用范围
第三至七条	明确国家网络安全的顶层设计战略
第八、十四条	明确有关部门的职责和任务
第九至十三条	提出对各行业组织的要求和希望

2) 网络安全支持与促进

《网络安全法》第二章网络安全支持与促进法律条文及内容提要如表 6-11 所示。通过法律条文明确了网络安全标准体系的负责部门以及参与实体在网络活动中的行为规范，提出了加强对网络安全技术和项目的投入，推动网络安全社会化服务体系建设并加强网络安全教育的指导目标。

表 6-11 网络安全支持与促进法律条文内容

法律条文	内 容 提 要
第十五条	明确网络安全标准体系的负责部门及参与实体
第十六条	明确各级政府单位对网络安全技术产业和项目进行统筹规划、投入、推广的责任
第十七至二十条	明确国家对企业、科研机构、高等学校等实体的网络安全技术研发、人才培养的支持

3) 网络运行安全

《网络安全法》第三章第一节“一般规定”法律条文及内容提要如表 6-12 所示，明确网络安全等级保护制度的要求，网络运营者应对保障网络免受干扰、破坏或未经授权的访问等行为负有安全保护的责任。

《网络安全法》第三章第二节“关键信息基础设施的运行安全”法律条文及内容提要如表 6-13 所示，要求网络运营者通过网络安全技术和手段防止网络数据被泄露、窃取或者篡改。网络关键设备、产品和服务需满足强制性标准。对运营者和国家网信部的责任提出要求。

表 6-12　“一般规定”法律条文及内容提要

法律条文	内 容 提 要
第二十一、三十一条	国家实行网络安全等级保护制度
第二十二、二十三条	网络关键设备、产品以及服务需满足强制性标准
第二十四至二十九条	网络运营者基本责任和义务

表 6-13　“关键信息基础设施的运行安全”法律条文及内容提要

法律条文	内 容 提 要
第三十一、三十三条	申明关注关键信息基础设施的运行安全
第三十四至三十八条	关注关键信息基础设施的运行安全(运营者责任)
第三十九条	关注关键信息基础设施的运行安全(国家网信部责任)

4) 网络信息安全

《网络安全法》第四章网络信息安全法律条文及内容提要如表 6-14 所示。明确了在网络信息安全中对运营者的约束内容。

表 6-14　网络信息安全法律条文内容

法 律 条 文	内 容 提 要
第四十至四十四条	网络运营者约束(个人信息安全)
第四十五至四十九条	网络运营者约束(其他信息内容安全)

5) 监测预警与应急处置

《网络安全法》第五章监测预警与应急处置的法律条文和内容提要见表 6-15。要求国家网信部门要协调相关部门检测网络安全，强化网络安全信息的采集、分析和告知。及时发布通告预警，定期进行安全风险评估，明确应急预案内容。

表 6-15　监测预警与应急处置法律条文内容

法 律 条 文	内 容 提 要
第五十一、五十二、五十六条	网络安全监测、发布通告预警
第五十三至五十五，五十七至五十八条	安全风险评估、应急预案

6) 法律责任

《网络安全法》第六章法律责任针对违反不同的法律条款，明确处罚类型和处罚对象，具体内容如表 6-16 所示。

表 6-16 违法处理内容

条款	针对对象	违反条例	警告	罚款	拘留	罚款金额	罚款对象
59，61，68	网络运营者	21，25	★	★		1万～10万	网络运营者
						5000～5万	主管负责人
		24(1)，69(1～5)		★		5万～50万	运营商
						1万～10万	主管负责人
		47，48(2)	★	★		10万～50万	网络运营者
						1万～10万	主管负责人
59，65，66	关键基础信息设施运营者	33，34，36，38	★	★		10万～100万	运营者
						1万～10万	主管负责人
		35		★		1倍～10倍	运营者
						1万～10万	主管负责人
		37		★		5万～50万	运营者
						1万～10万	主管负责人
64	网络运营者，网络产品或者服务的提供者	22(3)，41～43	★	★		1倍～10倍 /<100万	网络运营者，网络产品或者服务的提供者
						1万～10万	主管负责人
		44		★		1倍～10倍 /<100万	网络运营者，网络产品或者服务的提供者
60，62	网络产品，服务商	22(1.2)	★	★		5万～50万	/
		48(1)				1万～10万	主管负责人
		26		★		1万～10万	/
						5000～5万	主管负责人
63，67	全体网络相关人员	27		★	★	<5日拘留 5万～50万	/
						5日～15日拘留 10万～100万	
		46		★	★	<5日拘留 5万～50万	/
						5日～15日拘留 10万～100万	
72	国家机关政务网络的运营者	不履行本法规定义务	上级机关或者有关机关责令改正；对直接负责的主管人员和其他直接责任人员依法给予处分			/	/

续表

条款	针对对象	违反条例	警告	罚款	拘留	罚款金额	罚款对象
73	网信部门和有关部门	30，玩忽职守、滥用职权等	依法处分			/	/
75	境外的机构、组织、个人从事攻击、侵入、干扰、破坏等	境外的机构、组织、个人从事攻击、侵入、干扰、破坏等危害中华人民共和国的关键信息基础设施的活动，造成严重后果的，依法追究法律责任；国务院公安部门和有关部门并可以决定对该机构、组织、个人采取冻结财产或者其他必要的制裁措施					

6.2.3 实践

对于网络的安全问题，首先要依据《网络安全法》的第三章、第四章和第五章。整理清楚安全问题的性质与责任方，然后再依据第六章的法律责任条款，确定处罚方式。以下通过两个案例加强读者对《网络安全法》的理解。

案例

1. 2018 年 8 月 4 日，XX 省公安厅监测发现一起黑客进行网络攻击的事件。在该事件中，黑客通过入侵某市北控水务集团远程数据监控平台，篡改了系统的网页。监测到事件发生后，当地警方第一时间开展处置和侦查工作，并向受到攻击的中心网站所在地派出网络安全应急处置组。

经过调查，某市北控水务集团被发现存在网络安全意识淡薄、网络安全管理体系不完善、网络安全技术措施落实不到位、网络日志留存时间未超过 6 个月等问题。

依据《网络安全法》第五十九条第一款之规定，公安机关对某市北控水务集团处以 8 万元罚款的行政处罚，相关责任人李某、张某、李某分别处以 15000 元、10000 元、10000 元罚款的行政处罚。

责任方如下：

个人：非法入侵，篡改信息。

企业：网络安全意识淡薄，网络安全管理体系不完善，网络安全技术措施落实不到位，网络日志留存时间未超过 6 个月，存在着严重的网络安全隐患。

采用《网络安全法》条文如下：

第五十九条　网络运营者不履行本法第二十一条、第二十五条规定的网络安全保护义务的，由有关主管部门责令改正，给予警告；拒不改正或者导致危害网络安全等后果的，处一万元以上十万元以下罚款，对直接负责的主管人员处五千元以上五万元以下罚款。

关键信息基础设施的运营者不履行本法第三十三条、第三十四条、第三十六条、第三十八条规定的网络安全保护义务的，由有关主管部门责令改正，给予警告；拒不改正或者导致危害网络安全等后果的，处十万元以上一百万元以下罚款，对直接负责的主管人员处一万元以上十万元以下罚款。

第二十一条　国家实行网络安全等级保护制度。网络运营者应当按照网络安全等级保护制度的要求，履行下列安全保护义务，保障网络免受干扰、破坏或者未经授权的访问，防止网络数据泄露或者被窃取、篡改。

判罚结果如下：

依据《网络安全法》第五十九条第一款之规定，公安机关对某市北控水务集团处以 8 万元罚款的行政处罚，相关责任人李某、张某、李某分别处以 15000 元、10000 元、10000 元罚款的行政处罚。

2. 2020 年 1 月，济南市某信息技术有限公司网站被黑客攻击，导致网站被篡改与挂马。同时，大量的用户资料被泄露。此事件引起网警大队高度重视，立即派出相关人员进行调查。

经过调查发现，这是此公司竞争对手发起的一次攻击，这属于非法行为。同时，济南某信息技术有限公司对于本次事件也负有一定的责任，公司网络安全意识淡薄，未制定内部网络安全管理制度和操作规程，对网络安全工作没有做到责任到人，存在不履行网络安全保护义务的责任。

济南市公安分局网警大队依据《网络安全法》第二十一条、第五十九条、第二十七条等规定执行。对该信息技术有限公司与竞争对手予以相应的警告处罚。

责任方如下：

竞争对手公司：恶意攻击、非法侵入他人网络。

济南市某信息技术有限公司：企业人员网络安全意识淡薄，未制定网络安全管理制度及操作规程，对网络安全工作没有做到责任到人。未落实网络安全保护责任，在发生安全事件时，尚无应急预案。

采用《网络安全法》条文如下：

第五十九条　网络运营者不履行本法第二十一条、第二十五条规定的网络安全保护义务的，由有关主管部门责令改正，给予警告；拒不改正或者导致危害网络安全等后果的，处一万元以上十万元以下罚款，对直接负责的主管人员处五千元以上五万元以下罚款。

第二十一条　国家实行网络安全等级保护制度。网络运营者应当按照网络安全等级保护制度的要求，履行下列安全保护义务，保障网络免受干扰、破坏或者未经授权的访问，防止网络数据泄露或者被窃取、篡改。

第二十七条　任何个人和组织不得从事非法侵入他人网络、干扰他人网络正常功能、窃取网络数据等危害网络安全的活动；不得提供专门用于从事侵入网络、干扰网络正常功能及防护措施、窃取网络数据等危害网络安全活动的程序、工具；明知他人从事危害网络安全的活动的，不得为其提供技术支持、广告推广、支付结算等帮助。

判罚结果如下：

济南市公安分局网警大队依据《网络安全法》第二十一条、第五十九条、第二十七条等规定执行。对该信息技术有限公司与竞争对手予以相应的警告处罚，并依据其他法律对竞争对手进行行政处罚。

6.3 数据安全法

《数据安全法》2021 年 6 月 10 日颁布，2021 年 9 月 1 日起正式施行。

6.3.1 概述

《数据安全法》是为了规范数据处理活动，保障数据安全，促进数据开发利用，保护个人、组织的合法权益，维护国家主权、安全和发展利益而制定的法律，它是国内首部专门针对数据安全的法律。

1. 数据安全概述

《数据安全法》第三条，给出了数据安全和数据处理的定义。数据安全，是指通过采取必要措施，确保数据处于有效保护和合法利用的状态，以及具备保障持续安全状态的能力。数据处理，是指包括数据的收集、存储、使用、加工、传输、提供、公开等。

我们为什么需要数据安全呢？主要有以下几个方面的原因：

1) 保障数据安全的能力是国家竞争力的直接反映

随着信息技术的发展，5G、高速互联网、云计算、大数据等已经走进我们的生活。数据在社会发展、民众生活中扮演起了越来越重要的角色。国家竞争力的直接体现之一是数据安全保障能力。随着数据场景应用越来越多，越来越广泛，数据泄露的事件频频出现，包括盗取数据进行买卖，利用数据进行诈骗活动，甚至对用户数据进行加密，然后勒索赎金等，这些事例都说明了在信息时代，数据的泄露和滥用会引起社会普遍性的恐慌。因此，如何保护数据安全，营造和谐稳定的社会环境，是国家现代治理能力的体现。

2) 国家安全的重要方面是数据保护和安全

现在的数据已经成为国家基础性的战略资源，数据的安全问题愈发重要，可以说“没有数据安全，就谈不上国家安全。”2013 年的斯诺登事件和 2022 年美国国家安全局入侵我国西北工业大学计算机网络事件都表明，在国际上敌对势力利用互联网和信息技术手段，对他国实施网络监控，窃取政治、经济、军事秘密以及企业、个人敏感数据，对他国进行攻击和控制，危害他国的安全。

3) 数据安全有序是数字经济良性发展的根本

随着全球信息化的发展，数字经济为各国经济发展提供了新动力。我国的数字经济产值占 GDP 的比例逐年增加。数字经济催生了新的机会，也为社会创造了新的工作和发展机会。因此，为了推动以数据为要素的数字经济持续发展，保护数据安全有序是十分必要的举措。

4) 国家数字治理，数据安全是重要议题

数据安全涉及多个主体，包括政府、企业、系统平台和信息使用单位。数字治理的关键环节是如何统筹协调多个主体，评估数据安全风险，规范数字确认、开放、流通和交易，建立保障数据安全的法治和管理机制，促进数据有序流动。

2. 《数据安全法》诞生背景与意义

1) 《数据安全法》诞生背景

《数据安全法》是在数字经济发展的趋势下出台的一部专门针对数据安全问题的法律。它既体现了对国内外重要数据安全问题的重视，也充分反映了我国对数据安全保护的决心。

所以，《数据安全法》的出台是信息时代发展的需求。

(1) 数据是生产要素。数字经济占比越来越大，数据已经成为一种基础性的全国性战略资源。国家要加强数据安全保护技术手段研发，增强数据安全保障能力，必须通过立法加以推进。

(2) 数据违法事件层出不穷。数据主体多样，数据处理活动复杂、安全风险大，切实维护公民和组织的合法权益，需要重视数据安全保护，通过立法推进各项数据保护制度建设。

2) 《数据安全法》的意义

《数据安全法》是我国在数据安全领域的第一部基础性法律，它填补了我国在数据安全领域的立法空白，进一步健全了网络空间安全治理体系。该法的颁布标志着数据安全领域法治化进程的开始，为各个行业提供了数据安全有法可依的监督基础。《数据安全法》确立了数据分级分类管理的原则，明确了我国数字产业发展的数据安全风险评估、监测预警、应急处置、数据安全审查、后续相关立法以及市场主体合规指引等基本制度。

3. 《数据安全法》发展历程

数据作为重要的生产要素，被国家列为基础性战略资源，回顾该法的诞生历程，“数据安全”与“国家安全”直接挂钩。《数据安全法》发展历程的具体内容如表 6-17 所示。

表 6-17　《数据安全法》发展历程

日期—阶段	发 展 历 程
2018 年 9 月 7 日—规划	十三届全国人大常委会公布立法规划(共 116 件),《中华人民共和国数据安全法》位于第一类项目：条件比较成熟、任期内拟提请审议的法律草案
2020 年 6 月 28 日—一审	《中华人民共和国数据安全法》(草案)在第十三届全国人大常委会第二十次会议审议
2021 年 4 月 26 日—二审	十三届全国人大常委会第二十八次会议听取了宪法和法律委员会副主任委员徐辉作的关于数据安全法草案修改情况的汇报，此次为二审
2021 年 6 月 7 日—三审	《数据安全法草案》三次审议稿提请第十三届全国人大常委会第二十九次会议审议
2021 年 6 月 10 日—公布	国家主席习近平签署了第八十四号主席令“《中华人民共和国数据安全法》已由中华人民共和国第十三届全国人民代表大会常务委员会第二十九次会议通过，现予公布，自 2021 年 9 月 1 日起施行”

6.3.2　相关制度

《数据安全法》是我国在数据安全领域的专门立法，将与《网络安全法》《个人信息保护法》等专项立法和地方立法一起，共同构成我国数据安全保护的法律制度。

1. 总体框架

《数据安全法》共分 7 章内容，55 条法律条文，其总体框架如表 6-18 所示。

表 6-18　《数据安全法》总体框架

章 节 名 称	法律条文	内 容 提 要
第一章　总则	12 条规定	明确法律的目的、适用范围、责任部门和定义
第二章　数据安全与发展	8 条规定	说明国家数字产业发展与数据安全的关系
第三章　数据安全制度	6 条规定	说明国家如何保护数据安全
第四章　数据安全保护义务	10 条规定	说明个人和部门应该如何支持数据安全保护
第五章　政务数据安全与开放	7 条规定	明确对政务数据收集、处理、维护等的具体要求
第六章　法律责任	9 条规定	违反以上规定的处罚
第七章　附则	3 条规定	法律不适用的情况和实施时间

2. 内容解读

根据《数据安全法》的内容，可以将该法分成总则、数据安全与发展、数据安全制度、数据安全保护义务、政务数据安全与开放、法律责任六个部分。

1) 总则

《数据安全法》第一章总则法律条文及内容提要如表 6-19 所示。总述了立法目的和适用范围，定义了数据的含义，对各部门、企业之间提出责任任务，尤其对行业组织制定安全行为规范、加强行业自律、引导成员加强数据安全保护等方面提出了要求。

表 6-19　总则法律条文及内容提要

法律条文	内 容 提 要
第一、二条	明确立法目的和适用范围
第三条	解释数据、数据处理、数据安全的定义
第四至十二条	明确国家层面、地区部门及企业职责

2) 数据安全与发展

《数据安全法》第二章数据安全与发展法律条文及内容提要如表 6-20 所示。总述了数据安全发展原则与战略要求；支持和鼓励大数据基础的建设和应用。鼓励开展数据安全技术研究，建立数据安全技术标准体系，开展数据安全评测评估、数据应用技术以及安全人才培养等活动，加强了对公共服务的要求。

表 6-20　数据安全与发展法律条文及内容提要

法律条文	内 容 提 要
第十三、十六条	指出数据安全与开发并重，鼓励加强数据技术研究
第十四至十五条	明确大数据战略，提升公共服务的智能化水平
第十七至十八条	推进安全体系标准建设和发展检测评估认证服务
第十九条	健全数据交易管理制度
第二十条	加强对数据人才培养，促进人才交流

3) 数据安全制度

《数据安全法》第三章数据安全制度法律条文及内容提要如表 6-21 所示。国家建立数据分类分级保护制度，对数据进行分类分级，其重要程度取决于数据对经济社会发展的作用。建立数据安全风险评估、报告、信息共享和监测预警机制。建立数据安全应急处置机制和审查制度，对出口管制做出明确要求。

表 6-21 数据安全制度法律条文及内容提要

法律条文	内 容 提 要
第二十一条	明确分类分级保护制度内容
第二十二至二十三条	建立数据安全保护机制及其工作内容
第二十四条	建立数据安全审查制度
第二十五条	国家对数据出口的管制
第二十六条	对外数据投资、贸易采取数据安全反制措施

4) 数据安全保护义务

《数据安全法》第四章数据安全保护义务法律条文及内容提要如表 6-22 所示。制定明确的管理制度，加强风险监测管理，对于缺陷、漏洞等风险，应该采取补救措施。定期进行风险评估，并将风险评估报告上报。在数据处理活动中，收集数据必须采取合法正当的手段，不得以其他非法手段窃取、获取资料，对数据交易、经营备案做出明确的要求。

表 6-22 数据安全保护义务法律条文及内容提要

法律条文	内 容 提 要
第二十七条	明确开展数据活动时的总体义务
第二十八至二十九条	开发数据新技术、加强数据风险监测与事件处理能力
第三十条至三十一条	重要数据风险评估、重要数据出境安全
第三十二条	收集数据合法正当
第三十三至三十六条	数据交易中介服务机构与数据提供流程规定

5) 政务数据安全与开放

《数据安全法》第五章政务数据安全与开放法律条文及内容提要如表 6-23 所示。国家通过推动电子政务建设，提升运用数据服务经济社会发展的能力，同时提升处理各类行政事务的效率。国家机关有关部门在收集资料和处理资料时，应当遵循法律和行政法规的规定，并且具有保护数据安全的义务和责任。国家建设统一的政务数据开放平台，推动政务数据开放利用。

表 6-23 政务数据安全与开放法律条文及内容提要

法律条文	内 容 提 要
第三十七至三十九条	明确政务数据安全内容
第四十条	明确数据委托加工内容
第四十一条	明确政务数据公开原则
第四十二条	政务数据收集使用
第四十三条	本章规定适用范围

6) 法律责任

《数据安全法》第六章法律责任法律条文及内容提要如表6-24所示。对于组织、个人在数据处理活动中的违法行为，视其造成的后果根据法律要求进行相应处罚。

对不履行《数据安全法》规定的数据安全保护义务的国家机关，依法对直接负责的主管人员和其他直接责任人员给予处分。对履行数据安全监管职责的国家工作人员玩忽职守、滥用职权、徇私舞弊的，依法给予处分。

表6-24 法律责任法律条文及内容提要

法律条文	内 容 提 要
第四十四条	对存在数据活动安全隐患活动的负责方进行约谈整改
第四十五至四十八条	违反数据安全法的行为及罚款内容
第四十九条	明确对数据安全保护义务中国家机关的处罚
第五十条	明确对履行监管工作人员职责的处罚
第五十一至五十二条	明确对违法者的处罚规定

6.3.3 实践

本节通过两个实际案例来加深读者对《数据安全法》的理解。

案例

1. 2021年1月，一家公司的信息系统出现运行异常的情况，怀疑是遭到了网络攻击，于是向国家安全机关报案。通过严格的技术排查，安全机关认定相关信息系统系遭到黑客入侵并被植入木马程序。本次入侵事件中，黑客通过入侵多台重要服务器和网络设备，通过植入木马程序窃取了大部分用户的账户密码和个人资料等数据。

经进一步深入调查确认，本次攻击是由专业的黑客团队经过精心策划，利用多个技术漏洞秘密实施的攻击行为，并且利用多台网络设备实施跳转攻击以达到掩人耳目的目的。同时，导致此次事件发生的原因之一，是该公司未重视数据安全，没有建立完善的数据安全保护措施，因此对本次攻击也负有责任。

责任方如下：

攻击团队：窃取、破坏数据。

企业：数据安全保护责任不落实。

采用《数据安全法》条文如下：

第五十一条 窃取或者以其他非法方式获取数据，开展数据处理活动排除、限制竞争，或者损害个人、组织合法权益的，依照有关法律、行政法规的规定处罚。

第二十七条 开展数据处理活动应当依照法律、法规的规定，建立健全全流程数据安全管理制度，组织开展数据安全教育培训，采取相应的技术措施和其他必要措施，保障数据安全。利用互联网等信息网络开展数据处理活动，应当在网络安全等级保护制度的基础上，履行上述数据安全保护义务。

判罚结果如下：

黑客团队非法入侵网络，涉嫌非法获取电脑信息系统资料罪，根据刑法和数据安全法有关规定，判处有期徒刑三年以下或者拘役。约谈某公司网络安全管理主管，勒令某公司采取数据安全管理制度措施进行整改，消除隐患，保障数据安全。

2. 2021 年 3 月，国家安全机关发现了一个可疑情况，在国家某重要军事基地附近出现了气象观测设备，该设备具有采集精确位置信息和多类型气象资料的功能，而且采集到的资料会直接传往境外。

经国家安全机关调查掌握，这些气象观测设备是一个海外气象观测机构通过委托国内的私人或者机构，在我国重要区域进行部署的。本案嫌疑人李某从网上购买设备并私自架设，将部分设备架设在我国重要区域周边，以将相关设备采集到的数据传至设在境外的网站上。而经过进一步调查取证，已有 100 多套类似设备销往全国多地，这个所谓的海外气象观测机构实际上是以科研为名，由某国政府部门发起成立的，其目的是对全球气象资料信息进行收集和分析，运用收集到的数据为本国军方提供服务。

责任方如下：

李某：出售国家军事基地气象信息。

采用《数据安全法》条文如下：

第四十八条　违反本法第三十六条规定，未经主管机关批准向外国司法或者执法机构提供数据的，由有关主管部门给予警告，可以并处十万元以上一百万元以下罚款，对直接负责的主管人员和其他直接责任人员可以处一万元以上十万元以下罚款；造成严重后果的，处一百万元以上五百万元以下罚款，并可以责令暂停相关业务、停业整顿、吊销相关业务许可证或者吊销营业执照，对直接负责的主管人员和其他直接责任人员处五万元以上五十万元以下罚款。

判罚结果如下：

李某为了个人利益，非法向境外出售国家数据，且情节严重，根据刑法和《数据安全法》有关规定，判决李某 3 年以上 7 年以下有期徒刑，并处罚人民币 10 万元以上 100 万元以下。

6.4　个人信息保护法

《个人信息保护法》是一部对个人信息保护的法律，2021 年 8 月 20 日颁布，自 2021 年 11 月 1 日开始进入施行阶段。《个人信息保护法》的实施保障了个人信息权益，规范了个人信息处理活动，促进了个人信息的合理利用。

《个人信息保护法》是一部基础性的法律，保障个人信息权益的行使。它与《网络安全法》《数据安全法》共同构成了我国网络法律体系的核心，为我国在数字时代的网络安全、数据安全和个人信息权益保护提供了基础性的制度保障。

6.4.1　概述

我们首先通过一个案例来了解个人信息被窃取利用造成的危害。

案例

2022 年的"3·15"晚会揪出一批坑害儿童的幕后黑手。其中，最让人震惊的莫过于儿童智能手表了。儿童智能手表是现在很多孩子都会佩戴的电子产品，在不法分子那里居然成了行走的"偷窥器"，所有的行程安排、谈话内容都被时刻监控着！孩子的一举一动都会被掌握，非法者可以轻松地远程操控智能手表，获取孩子的位置信息、通话语音，甚至是照片图像，严重侵犯个人隐私。如果这些信息被利用，极有可能危害到孩子的人身安全。

通过案例我们发现，随着技术的发展，智能产品带来了便利的同时，也会产生诸多的不便。许多别有用心之人，利用网络技术，对个人信息尤其是敏感信息进行收集，扰乱百姓安宁生活，危害百姓正常的生活秩序和财产安全。《个人信息保护法》不只是针对公民的个人信息权益进行保护，更是对现代信息化社会条件下，合法取得以及合法利用公民信息的各种活动建立法律规范。

1. 《个人信息保护法》诞生背景和意义

1) 《个人信息保护法》诞生背景

在信息化与经济社会深度融合的今天，网络已成为生产生活的新空间、经济发展的新引擎、交流合作的新纽带。截至 2020 年 12 月，我国互联网用户已达 9.89 亿，互联网网站超过 443 万个，应用程序数量超过 345 万个，个人信息的采集和运用涉及的领域更加广泛了。

加强个人信息的保护成为国家高度关注，社会广泛关切，人民普遍关心的重大问题。近年来，尽管我国对个人信息的保护力度不断加大，但在现实生活中，个人信息泄露等问题仍十分突出。迫切需要通过立法来规范对个人信息的收集活动，对侵犯个人隐私、泄漏或者非法获取个人信息的行为活动进行处罚。

2) 《个人信息保护法》意义

在对个人信息进行保护的同时，《个人信息保护法》约束了数据使用者对个人信息的处理行为；对行业平台进行监管，防止平台滥用个人信息；合理地利用、挖掘数据的价值，促进数字经济的健康发展，《个人信息保护法》的意义具体体现在以下几个方面：

(1) 维护了公民的合法权益。

(2) 保护个人信息不被泄露，通过技术手段隐藏个人信息防止数据泄露。

(3) 加强了数据库安全的技术手段，通过核心数据加密存储功能实现信息数据的保护。

(4) 实施《个人信息保护法》后，约束了企业、组织或者软件开发商不得过度收集公民信息，保护用户信息安全。如果出现了违反《个人信息保护法》的活动，一经查实，必将追究法律责任。

2. 发展历程

2020 年，《个人信息保护法》正式颁布并开始实施，但这并不代表中国的个人信息保护才刚刚起步。我国《个人信息保护法》发展历程如表 6-25 所示。

表 6-25 《个人信息保护法》发展历程

日　期	发 展 历 程
2018 年 9 月 7 日	《个人信息保护法》首次列入十三届全国人大常委会立法规划，同年，全国人大常委会法工委会同中央网信办开始着手研究起草
2019 年 12 月 16 日	经第十三届全国人民代表大会常务委员会第四十四次委员长会议原则通过，被明确列入全国人大常委会 2020 年度立法工作计划
2020 年 10 月 21 日	经第十三届全国人大常委会第二十二次会议审议后,《中华人民共和国个人信息保护法(草案)》全文正式在中国人大网公布，并向社会征求意见
2021 年 8 月 20 日	第十三届全国人大常委会第三十次会议表决通过《中华人民共和国个人信息保护法》，自 2021 年 11 月 1 日起施行

6.4.2 相关制度

《个人信息保护法》通过规定个人信息的定义、处理规则、个人权利保护、责任追究等方面的内容，为保障个人信息安全和个人隐私提供了法律保障。

1. 《个人信息保护法》总体框架

《个人信息保护法》全文共 8 章，法律条文 74 条，其总体框架如表 6-26 所示。

表 6-26 《个人信息保护法》总体框架

章 节 名 称	法律条文	内 容 提 要
第一章　总则	第 1～12 条	明确本法制定目的、适用范围、关键定义、基本原则
第二章　个人信息处理规则	第 13～37 条	个人信息处理前提条件、具体要求、告知要求、最短必要原则、处理规定
第二章　第一节　一般规定	第 13～27 条	个人信息处理方处理个人信息应当遵循的原则和规则
第二章　第二节　敏感个人信息的处理规则	第 28～32 条	处理敏感个人信息的要求
第二章　第三节　国家机关处理个人信息的特别规定	第 33～37 条	国家机关处理个人信息的规定
第三章　个人信息跨境提供的规则	第 38～43 条	个人信息跨境提供规定
第四章　个人在个人信息处理活动中的权利	第 44～50 条	个人信息主体在信息处理活动中的权利
第五章　个人信息处理者的义务	第 51～59 条	信息处理者在信息处理中的义务
第六章　履行个人信息保护职责的部门	第 60～65 条	履行个人信息保护职责的部门及工作说明
第七章　法律责任	第 66～71 条	违法处罚规定
第八章　附则	第 72～74 条	本法用语的含义，施行日期

2. 《个人信息保护法》内容解读

根据《个人信息保护法》的内容，可以将该法分成总则、一般规定、个人信息处理规则、国家机关处理个人信息的特别规定、个人信息跨境提供的规则、个人在个人信息处理活动中的权利、个人信息处理者的义务、履行个人信息保护职责的部门、法律责任九个部分。

1) 总则

《个人信息保护法》第一章总则法律条文及内容提要如表 6-27 所示。第一章总述了立法的目的和适用范围，以及个人信息的处理原则，确立相应的规则要从处理原则、处理方式、个人权益、处理者职责以及法律责任等不同角度入手。

表 6-27 总则法律条文及内容提要

法律条文	内 容 提 要
第一、三条	明确立法目的和适用范围
第二条、第四至十条	对个人信息的保护和个人信息的处理规范
第十一至十二条	健全个人信息保护制度，参与个人信息保护国际规则的制定

2) 一般规定

《个人信息保护法》第二章第一节一般规定法律条文及内容提要如表 6-28 所示，明确了个人信息处理者处理个人信息应当遵循的原则和规则。

表 6-28 一般规定法律条文及内容提要

法律条文	内 容 提 要
第十三至十五条	明确个人信息处理者可处理个人信息的情形
第十六至二十五、二十七条	明确个人信息处理者的行为规范
第二十六条	公共场所信息收集设备应符合国家标准

3) 敏感个人信息的处理规则

《个人信息保护法》第二章第二节敏感个人信息的处理规则法律条文及内容提要如表 6-29 所示。明确规定了个人信息处理者只有在目的特定、必要性充分、采取严格保护措施的情况下，才能对敏感的个人信息进行处理。

表 6-29 敏感个人信息的处理规则法律条文及内容提要

法律条文	内 容 提 要
第二十八条	明确了敏感个人信息的规定
第二十九至三十一条	明确个人信息处理者处理敏感个人信息时的规范要求
第三十二条	法律法规对敏感个人信息的规定应取得相关行政许可或按照其他限制的规定

4) 国家机关处理个人信息的特别规定

《个人信息保护法》第二章第三节国家机关处理个人信息的特别规定法律条文及内容提要如表 6-30 所示。国家机关不得超出履行法定职责所必需的范围和限度去处理个人信息，而是需要依照法律、行政法规规定的权限和程序来有效履行自身的法定职责。

表 6-30　国家机关处理个人信息的特别规定法律条文及内容提要

法律条文	内容提要
第三十三条	国家机关处理个人信息活动适用本法或本节特别规定的内容
第三十四至三十六条	国家机关履行法定职责处理个人信息的行为规范
第三十七条	法律法规授予组织履行法定职责处理个人信息，适用本法关于国家机关处理个人信息的规定

5) 个人信息跨境提供的规则

《个人信息保护法》第三章个人信息跨境提供的规则法律条文及内容提要如表 6-31 所示。明确了个人信息处理者和关键信息基础设施运营者向境外提供信息应具备的条件和行为规范。对境外危害我国个人信息权益、国家安全、公共利益的个人信息处理活动行为实施相应的处罚措施。

表 6-31　个人信息跨境提供的规则法律条文及内容提要

法律条文	内容提要
第三十八至四十一条	明确个人信息处理者和关键信息基础设施运营者向境外提供信息应具备的条件和行为规范
第四十二至四十三条	国家对境外危害我国个人信息保护权益、国家安全、公共利益的个人信息处理活动行为实施相应的处罚措施

6) 个人在个人信息处理活动中的权利

《个人信息保护法》规定，个人对处理个人信息享有知情权、决定权，对个人信息的处理有限制或者拒绝他人的权利，具体如图 6-10 所示。《个人信息保护法》明确了个人在个人信息处理活动中的权利和具体情形下个人可以使用的权利。

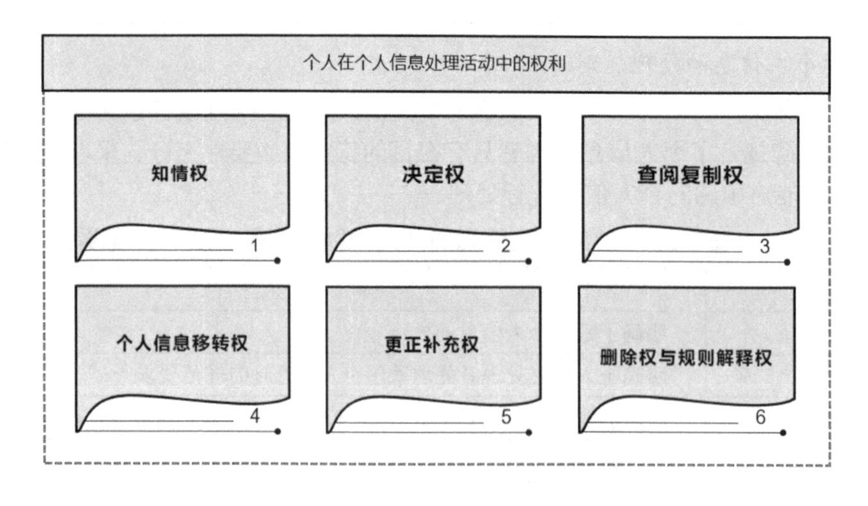

图 6-10　个人在个人信息处理活动中的权利

7) 个人信息处理者的义务

《个人信息保护法》第五章个人信息处理者的义务法律条文及内容提要如表 6-32 所示。个人信息处理者为了确保个人信息处理活动符合法律、行政法规的规定，基于对个人信息的处理目的、处理方式、个人信息的种类以及对个人权益的影响、可能存在的安全风险等因素的综合考量，采取相应措施来杜绝擅自访问，避免个人信息被泄露、篡改和丢失。

表 6-32　个人信息处理者的义务法律条文及内容提要

法律条文	内 容 提 要
第五十一、五十八至五十九条	明确个人信息处理者在个人信息处理活动时应当采取符合法律、行政法规的措施以及履行保护个人信息安全的义务
第五十二至五十三条	境内外个人信息处理者应确定个人信息保护负责人，境外信息处理者还需在境内设立专门机构处理个人信息保护相关事务
第五十四条	对个人信息处理者处理个人信息遵守法律、行政法规的情况进行定期合规审计
第五十五至五十六条	明确了应当事前进行个人信息保护影响评估的情形和评估内容
第五十七条	发生个人信息泄露、篡改、丢失的，立即采取补救措施，并通知主管部门和个人

8) *履行个人信息保护职责的部门*

《个人信息保护法》第六章履行个人信息保护职责的部门法律条文及内容提要如表 6-33 所示。

(1) 履行个人信息保护职责的部门：履行个人信息保护职责；发现违法处理个人信息涉嫌犯罪的，及时移送公安机关依法处理；受理和处理涉及保护个人信息的投诉和举报。

(2) 国家网信部：负责个人信息保护规则、标准的制定与完善；依据本法推进个人信息保护工作。

表 6-33　履行个人信息保护职责的部门法律条文及内容提要

法律条文	内 容 提 要
第六十、六十二条	国家网信部门应负责制定、完善个人信息保护规则、标准；依据本法推进个人信息保护工作
第六十一、六十三至六十五条	个人信息保护职责的部门应当履行个人信息保护职责，发现违法行为应及时交由公安机关依法处理，接受、处理个人信息保护有关的投诉、举报

9) *法律责任*

对个人信息的处理违反《个人信息保护法》规定的，或者未尽本法规定的个人信息保护义务的，应当受到相应处罚，违法责任行为及应受的处罚追责如表 6-34 所示。

表 6-34　违法责任行为及应受到的处罚追责

责任类型	违法责任行为	处罚追责
行政责任	违反本法规定处理个人信息，或者处理个人信息未履行本法规定的个人信息保护义务	责令改正，给予警告，没收违法所得
	对违法处理个人信息的应用程序	责令暂停或者终止提供服务

续表

责任类型	违法责任行为	处罚追责
行政责任	拒不改正	① 并处一百万元以下罚款 ② 对直接负责的主管人员和其他直接责任人员处一万元以上十万元以下罚款
	情节严重	① 由省级以上履行个人信息保护职责的部门责令改正，没收违法所得 ② 并处五千万元以下或者上一年度营业额百分之五以下罚款 ③ 责令暂停相关业务或者停业整顿、通报有关主管部门吊销相关业务许可或者吊销营业执照 ④ 对直接负责的主管人员和其他直接责任人员处十万元以上一百万元以下罚款，并可以决定禁止其在一定期限内担任相关企业的董事、监事、高级管理人员和个人信息保护负责人
	有本法规定的违法行为	记入信用档案，并予以公示
	国家机关不履行本法规定的个人信息保护义务	由其上级机关或者履行个人信息保护职责的部门责令改正；对直接负责的主管人员和其他直接责任人员依法给予处分
	履行个人信息保护职责的部门的工作人员玩忽职守、滥用职权、徇私舞弊，尚不构成犯罪	依法给予处分
民事责任	处理个人信息侵害个人信息权益造成损害	① 个人信息处理者不能证明自己没有过错的，应当承担损害赔偿等侵权责任 ② 按照个人因此受到的损失或者个人信息处理者因此获得的利益确定 ③ 个人因此受到的损失和个人信息处理者因此获得的利益难以确定的，根据实际情况确定赔偿数额
刑事责任	违反本法规定处理个人信息，侵害众多个人的权益的	依法向人民法院提起诉讼
	违反本法规定，构成违反治安管理行为的	依法给予治安管理处罚
	构成犯罪的	依法追究刑事责任

6.4.3 实践

本节通过两个实际案例来加深读者对《个人信息保护法》的理解。

案例

1. 2022 年 1 月，一起特大非法获取公民个人信息的案件被江苏公安机关破获。犯罪嫌疑人趁为相关单位和企业提供信息系统建设的服务机会，对公民的医疗、出行、快递等个人信息进行盗取，盗取信息数量达数十亿条。江苏公安网安部门调查发现，犯罪嫌疑人盗取数据后，私自通过暗网发布销售数据信息的广告，并通过自己构建的查询服务数据库对外提供非法销售数据信息，其盗取信息、牟取暴利的行为已经构成了犯罪。

2. 2021 年 3 月，一起非法获取公民个人信息的诈骗案件被广东公安机关破获。广东公安网安部门经过对案情的调查分析，发现某艺术品策划公司为实施诈骗，从某 APP 维护人员汪某处购买该 APP 在运营中获取的 200 余万条古玩持有人的个人信息数据，然后以协助拍卖古董为借口骗取客户服务费、托管费等，总共非法获利 1.9 亿余元。同时，为谋取私利，其公司员工黄某、黄某牟将这些信息数据再次非法贩卖给电信网络诈骗团伙。

两起案件都属于情节严重的违法行为。公安网安部门将严格依据《个人信息保护法》等法律法规，协调相关部门健全打击危害公民个人信息和数据安全违法犯罪的长效机制，对违法违规行为持续保持严打高压态势，使人民群众信息安全得到持续保障。

采用《个人信息保护法》条文如下：

第六十六条　违反本法规定处理个人信息，或者处理个人信息未履行本法规定的个人信息保护义务的，由履行个人信息保护职责的部门责令改正，给予警告，没收违法所得，对违法处理个人信息的应用程序，责令暂停或者终止提供服务；拒不改正的，并处一百万元以下罚款；对直接负责的主管人员和其他直接责任人员处一万元以上十万元以下罚款。

判罚结果如下：

案例 1 中的犯罪嫌疑人犯诈骗罪(刑法)、侵犯公民个人信息罪，数罪并罚，决定执行有期徒刑四年三个月，并处罚金。

案例 2 中，公安收缴非法存储公民个人信息的数据硬盘及犯罪工具，下架某 APP 并且勒令整改，没收其余人违法所得，并且对公司主管人员处罚金 10 万元，员工黄某、黄某牟处罚金 5 万元。

6.5　信息安全等级保护

信息安全等级保护，已经成为国家信息安全保障工作的一项基本国策。我国的信息安全等级保护实施历经多年，取得了瞩目的成绩。随着等级保护 2.0 标准的发布，以及网络安全相关法律法规与政策的完善，我国的信息安全等级保护工作将会得到更进一步的发展。

6.5.1 信息安全等级保护概述

我国通过信息安全等级保护，将信息和信息载体按照重要性等级进行对应的分级，建立不同的保护标准，以及根据信息系统重要程度的差别实现差异化的保护。

1. 什么是信息安全等级保护

信息安全等级保护，是指对国家秘密信息，公民、法人和其他组织的专有信息、公开信息以及对这些信息的存储、传输、处理的系统分等级实施安全保护，对信息系统中使用的信息安全产品实施分级管理，对信息系统中发生的信息安全事件分等级进行响应和处置。

在 2019 年发布的《信息安全技术网络安全等级保护基本要求》标准中，按照信息系统重要性和受破坏后的危害性进行分级，一共分为五个等级，具体如图 6-11 所示。

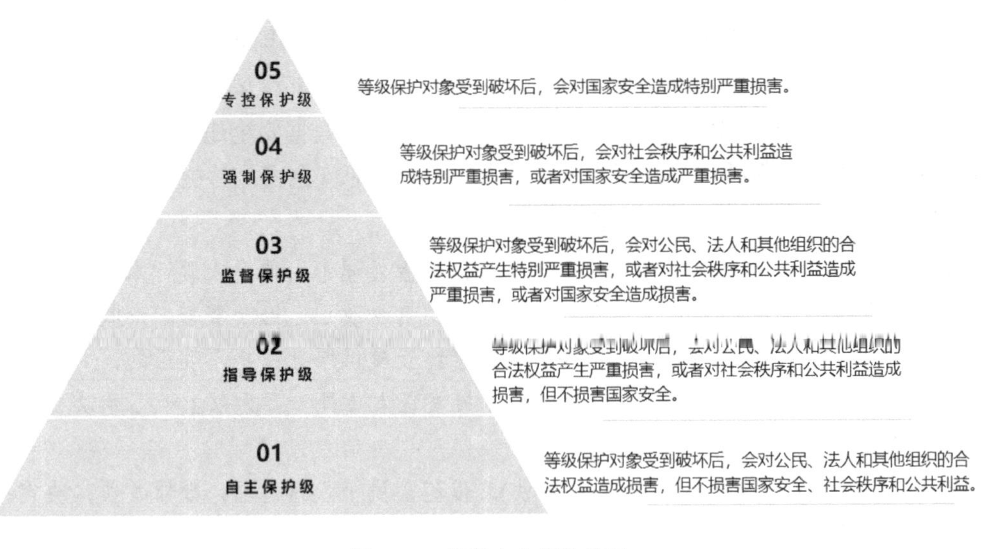

图 6-11 信息安全保护等级

2. 为什么要进行信息安全等级保护

1) 法律法规要求

《网络安全法》明确规定，按照网络安全等级保护制度的要求，信息系统运行和使用单位应当履行安全保护义务，拒不履行的，将给予相应处罚。

2) 行业要求

主管单位明确要求，在金融、电力、广电、医疗、教育等行业的从业机构信息系统开展等级保护工作。

3) 企业系统安全的需求

通过开展等级保护工作，信息系统的运行和使用单位能够发现系统内部存在的安全隐患和不足，通过安全整改可以增强系统的安全防护能力，减少受到攻击的风险。

3. 信息安全等级保护发展历程

随着时代的发展，我国的计算机等级保护制度得到了比较完善的发展，并在各个行业中得到了切实的实践执行，对我国网络信息安全具有重要的指导意义。我国信息等级保护发展历程如表 6-35 所示。从 2008 年开始实施等级保护 1.0，到 2019 年正式实施等级保护 2.0，我国不断完善制度内容，扩大保护范围，根据信息发展应用和网络安全环境，完善监管力度，逐步完善网络安全等级保护制度的政策、标准和支撑体系。

表 6-35　等级保护发展历程

日　期	发 展 历 程
1994 年	国务院 147 号令《中华人民共和国计算机信息系统安全保护条例》发布实施，对信息系统提供安全保护提出要求及实行安全等级保护
2004 年	印发公通字 66 号文《关于信息安全等级保护工作的实施意见》。制定信息和信息系统的安全保护等级共分五级
2007 年	印发公通字 43 号文《信息安全等级保护管理办法》，制定了等级保护的五个动作
2008 年	《信息系统安全等级保护基本要求》标准发布实施，标志着等级保护 1.0 时代开始
2017 年	《中华人民共和国网络安全法》将等级保护的开展提升到法律层面
2019 年	《信息安全技术网络安全等级保护基本要求》标准发布实施，标志着等级保护 2.0 时代到来

4. 等级保护 2.0

2017 年，随着《网络安全法》的正式实施，标志着等级保护 2.0 的正式启动。等级保护 2.0 标准体系重新调整和修订了等级保护 1.0 标准体系，对于配合《网络安全法》的实施和落地，指导用户按照网络安全等级保护制度的新要求履行网络安全保护义务意义重大。

1) 等级保护 2.0 的诞生

2007 年 6 月，公安部发布《信息安全等级保护管理办法》，标志着等级保护 1.0 的正式启动。等级保护 1.0 的主要标准是:《信息安全技术　信息系统安全等级保护基本要求》(GB/T 22239—2008)、《信息安全技术　信息系统等级保护安全设计技术要求》(GB/T 25070—2010)、《信息安全技术　信息系统安全等级保护测评要求》(GB/T 28448—2012)。

国家市场监督管理总局、国家标准化管理委员会于 2019 年 5 月 13 日发布了网络安全领域的三项国家标准(自 2019 年 12 月 1 日起实施)：《信息安全技术　网络安全等级保护基本要求》(GB/T 22239—2019)、《信息安全技术　网络安全等级保护安全设计技术要求》(GB/T 25070—2019)、《信息安全技术　网络安全等级保护测评要求》(GB/T 28448—2019)，标志着我国进入等级保护 2.0 时代。

2) 等级保护 2.0 与等级保护 1.0 的区别

相对于等级保护 1.0(以下简称等保 1.0)，等级保护 2.0(以下简称等保 2.0)标准进行了多方面的调整。二者在所适用的标准、覆盖范围、标准的特点、标准的框架结构与内容等方面存在着较大的差别。

(1) 适用标准的差别。等保 1.0 与等保 2.0 主要适用标准情况对比如表 6-36 所示。

表 6-36 等保 1.0 与等保 2.0 适用标准

等保 1.0 适用标准	等保 2.0 适用标准
信息安全等级保护管理办法(43 号文件)(上位文件)	网络安全等级保护条例(总要求/上位文件)
计算机信息系统安全保护等级划分准则(GB 17859—1999)(上位标准)	计算机信息系统安全保护等级划分准则(GB 17859—1999)(上位标准)
信息系统安全等级保护实施指南(GB/T 25058—2008)	网络安全等级保护实施指南(GB/T 25058—2020)
信息系统安全等级保护定级指南(GB/T 22240—2008)	网络安全等级保护定级指南(GB/T 22240—2020)
信息系统安全等级保护基本要求(GB/T 22239—2008)	网络安全等级保护基本要求(GB/T 22239—2019)
信息系统等级保护安全设计技术要求(GB/T 25070—2010)	网络安全等级保护设计技术要求(GB/T 25070—2019)
信息系统安全等级保护测评要求(GB/T 28448—2012)	网络安全等级保护测评要求(GB/T 28448—2019)
信息系统安全等级保护测评过程指南(GB/T 28449—2012)	网络安全等级保护测评过程指南(GB/T 28449—2018)

(2) 等保 2.0 标准的主要变化：

① 标准名称的变化。“网络安全等级保护基本要求”代替了原来的“信息系统安全等级保护基本要求”。原来的等级保护对象是“信息系统”，在等保 2.0 中，将其保护对象进行了调整，包括了基础信息网络、信息系统(包括采用移动互联技术的系统)、云计算平台/系统、大数据应用/平台/资源、物联网及工控系统等。

② 各等级安全分类的变化。将原有的各等级安全要求分为安全通用要求和安全扩展要求两大类。安全通用要求是无论等级保护对象的形态是怎样的，都必须符合要求；而安全扩展要求则包括云计算安全扩展要求、移动互联安全扩展要求、物联网安全扩展要求、工业控制系统安全扩展要求。

③ 规定动作的变化。由等保 1.0 的定级、建档、施工整改、等级评定、督促检查 5 个规定动作，变为 5 个规定动作+新的安全要求(风险评价、安全检测、通报预警、情况感知等)。

④ 修订各级技术要求。在等保 2.0 的基本要求中，各级技术要求分别修订为安全物理环境、安全通信网络、安全区域边界、安全计算环境、安全管理中心；各级管理要求分别修订为安全管理制度、安全管理机构、安全管理人员、安全建设管理、安全运维管理。等保 1.0 与等保 2.0 基本要求的变化情况如图 6-12 所示。

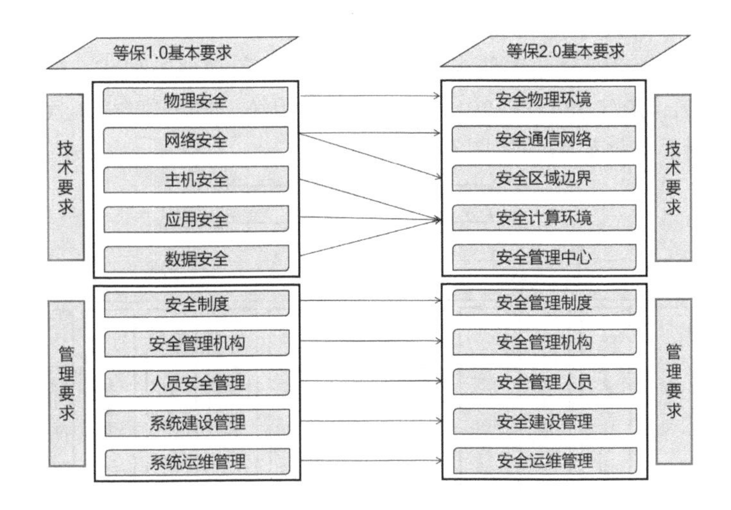

图6-12 等保1.0与等保2.0基本要求的变化

⑤ 新增附录。原有安全控制点的S、A、G标注被取消，增加了一系列的附录说明。新增附录A“关于安全通用要求和安全扩展要求的选择和使用”，描述了等级保护对象的定级结果与安全要求之间的关系，说明了如何根据定级的S、A结果选择安全要求的相关条款，简化了标准正文部分的内容。新增附录C描述等级保护安全框架和关键技术使用要求，附录D描述云计算应用场景，附录E描述移动互联应用场景，附录F描述物联网应用场景，附录G描述工业控制系统应用场景，附录H描述大数据应用场景。

3) 等保2.0标准的主要特点

(1) 等保2.0将对象范围做出了改变。由等保1.0原来的信息系统改为等级保护对象(信息系统、通信网络设施和数据资源等)，对象包括网络基础设施(广电网、电信网、专用通信网等)、云计算平台/系统、大数据平台/系统、物联网、工业控制系统、采用移动互联技术的系统等。

(2) 等保2.0要求标准上进行了升级。对如云计算、移动互联、物联网、工业控制系统和大数据等新技术、新应用领域提出了新的要求，形成了安全通用要求+新应用安全扩展要求构成的标准内容。

(3) 等保2.0采取了“一个中心，三重防护”的防护思想和分类结构，强化了构筑纵深防御、精细防御体系的思路。这里的“一个中心”是指“安全管理中心”，“三重防护”则具体包括安全的计算环境、安全的区域边界、安全的通信网络。

(4) 加强了密码技术和可信计算技术的运用。将可信验证列入各层级，对各环节提出了主要的可信验证要求，逐级递进，强调了通过密码技术、可信验证、安全审计和态势感知等，建立主动防御体系的期望。

4) 等保2.0主要标准的框架和内容

在等保2.0中，不管等级保护对象以何种形式出现，安全通用要求针对共性化的保护需求提出，需要按照安全保护等级达到安全通用要求的相应等级标准。安全扩展要求针对个性化的保护需求提出，等级保护对象需要根据安全保护等级、使用的特定技术或特定应用场景，实现安全扩展要求。等级保护对象的安全保护需要将安全通用要求与安全扩展要求所提出的措施同时落实。

(1) 安全通用要求。安全通用要求又细分为对技术和管理的要求。GB/T 22239—2019、GB/T 25070—2019、GB/T 28448—2019 三个标准采用统一的框架结构。GB/T 22239—2019 所采用的安全通用要求框架结构如图 6-13 所示。

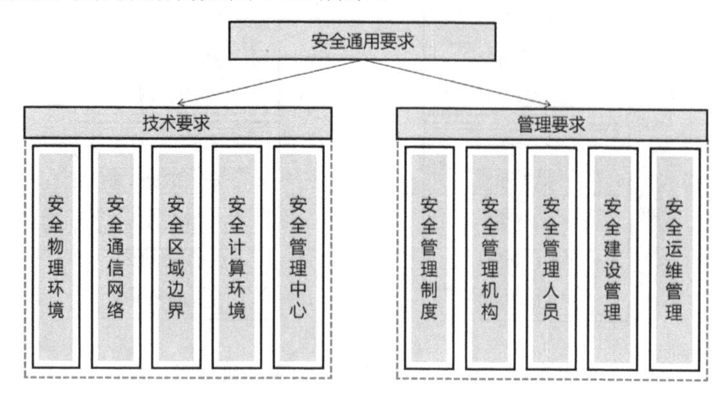

图 6-13　安全通用要求框架结构

在安全通用要求中，技术要求和管理要求分为 5 大类。具体每一项通用要求对应的保护对象及安全控制点的说明如表 6-37 所示。

表 6-37　安全通用要求说明

安全通用要求	保护对象	安全控制点
安全物理环境	物理机房、物理环境、物理设备和物理设施等	物理位置的选择、物理访问控制、防盗窃和防破坏、防雷击、防火、防水和防潮、防静电、温湿度控制、电力供应和电磁防护
安全通信网络	通信网络：为广域网、城域网和局域网	网络架构、通信传输和可信验证
安全区域边界	网络边界：系统边界和区域边界	边界防护、访问控制、入侵防范、恶意代码防范、安全审计和可信验证
安全计算环境	边界内部的所有对象：网络设备、安全设备、服务器设备、终端设备、应用系统、数据对象和其他设备等	身份鉴别、访问控制、安全审计、入侵防范、恶意代码防范、可信验证、数据完整性、数据保密性、数据备份与恢复、剩余信息保护和个人信息保护
安全管理中心	整个系统：安全管理方面的技术控制要求，通过技术手段实现集中管理	系统管理、审计管理、安全管理和集中管控
安全管理制度	整个管理制度体系	安全策略、管理制度、制定和发布以及评审和修订
安全管理机构	整个管理组织架构	岗位设置、人员配备、授权和审批、沟通和合作以及审核和检查
安全管理人员	人员管理	人员录用、人员离岗、安全意识教育和培训以及外部人员访问管理

续表

安全通用要求	保护对象	安全控制点
安全建设管理	安全建设过程	定级和备案、安全方案设计、安全产品采购和使用、自行软件开发、外包软件开发、工程实施、测试验收、系统交付、等级测评和服务供应商管理
安全运维管理	安全运维过程	环境管理、资产管理、介质管理、设备维护管理、漏洞和风险管理、网络和系统安全管理、恶意代码防范管理、配置管理、密码管理、变更管理、备份与恢复管理、安全事件处置、应急预案管理和外包运维管理

(2) 安全扩展要求。安全扩展要求是在特定技术和特定应用场景下，实施了等级保护的对象需要增加实现的一系列安全要求。包括以下四方面：

① 云计算安全扩展要求是在安全通用要求之外，针对云计算平台提出的需要额外实现的安全要求。主要内容有“基础设施的定位”“虚拟化安全保护”“镜像与快照保护”“云计算环境管理”“云服务商选择”等。

② 移动互联安全扩展要求是针对移动终端、移动应用、无线网络等提出的安全要求，它与安全通用要求共同构成完整的安全要求。主要内容有“无线接入点的物理位置”“手机终端管控”“手机应用管控”“手机应用软件采购”“手机应用软件开发”等。

③ 物联网安全扩展要求是针对感知层提出的特殊安全要求，与安全通用要求共同构成完整的物联网安全要求。主要内容包括“感知节点的物理防护”“感知节点设备安全”“网关节点设备安全”等。

④ 工业控制系统安全扩展要求主要是针对工业控制系统的现场控制层和现场设备层特殊安全要求，与安全通用要求一起构成工业控制系统的完整安全要求。主要内容有“户外控制设备防护”“工业控制系统网络架构安全”“拨号使用控制”“无线使用控制”“控制设备安全”等。

6.5.2　信息安全等级保护实施流程

信息安全等级保护要求安全等级不同的信息系统，其安全防护能力应有所差异。一方面通过在安全技术、安全管理上选用与安全等级相适应的安全策略来实现；另一方面分布在信息系统中的安全技术和安全管理上的不同的安全控制，通过连接、交互、依赖、协调、协同等相互关联关系，共同作用于信息系统的安全功能，使信息系统的整体安全功能与信息系统的结构以及安全控制间、层面间和区域间的相互关联关系密切相关。具体实施流程分为六个阶段，分别是定级，评审备案，差距分析，建设整改，信息安全等级测评，监督检查。

1. 定级

信息系统安全保护等级的定级流程如下：

1) 确定定级对象

(1) 基础信息网络：对基础信息网络包括电信网、广播电视传输网、互联网等，应根据服务地域、服务类型、安全责任主体等因素，将其分别归入不同等级的客体。跨省的全国性业务专网可以作为一个整体的客体进行等级划分，也可以分为若干个区域进行等级划分。

(2) 工业控制系统：现场设备层、现场控制层、过程监控层应对整体对象进行定级，各层次要素之间不应单独设置等级。对于大型工业控制系统，可根据系统功能、控制对象、生产厂家等因素，将其划分为若干个不同等级的目标。

(3) 云计算平台：在云计算环境中，单独将云服务侧的云计算平台作为一个等级设定的对象，同时也将云租赁方的等级保护对象作为一个单独的等级设定的对象。对于大型云计算平台，云计算的基础设施以及相关的辅助服务系统，应以不同的定级对象进行划分。

(4) 物联网：物联网应作为一个整体对象进行定级，主要包括感知层、网络传输层、处理应用层等要素。

(5) 移动互联网：采用移动互联技术的等级保护对象应对整体对象进行定级，不得单独对移动终端、移动应用程序、无线网络等要素进行等级保护。

(6) 大数据：安全责任单位统一的大数据，应作为总体目标来确定。

2) 初步确认等级

初步确定信息系统安全等级的流程如图 6-14 所示，首先需要确定定级的对象，判断是业务信息安全还是系统服务安全受到破坏时所侵害的客体，对客体的受侵害程度进行综合评定，确定对应的信息安全等级，完成定级对象的初步安全保护等级制定。

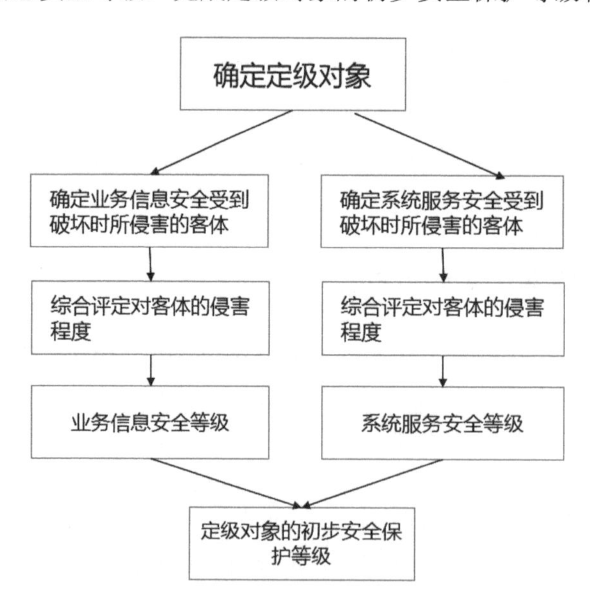

图 6-14　初步确定信息系统安全等级的流程

安全保护等级由受侵害的客体以及对客体的侵害程度确定，客体所受的侵害程度决定了损害的等级，具体安全防护等级如表 6-38 所示。

表 6-38　安全保护等级

受侵害的客体	对客体的侵害程度		
	一般损害	严重损害	特别严重损害
公民、法人和其他组织的合法权益	第一级	第二级	第二级
社会秩序、公共利益	第二级	第三级	第四级
国家安全	第三级	第四级	第五级

2. 评审备案

备案单位需要线上进入等级保护备案预约平台，注册申请本单位账号，待公安机关审核通过后，下发登录方式和账号密码，具体流程如下：

专家评审：组织信息安全专家、业务专家等对定级对象的经营、使用单位进行初步评定，根据定级结果进行合理性评审，出具专家评审意见。

主管机关审查：定级对象的经营、使用单位应向行业主管部门或上级主管部门报告初步定级结果，以供审查。

公安机关备案审查：定级对象的经营、使用单位应当按照有关管理规定将初步定级结果报送公安机关备案审查，审核不通过的，组织其经营、使用单位重新定级；通过审核后，定级对象的安全保护等级将最终确定。

3. 差距分析

由测评机构依据等级保护测评要求开展等级保护测评工作(即初测)。测评工作包括技术测评和管理测评。技术测评有人工检测、漏洞扫描、渗透测试等；管理测评有安全访谈、管理制度评估等。测评完成后出具差距分析报告及整改意见。测评内容应包含：确定等级保护对象的基本保障需要，选择调整基本安全需求，明确特殊安全需求，根据安全需求逐项分析。

4. 建设整改

信息系统安全保护等级确定后，运营、使用单位应当根据初测差距分析，按照管理规范和技术标准，对安全设备进行重新购置和调配，对符合等级要求的信息安全设施进行建设，对有关安全组织制度进行建设，并将安全管理措施落到实处。对信息安全管理制度方案进行分析，重新整理安全管理制度、修改安全策略配置、加固设施的安全性。

5. 信息安全等级测评

信息系统安全等级状况在整改完成后，再次进行等级测评。测评完成之后出具“测评报告”。具体测评过程如下：

(1) 测评方法：第一级以访谈为主，第二级以核查为主，第三、四级在核查的基础上进行测试验证。

(2) 测评对象范围：第一、二级为关键设备，第三级为主要设备，第四级为所有设备。

(3) 测评实施：第一、二级以核查安全机制为主，第三、四级先核查安全机制，再检查策略有效性。

(4) 测评方法使用：安全技术方面的测评以配置核查和测试验证为主，安全管理方面可以使用访谈方式进行测评。

6. 监督检查

公安机关监督检查运营、使用单位按照《网络安全等级保护基本要求》和《网络安全法》有关条款开展等级保护工作，并对信息系统定期开展安全检查。经营、使用单位要接受公安机关的安全监管和检查指导，并将有关资料如实提供给公安机关。同时，运营、使用单位也应该积极开展自查工作。具体监督检查内容如图 6-15 所示。

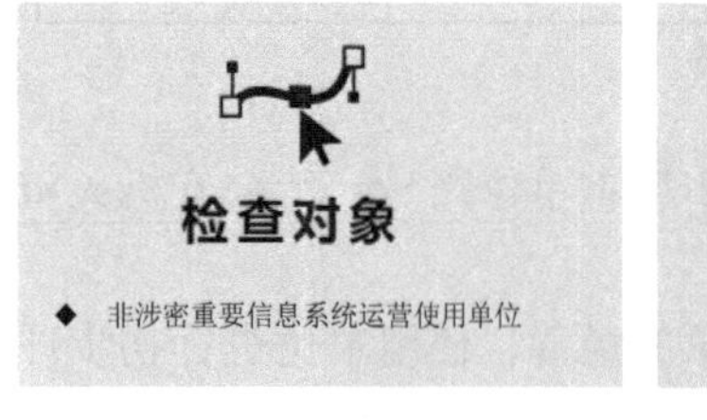

图 6-15 监督检查内容

6.5.3 信息安全等级保护实践

本节通过一个实际案例，让读者进一步理解信息安全等级保护实施的相关知识。

案例

某大学是教育部直属国家“211 工程”“111 计划”“985 工程”，首批“卓越工程师教育培养计划”重点建设高校，是教育部与国家电网公司等七家特大型电力企业集团组成的校理事会共建的全国重点大学。

《网络安全法》于 2017 年正式实施，国家对大学的等级保护建设要求更高。某大学作为 211 高校，大部分业务都需要达到等级保护三级要求，等级保护建设因此提上日程。

存在问题如下：

安全态势无法及时全面感知，外部安全形势日趋严峻，现有网络安全监管措施存在以下问题：威胁信息分散且缺少对风险的整体感知和预警，Web 漏洞繁多难以及时发现，一旦发生安全事件时，难以从海量的日志中定位攻击和进行溯源。

上网审计面临困扰：学生计算机共享 WiFi 现象严重，由于共享 WiFi 做了地址转换，导致该热点的上网记录无法正确匹配到使用网络的学生，给学校的上网审计带来非常大的困扰。

解决方法如下：

XX 公司基于“持续保护，不止合规”的等级保护价值主张，为用户提供满足等保合规要求，同时具备部署灵活、运维管理简单且可实现安全资源增值特点的一体化等级保护方案。具体如下：

在出口部署了下一代防火墙 AF 和上网行为管理 AC，上网行为管理 AC 开启了防私接功能，保障互联网出口安全。下一代防火墙 AF 加强边界防御能力，为用户提供 L2～L7 层全面的安全防护。

通过部署云安全服务平台，按需开通软件定义的各类安全组件，帮助用户实现一站式等级保护建设，通过标准化的合规套餐快速满足合规要求，大大简化了用户等级保护建设的复杂度，降低了用户运维难度，通过软件定义技术实现安全资源的按需弹性扩展，满足了用户安全能力扩容需求。

安全感知平台的部署实现了全网安全可视化，辅助决策，支持精准运维，同时对潜伏到网络内部的威胁进行持续检测，帮助用户在损失发生之前阻断威胁。

该案例的满足等保 2.0 的安全拓扑如图 6-16 所示。

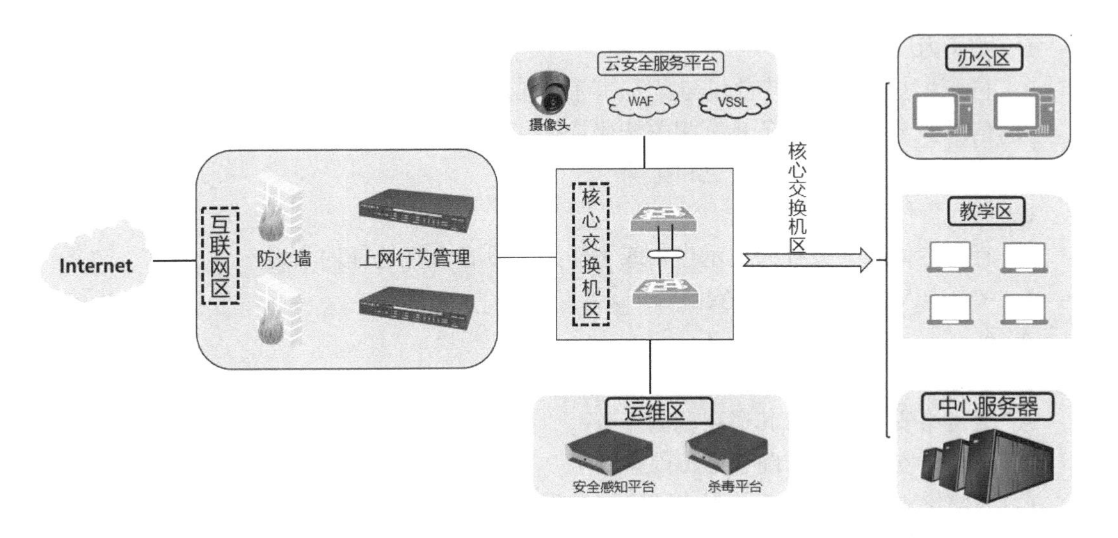

图 6-16 满足等保 2.0 的安全拓扑

方案价值如下：

软件定义、快速交付：应用集成安全平台，通过软件定义、快速交付，让烦冗复杂的等级保护建设变得简单；安全功能统一管理，减少硬件运维工作；组件化安全功能交付弹性扩展，随需而变。

WiFi 防共享，规避审计风险：上网行为管理 AC 的 WiFi 防共享功能，能及时提醒并暂时关闭分享 WiFi 的学生账号，有效地避免了学生随意分享 WiFi 而引起的上网审计风险，为校园营造了一个绿色、安全的网络环境。

安全风险全面感知：安全感知平台解决了用户之前安全设备数据难分析、安全风险难定位的问题。通过安全感知平台对各个安全设备数据的汇总分析，网络中的风险和攻击可以直观呈现，并及时通过微信推送，让管理员可以第一时间知晓并处理安全问题，让用户对安全状态清晰掌握。

课 后 习 题

一、选择题

1. 关于国家标准介绍，说法错误的是(　)。
A. GB 指的是强制性国家标准
B. GB/T 指的是推荐性国家标准
C. GB/Z 指的是国家标准化指导性技术文件
D. 强制性国家标准不具有法律属性
2. 信息安全建设在电商行业的重要性，说法错误的是(　)。
A. 维持平台稳定性
B. 保障平台账号安全
C. 降低商品交易风险
D. 购买力度增强
3. 下列说法中不能支持责任与义务具有强制性的是(　)。
A. 信息安全责任与义务具有相关法律依据
B. 不能以个人意志予以变更和排除
C. 履行责任与义务靠个人
D. 行为主体必须按行为指示作为或不作为，没有自行选择的余地
4. 《中华人民共和国网络安全法》共(　)章。
A. 6　　B. 7　　C. 8　　D. 9
5. 下列关于《网络安全法》，说法错误的是(　)。
A. 《网络安全法》有其适用范围
B. 《网络安全法》有助于维护国家安全
C. 《网络安全法》服务于国家网络安全战略和网络强国建设
D. 《网络安全法》在香港澳门同样适用

6. 根据《网络安全法》的规定，关键信息基础设施的运营者在中华人民共和国境内运营中收集和产生的个人信息和重要数据应当在(　)。因业务需要，确需向境外提供的，应当按照国家网信部门会同国务院有关部门制定的办法进行安全评估，法律、行政法规另有规定的，依照其规定。
A. 境外存储　　B. 外部存储器储存
C. 第三方存储　　D. 境内存储
7. 关于国家建立数据安全应急处置机制，说法错误的是(　)。
A. 发生数据安全事件，有关主管部门应当依法启动应急预案，采取相应的应急处置措施
B. 消除安全隐患
C. 防止危害扩大
D. 发生数据安全事件马上就要公布出来

8. 根据《数据安全法》第三十七条规定，国家大力推进电子政务建设，提高政务数据

的(　)，提升运用数据服务经济社会发展的能力。

A. 科学性、准确性、时效性　　B. 可用性、准确性、时效性

C. 科学性、准确性、保密性　　D. 完整性、准确性、时效性

9. 下列关于《个人信息保护法》，说法错误的是(　)。

A. 个人有权要求个人信息处理者对其个人信息处理规则进行解释说明

B. 个人对其个人信息的处理享有知情权、决定权

C. 履行个人信息保护职责的部门应当公布接受投诉、举报的联系方式

D. 小明爸爸查看小明手机，违反本法

10. 根据《个人信息保护法》的规定，有本法规定的违法行为的，依照有关法律、行政法规的规定(　)。

A. 计入信用档案，并予以公示　　B. 计入信用档案即可

C. 通知单位　　D. 公示即可

11. (多选)下列选项中，属于等级保护的定级对象类型的是(　)。

A. 云计算平台　　B. 大数据　　C. 人工智能系统　　D. 工业控制系统

12. (多选)进行差距分析的方法有(　)。

A. 人工检测　　B. 漏洞扫描　　C. 渗透测试　　D. 网络架构分析

13. (多选)信息安全等级保护建设整改可以通过(　)进行。

A. 安全设备采购部署　　B. 安全管理制度整理

C. 安全策略配置　　D. 安全加固

14. (多选)履行个人信息保护职责的部门的工作人员(　)，应依法给予处分。

A. 玩忽职守　　B. 滥用职权　　C. 徇私舞弊　　D. 违法犯罪

15. (多选)信息安全合规性是指相关实体实施活动时，要与(　)保持一致。

A. 法律法规　　B. 政策标准　　C. 行业规则　　D. 经理意见

二、简答题

1. 为什么说履行信息安全责任与义务具有强制性？
2. 列出《个人信息保护法》的总体框架。
3. 等保 1.0 和等保 2.0 有哪些区别？
4. 列出《数据安全法》的总体框架。
5. 列出《网络安全法》的总体框架。

参 考 文 献

[1] 吴世忠，李斌，张晓菲，等. 信息安全技术[M]. 北京：机械工业出版社，2014.

[2] 曹阳，张维明. 信息系统安全需求分析方法研究[J]. 计算机科学，2003(04)：121-124.

[3] 熊平. 信息安全原理及应用[M]. 北京：清华大学出版社，2016.

[4] 温晋英，靳凯. 大数据时代网络信息安全及防范措施[J]. 网络安全技术与应用，2022(07)：50-51.

[5] 王辉，崔林. 网络信息安全及对社会的影响[J]. 河南机电高等专科学校学报，2002(03)：50-51.

[6] 发挥政采政策功能 保障国家信息安全[N]. 中国政府采购报，2014-10-10(002).

[7] 晨皓. 计算机安全面临常见问题及防御对策探讨[J]. 中国新通信，2015，(6)：33.

[8] 网络安全基础：网络攻防、协议与安全[M]. 北京：电子工业出版社，2016.

[9] 颉晨. 基于病毒辐射攻防的计算机网络安全研究[D]. 西安：西安电子科技大学, 2007.

[10] 郭婧. 计算机网络安全问题中的病毒辐射攻防[J]. 电子测试，2016(20)：91-92.

[11] 刘乔佳，李受到，张敏答. 试论计算机网络安全防范技术的研究和应用[J]. 计算机光盘软件与应用，2012，24(17)：134-136.

[12] 协力旦•努尔买买提. 浅谈计算机网络安全问题及对策[J]. 中国新通信, 2018, 20(07): 135.

[13] 贾铁军，俞小怡. 网络安全技术及应用[M]. 4 版. 北京：机械工业出版社，2020

[14] 袁津生，吴砚农. 计算机网络安全基础[M]. 北京：人民邮电出版社，2018.

[15] 周云竹. 网络安全要求下的数据库安全技术分析[J]. 无线互联科技，2022，19(19)：150-152.

[16] 吴亚. “大数据”时代环境下的个人隐私安全初探[J]. 中国多媒体与网络教学学报(上旬刊)，2019(04)：223-224.

[17] 陈琳，谢宗晓. 网络信息安全相关法律法规概况与解析[J]，中国质量与标准导报，2022(5)：9-12+15.

[18] 谢宗晓. 信息安全合规性的实施路线探讨[J]，中国质量与标准导报，2015(2)：24-26.

[19] 吉增瑞. 安全等级保护的具体应用[J]. 网络安全技术与应用，2003(07)：96-100.

[20] 刘兰. 网络安全事件管理关键技术研究[D]. 武汉：华中科技大学. 2007.

[21] 黄元飞. 信息技术安全性评估准则研究[D]. 成都：四川大学. 2002.